教育部人文社会科学基金资助（11YJC630225）

SaaS
风险管理

吴士亮 仲琴 著

中国财经出版传媒集团

经济科学出版社
Economic Science Press

图书在版编目（CIP）数据

SaaS风险管理/吴士亮，仲琴著．—北京：经济科学
出版社，2017.5

ISBN 978 - 7 - 5141 - 8004 - 6

Ⅰ.①S… Ⅱ.①吴…②仲… Ⅲ.①计算机网络 -
程序设计 Ⅳ.①TP393.09

中国版本图书馆 CIP 数据核字（2017）第 100512 号

责任编辑：周国强
责任校对：杨晓莹
责任印制：邱　天

SaaS 风险管理

吴士亮　仲　琴　著

经济科学出版社出版、发行　新华书店经销
社址：北京市海淀区阜成路甲 28 号　邮编：100142
总编部电话：010 - 88191217　发行部电话：010 - 88191522
网址：www. esp. com. cn
电子邮件：esp@ esp. com. cn
天猫网店：经济科学出版社旗舰店
网址：http://jjkxcbs. tmall. com
固安华明印业有限公司印装
787×1092　16 开　12.5 印张　290000 字
2017 年 6 月第 1 版　2017 年 6 月第 1 次印刷
ISBN 978 - 7 - 5141 - 8004 - 6　定价：49.00 元

序

　　长期以来，企业出于竞争与自身发展的客观需要，普遍十分重视对 IT 能力的获得及发展。企业获得 IT 能力的主流途径是：首先取得应用软件，这需要向软件厂商（如 Sap、Oralce) 购买商品化软件产品，或者针对个性化需求进行定制开发；其次，要实施、运行及维护应用软件，这需要构建 IT 基础设施（包括搭建企业内部网络、购买服务器及系统软件等）以及组建专业化的 IT 队伍。这种信息化建设模式对广大企业（尤其是广大中小企业）而言，具有较高进入门槛，十分不利于快速、及时地利用 IT 发展的最新成果。

　　近年来，随着云计算快速发展及应用深化，软件即服务（software as a service，SaaS）模式为企业信息化建设提供了一种新途径。该模式下，应用软件被视为一种可远程访问的、共享的在线服务，由软件厂商负责运行、维护及升级，企业用户可按需订阅，通常根据使用量向软件厂商付费。该模式发展及应用迅速，前景广阔。

　　风险与机遇相随。无论对于 SaaS 软件服务厂商，还是对 SaaS 模式采纳企业而言，都应该建立起对 SaaS 风险的客观认知，这对于推动 SaaS 模式健康发展具有十分明显的现实意义。然而，目前针对 SaaS 模式风险管理问题的系统研究成果还十分缺乏。

　　该书作者对企业管理信息化有多年的科研与社会服务实践经历，对 SaaS 模式有较深刻的理解。本书从分析 SaaS 商业模式及风险管理基本原理入手，针对 SaaS 风险识别、评估、决策和服务等级协议等问题进行系统研究，合理选取 SaaS 厂商及 SaaS 采纳企业视角，采用定性分析与定量分析相结合的方法，取得了一系列研究成果。我认为，该书是近年来一部较系统地探讨 SaaS 风险的专著，无论是对信息安全学科建设，还是对 SaaS 厂商及 SaaS 采纳企业提高风险管控的实践能力，都有较明显的指导意义和借鉴价值。

薛恒新

南京理工大学经济管理学院教授

2017 年 5 月

前　言

　　SaaS 是云计算中一种位于应用层面的服务模式，其核心思想是把应用软件视为通过互联网在线使用的共享服务。该模式下，采纳客户可根据业务需要向软件厂商订阅软件访问服务，订阅期间拥有软件使用权，自动获得应用升级，可灵活调整订阅方案，软件厂商按协议兑现所承诺的服务等级。对采纳客户而言，该模式不需要购买软件版权，不需要安装、运行及维护应用软件，显著降低信息化建设初期投入及应用门槛，有利于专注核心业务发展；对软件厂商而言，有利于深刻发掘客户需求，发挥自身技术专长，更好专注应用质量提升及服务创新。现有研究及业界实践都表明，SaaS 市场前景十分广阔。

　　SaaS 模式带来巨大机遇的同时，也蕴含着很多不确定性，如：SaaS 厂商在 IT 技术装备、服务运营、应用研发及业务伙伴关系中的不确定性因素将关系到订阅客户的服务体验及业务可持续性；SaaS 厂商实现了订阅客户的数据集中，这有助于深刻洞察客户需求的同时也增加了对客户数据的泄露、滥用及损害数据完整性的可能性；订阅客户通过互联网远程访问在线应用的特性，使客户面临网络可用性及信息传输安全问题；订阅客户按需使用、按需付费特征，在显著降低信息化前期投资、信息化支出更具有预见性的同时，也有可能导致在长期订阅业务中的更多资金支出……这些客观存在的不确定性，无论对 SaaS 厂商、还是 SaaS 采纳企业的 IT 战略及运营都将产生深远影响。能否针对 SaaS 模式中客观存在的大量不确定性，进行科学识别、评估及管控，将在很大程度上决定 SaaS 模式应用的成败。

　　风险就是关于不确定性对结果的影响；风险管理就是针对风险采取的组织、指挥与控制的一系列协调活动，表现为一个过程，典型阶段包括风险识别、风险评估和风险决策。本书取名为"SaaS 风险管理"，旨在针对 SaaS 模式探讨其风险识别、风险评估和风险决策等基本问题。

　　本书作者主要基于过去几年来在 SaaS 风险管理研究选题的科研和教学实践，结合十多年来在企业管理信息化领域的实践与思考，力图将管理科学、信息科学、经济学、数学、计算机仿真等相关理论与方法用在研究 SaaS 风险分析、风险评估与风险决策等问题上，基本内容都是近些来作者对 SaaS 风险管理研究成果的归纳与总结，希望借此书抛砖引玉，引发读者一些新的思路，对 SaaS 风险管理、云计算信息安全等相关理论研究或企业管理信息化实践起到一定的指导意义或启发作用。

　　全书共 6 章。第 1 章为绪论，首先简介发达国家兴起的"再工业化"战略，指出 IT（尤

其是作为基础设施和创新引擎的互联网）是推进"再工业化"战略的使能器，以及数据时代
到来、"互联网＋"行动计划等对企业主动顺势而为、善用 IT 的紧迫要求；接着总结我国企
业管理信息化建设的成绩及存在问题，指出 SaaS 模式给企业带来的机遇，并分别从 SaaS
厂商和 SaaS 采纳企业视角阐述了 SaaS 模式所带来的挑战；最后对与 SaaS 风险相关的国内
外研究进行概括，给出本书研究目标及内容安排。第 2 章为理论基础，首先对云计算相关
理论进行简介，内容包括云计算概念及基本特征、云计算相关技术、云计算模式、云计算产
业链和云计算生态系统等；接着重点针对 SaaS 模式剖析其概念、特征、适用性、价值网络、
价值逻辑及商业模式创新等基本问题；最后简介风险管理基本原理，内容包括风险原理、风
险度量及风险管理的过程、技术与工具等。第 3 章研究 SaaS 风险识别，主要做了两项工作：
一是从 SaaS 采纳企业视角通过文献研究系统梳理各类 SaaS 风险因素，并通过把各风险因
素与 COBIT 标准进行关联来识别关键因素及关键管理流程，为采纳企业运用 COBIT 框架
管理 SaaS 风险提供借鉴；二是从 SaaS 厂商视角探讨 SaaS 定价决策中的各类价格歧视要
素，提出一个适用于 SaaS 模式的价格歧视框架，并结合 SaaS 厂商定价实践对该框架适用
情况进行分析。第 4 章研究 SaaS 风险评估，阐述了风险评估要素（特别是资产、资产脆弱
性、威胁、风险等要素）之间的关系，给出一个综合模糊集理论与熵权系数的 SaaS 风险评
估方法并给出评估算例。第 5 章研究 SaaS 风险决策，从 SaaS 厂商视角研究定价决策中对
不确定性因素的考虑，主要做了两项工作：一是针对软件服务价值确定中的不确定性要素
给出一种基于客户经济价值的软件服务价格估算方法；二是就 SaaS 厂商与 SaaS 潜在订阅
客户在价格沟通中的多属性、动态性特点，引入拍卖这一资源配置和价格决定的市场机制
来解决买卖双方之间供需匹配，构建多属性双向拍卖模型、设计拍卖规则并通过仿真实验
对模型的可行性及应用效果进行检验。第 6 章研究服务等级协议，阐述了服务等级协议的
模型、内容及生命周期，分析了 SaaS 服务等级协议的评估需求并提炼出一组评估指标。

　　本书具有明显的探索性，一些理论与实际问题尚需做进一步探讨，加之作者学识和能
力有限，书中疏漏和不当之处在所难免，恳请读者批评指正。

作　　者

2017 年 5 月于南京财经大学

目　录

序 　　　　　　　　　　　　　　　　　　　　　　　　　　　　　　　　　i

前　言 　　　　　　　　　　　　　　　　　　　　　　　　　　　　　　i

第 1 章　绪　论　　　　　　　　　　　　　　　　　　　　　　　**1**

　1.1　研究背景 1

　　1.1.1　"再工业化" 国家战略 1

　　1.1.2　互联网、互联网思维、"互联网＋" 2

　　1.1.3　"数据" 正日益成为企业最重要的资源 4

　1.2　我国企业管理信息化建设概况 5

　　1.2.1　现有成绩及存在的问题 5

　　1.2.2　对企业信息化的几项关键要素的再认知 7

　1.3　来自 SaaS 模式的机遇与挑战 10

　　1.3.1　来自 SaaS 模式的机遇 10

　　1.3.2　来自 SaaS 模式的挑战 13

　1.4　SaaS 风险管理及相关研究概况 16

　　1.4.1　SaaS 风险管理 16

　　1.4.2　相关研究概况 16

　1.5　研究目标及内容组织 19

　　1.5.1　研究目标 19

　　1.5.2　内容组织 19

第 2 章　理论基础　　　　　　　　　　　　　　　　　　　　　**21**

　2.1　引　言 21

　2.2　云计算简介 22

　　2.2.1　云计算的起源与发展概况 22

　　2.2.2　云计算的概念与基本特征 23

　　2.2.3　云计算相关技术 25

    2.2.4 云计算的模式 28

    2.2.5 云生态系统 31

2.3 SaaS 的概念及商业模式 35

    2.3.1 SaaS 的起源与发展 35

    2.3.2 SaaS 的概念、类型及特征 37

    2.3.3 SaaS 模式的适用性 45

    2.3.4 SaaS 模式的价值网络及价值逻辑 47

    2.3.5 SaaS 商业价值及模式创新 51

2.4 风险管理：原理、过程及工具 54

    2.4.1 风险原理 54

    2.4.2 风险管理过程 57

    2.4.3 风险管理工具 60

第 3 章 SaaS 风险识别   62

3.1 引 言 62

3.2 SaaS 风险因素识别 63

    3.2.1 与 SaaS 风险因素相关的研究 63

    3.2.2 SaaS 风险因素识别 64

3.3 SaaS 风险因素与 COBIT 管理流程的关联 71

    3.3.1 COBIT 简介 71

    3.3.2 关联 SaaS 风险因素与 COBIT 管理流程 73

    3.3.3 运用 COBIT 框架指导全程管理 SaaS 风险 75

3.4 SaaS 价格歧视要素 77

    3.4.1 理论背景及相关研究 77

    3.4.2 SaaS 价格歧视要素框架 81

    3.4.3 SaaS 价格歧视要素应用情况 83

第 4 章 SaaS 风险评估   92

4.1 引 言 92

4.2 风险评估概述 93

    4.2.1 风险评估要素 93

    4.2.2 风险评估过程 95

    4.2.3 风险评估方法 97

4.3 识别 SaaS 资产价值、脆弱性及威胁 99

    4.3.1 SaaS 资产分类 99

    4.3.2 资产价值识别 101

    4.3.3 资产脆弱性识别 102

　　　4.3.4　威胁识别 104

　　4.4　SaaS 风险计算原理与方法 105

　　　4.4.1　风险计算基本原理 105

　　　4.4.2　模糊理论及熵权系数 106

　　　4.4.3　Saas 风险评估方法 108

　　　4.4.4　SaaS 风险评估算例 112

第 5 章　SaaS 风险决策　　　　　　　　　　　　　　　　　　　　116

　　5.1　引　言 116

　　5.2　基于经济价值的 SaaS 服务价值估算 117

　　　5.2.1　基本思想 117

　　　5.2.2　价格估算过程 117

　　　5.2.3　价格估算算例 119

　　5.3　基于双向拍卖的 SaaS 服务定价机制 121

　　　5.3.1　当前 SaaS 定价实践中静态定价策略的不适应性 . . . 121

　　　5.3.2　拍卖机制应用于 SaaS 服务定价的可行性 121

　　　5.3.3　一种基于双向拍卖的 SaaS 服务定价机制设计 123

第 6 章　SaaS 服务等级协议　　　　　　　　　　　　　　　　　　132

　　6.1　引　言 132

　　6.2　SLA 概述 133

　　　6.2.1　SLA 起源及发展 133

　　　6.2.2　SLA 研究及应用概况 134

　　　6.2.3　SLA 的概念及作用 137

　　6.3　SLA 模型、内容及生命周期 139

　　　6.3.1　SLA 通用模型 139

　　　6.3.2　SLA 内容部件 141

　　　6.3.3　SLA 参数类别 141

　　　6.3.4　SLA 生命周期 147

　　6.4　SaaS SLA 评估 150

　　　6.4.1　需求分析 150

　　　6.4.2　评估核心服务 152

　　　6.4.3　评估支持服务 155

参考文献　　　　　　　　　　　　　　　　　　　　　　　　**157**

附录 A　Java 代码 **166**

A.1　风险评估算例中使用的 Java 代码 166

A.2　定价机制研究中使用的 Java 代码 174

后　记 **184**

第 1 章 绪 论

1.1 研究背景

1.1.1 "再工业化" 国家战略

20 世纪 50 年代以来,随着日本、"亚洲四小龙" 以及中国、印度制造业的相继崛起,发达国家采用 "去工业化" 的发展模式,将劳动力迅速从第一、第二产业转向第三产业,同时将低端制造业向低成本的国家和地区转移[1]。这一发展模式曾经巩固了发达国家在高端产业的优势,但由于虚拟经济畸形发展,终于在 2008 年导致了一场全球金融危机,进而导致国家经济增长和消费需求放缓。

一些发达国家通过重新评估实体经济与虚拟经济之间的关系,将实体经济发展置于优先位置,提出 "再工业化" 战略,力图以高新技术为依托,通过发展高附加值制造业来打造富有竞争力的新工业体系。

欧盟早在 2010 年就提出了 "欧洲 2020 战略",其发展重点的 "智能增长" 已涵盖了 "再工业化" 的主要内容。英国在 2011 年发表的《强劲、可持续和平衡增长之路》报告中提出 6 大优先发展行业。法国 2012 年成立了生产振兴部来重振法国工业。西班牙于 2011 年以 "再工业化援助计划" 的方式,由政府出资约 4.6 亿欧元来资助国内的再工业化项目[2]。德国于 2011 年 4 月提出了 "工业 4.0",2014 年德国政府通过《数字化行动议程(2014-2017)》。德国工业 4.0 工作组认为:在制造业领域,技术的突破和发展将工业革命分为四个阶段,前三次工业革命分别是机械化、电力和信息技术的结果,目前物联网和制造业服务化则宣告第四次工业革命(即工业 4.0)的到来。简单说,工业 4.0 就是利用网络和云科技,将更为庞大的机器群连接起来,让机器之间自主控制、自行优化、智能生产,从而大大减少从事重复劳动和经验工作的人力数量,使生产质量和效率提上到一个新阶段。工业 4.0 包括三大主题,即:"智能工厂" + "智能生产" + "智能物流",其中:智能工厂研究智能化生产系统及过程,以及网络化分布式生产设施的实现;智能生产主要涉及整个企业的生产管理、人机互动、3D 打印等技术在工业生产过程中的应用;智能物流通过各种联网,充分整合物流资源,实现供给和需求的快速匹配。工业 4.0 描绘了制造业的未来愿望,基本目标是建立一个高度灵活的个性化、数字化的产品与服务的生产模式,终极目的是使制造业脱离劳动力禀赋的桎梏，从而显著增强制造业竞争力。目前 "工业 4.0" 已上升为德国的国家级战略，反映了德国政府通过产业结构升级与制造业回归来重振经济的愿望。

美国在 2011 年 6 月和 2012 年 2 月相继启动《先进制造联盟计划》和《先进制造业国家战略计划》①。美国制造商协会在 2011 年 10 月底发布的《美国制造业复兴计划——促进增长的 4 大目标》报告中系统性地提出了促进美国制造业复兴的具体措施。

日本在 2013 年 6 月提出 "日本再兴战略"，将产业再兴战略作为今后三大重点战略之一，提出紧急结构改革、雇佣制度改革、推进科技创新、实现世界最高水平的 IT 社会、强化地区竞争力和支持中小企业的六项具体措施。2014 年 6 月日本政府再次强调了这些战略。

面对发达国家的 "再工业化" 战略，我国政府及时制定了一系列文件和行动计划。2011 年 4 月，工业和信息化部联合印发《关于加快推进信息化与工业化深度融合的若干意见》②，提出走中国特色新型工业化道路，促进经济发展方式转变和工业转型升级。2012 年 11 月，十八大报告③明确提出坚持 "四化"（即：中国特色新型工业化、信息化、城镇化、农业现代化）同步，推动 "两化"（即信息化和工业化）深度融合。2013 年 9 月，工信部发布了《信息化和工业化深度融合专项行动计划（2013 – 2018 年）》④。2015 年 5 月，国务院印发了《中国制造 2025》⑤，其基本思想是：坚持走中国特色新型工业化道路，以促进制造业创新发展为主题，以提质增效为中心，以加快新一代信息技术与制造业深度融合为主线，以推进智能制造为主攻方向，以满足经济社会发展和国防建设对重大技术装备的需求为目标，强化工业基础能力，提高综合集成水平，完善多层次多类型人才培养体系，促进产业转型升级，培育有中国特色的制造文化，实现制造业由大变强的历史跨越。

世界各国在 "再工业化" 战略推进中，信息科技在优化资源配置、调整产业结构、创新发展模式、重塑竞争格局的引领支撑作用和潜力日益凸显，将深刻影响制造业的未来。

"再工业化" 战略的推进，离不开信息技术这个重要的使能器，尤其是互联网这个最重要的基础设施和创新引擎。

1.1.2　互联网、互联网思维、"互联网＋"

互联网是迄今为止人类所看到的信息处理成本最低的基础设施，它承载的是电子化数据，这些数据能通过各种途径（如：传感器、智能终端等）进行收集、传输、处理、利用与分享。相对传统的基础设施（如：铁公机等，承载物理实体），互联网在效率、有效性、及时性等多方面具有明显优势，突出表现在：

---

① "美国制造" 回来了，"中国制造" 怎么办？[EB/OL]. http://www.ceh.com.cn/ceh/cjxx/2012/3/10/102921.shtml，2012-03-10.

② 关于加快推进信息化与工业化深度融合的若干意见 [EB/OL]. http://www.miit.gov.cn/n1146295/n1652858/n1652930/n3757016/c3759856/content.html，2011-04-20。

③ 十八大报告（全文）[EB/OL]. http://www.xj.xinhuanet.com/2012-11/19/c_113722546.htm，2012-11-10。

④ 信息化和工业化深度融合专项行动计划（2013-2018 年）[EB/OL]. http://www.miit.gov.cn/n1146295/n1652858/n1652930/n3757016/c3762018/content.html，2013-09-05。

⑤ 中国制造 2025 [EB/OL]. http://www.gov.cn/zhengce/content/2015-05/19/content_9784.htm，2015-05-08。

（1）今天的互联网已有能力在人和人、企业和客户、商业伙伴之间建立无时无刻、无处不在的、全面的、零距离的联系；

（2）互联网允许以极低的成本、通过整合网络上已有资源、快速满足多样化需要，而不需花费巨资构建一套私有的信息基础设施；

（3）互联网所蕴含的价值空间是海量的①，任何企业和个人都有可能通过创新实践实现非常规快速成长。

互联网所蕴含的极大潜力，吸引了世界各国的弄潮儿纷纷"触网"。一些企业利用互联网重构商业模式，从创意、设计、营销、交易发起、服务及商品传递到售后服务的各环节，与互联网充分融合并获得巨大成功②。

互联网企业的发展传奇，引起业界人士深入思考。正如业界对丰田"精益生产"实践的反思而发展出"精益思维"，近年来，一些业界人士基于对互联网企业最佳实践的深刻反思也发展成"互联网思维"。就具体思维内容而言，不同的人士有不同的观点，有的宏观又不失文艺，如李克强总理认为："互联网不仅是工作、学习的工具，也是一种生活的方式，人们很多思维习惯都因为网络而有所改变"；有的面向商业生态提炼行动指南，如赵大伟（2014）认为[3]："互联网思维，是指在（移动）互联网、大数据、云计算等科技不断发展的背景下，对市场、对用户、对产品、对企业价值链乃至对整个商业生态进行重新审视的思考方式"；有的侧重企业口碑及产品方面策略，如雷军的"七字诀"（专注、极致、口碑、快）等。虽然尚不存在权威结论，但业界普遍接受这一观点，即：互联网已不仅仅是基础设施，更是全新的思维模式。

互联网作为基础设施所具有的广泛连接性、低成本性以及所蕴含的巨大价值潜力，应该被各行各业深入利用。互联网与各行各业有机融合之后，将能够激活并赋予各行各业以新的力量和再生能力。这对于推动对传统企业的转型升级、提高竞争能力、实现可持续发展具有重要意义。2015年3月，在十二届全国人大第三次会议上，李克强总理在政府工作报告中提出制定"互联网＋"行动计划，倡导利用互联网平台及信息通信技术，把互联网和包括传统行业在内的各行业结合起来，创造一种新的生态，通过推动移动互联网、云计算、大数据、物联网等与现代制造业结合，促进电子商务、工业互联网和互联网金融健康发展。各种迹象表明，互联网在我国各行业的深化应用正处于一个史无前例的黄金时期。

---

① 美特卡夫法则（Metcalfe's Law）认为，网络的价值与联网的用户数的平方成正比。信息资源具有共享性，信息消费过程往往同时产生信息。美特卡夫断定，随着上网人数的增长，网上资源呈几何级数增长。有资料揭示，截至2014年12月，我国网民规模已达到6.49亿。

② 如：苹果公司的iTunes、App Store、Apple Pay、iCloud等无疑是创新利用互联网的成功典范，借助互联网成功实现了软硬件产品的快速迭代与不同产品间的协作，吸引了世界范围内众多的开发者、商户、企业和个人用户，打造了一个强大的、令同行难以超越的生态系统；腾讯，一家非常擅长挖掘互联网"连接性"的企业，这一点在其产品QQ和微信中得到充分体现，通过互联网成功与各类客户建立了无处不在、无时不在的联系，通过深刻洞察并持续迭代地改进产品，建立了庞大的用户群体，形成强大竞争优势；阿里巴巴，一家非常懂得综合利用互联网特性帮助他人做生意从而成就自身价值的企业，利用其众多平台产品（如：天猫、淘宝、聚划算、支付宝、1688等）打造了一个基于互联网的电子商务帝国。除此之外，还有许许多多我们耳熟能详的企业（Google、Facebook、Twitter、Amazon、百度、360等），这些企业的历史并不长，然而凭着对互联网的深刻洞察与积极融合，都取得了很大成功。

1.1.3 "数据"正日益成为企业最重要的资源

人类的历史,某种意义上就是一部关于数据处理的历史。人类社会的各项活动与数据的创造、传输和使用直接相关。数据历来是作为一种无形的、依附于其他要素的非独立要素,通过优化劳动力、资本等要素结构和配置来影响生产力。在计算机发展的早期阶段,受限于技术发展水平,企业采集、保存与处理数据的能力有限,尤其在数据库技术出现之前,数据与程序紧密耦合。数据库技术出现后,数据被集中存放,供多个程序共享使用。局域网、企业内部网的出现,使数据能在企业范围的各部门之间得到共享,数据存储、处理能力得到增强;互联网的出现、XML、Web 服务等技术的发展,数据独立性得到进一步提高、数据在更大范围内被分享。

随着越来越多的传感设备(电子标签 RFID,可穿戴设备如谷歌眼镜、苹果手表等)接入互联网,数据产生速度加速、数据规模空前膨胀。另一方面,随着计算能力、存储能力及带宽快速增长,相关成本却日益下降,这推动互联网飞速发展,网民规模快速增长,Web2.0技术使得人人都是内容的发布者、传递者及消费者,互联网现已成为聚合各类人群的最强大的、同时也是信息处理的最廉价的基础平台。一些互联网巨头企业,如 Google、BAT(即:百度、阿里、腾讯)等,顺应技术规律,致力于不断增强数据流动及数据重用,不断提升数据使用范围和价值,在推动经济、社会运营效率方面作用明显。

数据正日益成为组织最重要的核心资产,是组织实现价值创造的"金矿"。2011 年,著名咨询公司麦肯锡指出[①]:数据已经渗透到每一个行业的每一个业务职能领域,逐渐成为重要的生产要素,人们对于海量数据的运用将预示着新一轮生产率增长和消费者盈余浪潮的到来。2012 年瑞士达沃斯世界经济论坛的与会者宣称:数据是一种新的经济资产,就像货币和黄金一样;这不仅是一次技术革命,从某种意义上说是一种社会革命,将对国家治理模式、企业决策、组织和业务流程、个人生活方式产生巨大的影响。2014 年 2 月,马云在阿里巴巴的一封内部邮件中写到:"我们正在从以控制为出发点的 IT 时代,走向以激活生产力为目的的 DT(数据技术)时代"。从此,"数据时代"这个词迅速传播开来,引起业界高度关注[4]。马云在《互联网+:从 IT 到 DT》一书的序言中写到:"IT 和 DT,这不仅仅是不同的技术,而是人们思考方式的不同,人们对待这个世界方式的不同。IT 时代是方便自己控制和管理,"信息"是一种权利。而 DT 时代是利他、激发大众活力为主,DT 是一个数据更充分流动的时代,会更加透明、利他,更注重责任和体验。"

我们认为,"数据时代"更凸显数据思维,更尊重发扬数据特性,更重视数据价值挖掘。数据时代到来,企业必须正视价值创造基本问题(如:为谁创造价值、创造什么价值、如何创造价值、如何实现价值),创新运用数据科技,深入挖掘数据价值,提升竞争能力。

---

① Big data: The next frontier for innovation, competition, and productivity [EB/OL]. http://www.mckinsey.com/business-functions/business-technology/our-insights/big-data-the-next-frontier-for-innovation, 2011-10-10。

1.2 我国企业管理信息化建设概况

1.2.1 现有成绩及存在的问题

以制造业管理信息化为例，我国企业的管理信息化应用可以追溯到 20 世纪 70 年代中期，当时主要是以单机操作为主的、面向单项业务的数据处理。80 年代中后期，随着系统集成和网络技术发展，一些大中型企业通过实施集成化信息系统，如：制造资源计划系统（manufacturing resource planning，MRPII）和企业资源计划系统（enterprise resoure planning，ERP），来解决信息孤岛问题。90 年以后，随着互联网在国内迅速普，各类信息系统在企业中应用日益深化。从总体上看，我国的企业信息化建设已在多方面发挥了积极作用，成为推动工业转型升级的重要抓手，主要表现为[5]：

（1）增强了自主创新能力、提高了产品附加值。我国工业企业普遍利用计算机辅助设计、系统仿真等技术开展研发设计，主要行业大中型数字企业设计工具普及率超过 60%，大幅提高了自主创新能力，提高了研发效率。服装、家具等消费品行业利用信息网络和 CAD 建立了用户参与的个性化设计体系，显著提高企业产品创新和业务创新能力。

（2）促进了工业服务化转型。我国已有不少企业认识到服务化转型大趋势，注重利用信息技术实现服务型制造。例如，陕西鼓风机集团由单机供应商向系统供应商转型，宝钢集团发展工程技术服务业务，海尔提供家庭成套电气的设计安装服务等，提高了产品附加值，形成强大竞争优势。

（3）推动柔性制造、智能制造、绿色制造成为生产方式变革的主要方式。

（4）不断催生和壮大新兴产业。物联网、云计算、移动互联网、远程监控等新兴信息技术在工业技术领域快速扩散，创新层出不穷。

（5）带动产业组织方式发生重大变化。

信息技术的广泛应用，有效支持企业组织体系不断向虚拟的网络空间和跨地域的物理空间延伸，企业运作模式和组织结构日益灵活、敏捷，富有柔性，提高了资源优化配置效率。

据统计，全国已有 89% 的机械企业建立了财务管理系统，超过 90% 的钢铁企业应用了采购、财务、销售等系统；石化行业 ERP 应用率达到 70%，实现了产销一体、管控衔接、三流同步；家电、汽车、食品等行业物流供应链和客户关系管理系统应用广泛，提高了协同工作效率和服务质量。从信息化建设水平的地区分布情况看，对于上海、湖北、山东、江苏、黑龙江、安徽、湖南等重工业基础较好的省份，规模以上工业企业的信息化应用水平相对较好，ERP、MES、PLM、SCM 和电子商务普及应用水平较高，多个业务环节的信息化应用开始走向综合集成和产业链协同；对于云南、海南、青海、甘肃、贵州、西藏等工业基础较薄弱的省份，采用信息技术改造提升传统工业的推进步伐较缓慢，企业信息化应用水平较低，大部分企业的信息化仍处于单项应用阶段，有的企业甚至尚未开始应用信息技术。

调查表明，对信息化应用基础相对较好的省份，企业信息化建设存在差异化及多样化特点。以我们对江苏省常州市工业企业"两化"融合现状调查项目为例，调研发现[6]：虽然常州市工业经济基础较好，工业企业信息化起步较早，大部分企业的信息基础设施建设较完善，企业信息化水平也有了长足进步，然而也暴露出一些问题，主要表现在：

（1）企业信息化水平参差不齐，发展不平衡。很大一部分中小企业仍处于信息化起步阶段，即信息化"从无到有"的阶段，起步较早的企业从计算机辅助设计等应用做起，一般的企业则从财务软件做起；一部分企业处于发展期，这类企业信息化普遍应用并取得较好效果，在软件和研发引进上以国外先进技术和院所科技成果为主；部分企业正从发展期迈向成熟期，有明确的信息化战略，投入持续资金和人才，应用较为成熟，一些行业龙头企业已规划建设商业智能系统用于支持管理层决策，业务与 IT 融合较好。

（2）缺乏 IT 规划，缺乏集成应用，信息"孤岛"问题突出。近 40% 的企业没有信息化发展规划，有中长期规划的仅占 23%，企业实施信息化项目缺乏统筹，存在一定盲目性。部分企业信息技术应用的广度和深度不够，局限在财务管理、办公自动化或计算机辅助设计的一个方面，未能从企业整体管理水平的角度出发构建一体化信息管理平台，对系统扩展和整合缺乏考虑。

（3）信息系统没能发挥应有效能。部分信息基础较好的企业，也存在着信息系统效能发挥不足的现象。有些企业为建系统而建系统，业务与信息系统的融合程度不高，对数据的利用深度不够。有些企业在应用信息化的过程中积累了大量数据，但缺乏对数据的深度挖掘，信息化效益不明显；有些企业信息系统与自身业务不匹配，存在"小马拉大车"的现象；系统不够灵活或对灵活性缺乏考虑，信息系统不能够"动态"的响应业务变化。

（4）没有释放出信息和数据的流动性。难以实现信息/数据跨组织、跨地域的广泛分享和使用，数据所发挥的价值有限。对互联网这一最重要的信息基础设施的价值潜力缺乏认识或认识不够，缺乏对互联网的创新利用。

（5）难以适应数据时代的商业流程协同要求。今天商业环境的基本特征是企业主导地位逐渐丧失，员工和消费者等个体正在获得极大主导权并成为数据的主要来源。员工和消费者所产生的数据，主要是文本、视频、图片等非结构化数据，这类非结构化数据并不一定附着于企业的内部流程，实际上，大多数情况下漂移于企业流程之外，这挑战着企业原有的 IT 架构及背后的管理流程。数据时代的商业流程协同具有以消费者为中心、流程逻辑非固化、灵活动态等特点，企业面对的是一张实时协同的价值网。而现有的企业信息化建设方式大部分还停留在传统方式，以 ERP 管理软件实施为例，其做法通常是：把企业外部的所谓"最佳业务实践"以软件方式固化下来，企业实施管理软件的过程基本相当于把企业"装进"软件中，为了匹配软件与企业实际需要再造业务流程、对软件个性化配置、二次开发等，这种做法固然在一定程度上提升了管理效率，但其基本逻辑无异于向企业内部倾倒"混凝土"，一旦实施完成，企业流程很大程度上被"固化"，难以满足数据时代流程协同的个性化、灵活化等要求。

1.2.2　对企业信息化的几项关键要素的再认知

基于过程的观点，企业信息化就是企业为了实现其目的而利用信息科技的过程。企业应充分了解所处竞争环境，明确竞争战略，回归价值创造与价值获得，在价值分析基础上找出关键业务环节，进而选择合适的信息科技[7]。为了充分激活 IT 潜力，企业应深刻反思原有的业务模式，大胆创新，与 IT 进行紧密配合。可见，企业在信息化建设中必须重视组织模式、人、数据、IT 这几个重要要素。

1.2.2.1　关于组织模式

1911 年，泰勒在《科学管理原理》中提出的 "泰勒制" 仍是支撑现代社会组织运作的基本构件，德鲁克认为这是 "美国对西方思想作出的最特殊的贡献之一"。"泰勒制 + 福特制"，夯实了美国经济在 20 世纪的全球竞争力。工业时代，"金字塔" 式的科层制组织模式，强调专业化、分工、纪律、命令、规范、经验、标准化、规模化、流水化、集中化、内部资源优化等，追求生产效率，顺应短缺经济社会。随着时代发展，市场环境发生了变化，这种组织模式是否仍然有效值得反思。20 世纪 80–90 年代涌现的大量管理思想（如标杆管理、平衡计分卡、业务流程再造等），更像是针对原有模式在某方面的改良。随着互联网飞速发展以及与各行业融合进程加速，人们逐步认识到，不变革组织模式而仅依靠十分有限的组织优化是远远不够的。

塑造和推动组织模式变革的力量主要来自两个方面：

一是市场环境及顾客需求变化的拉动。

现阶段的企业所面临的是一个全球范围的、多 "流" 交织及加速流动的动态市场，消费者需求空前多样、多变、易变，对产品及服务过程参与、知情、体验、反馈等方面的诉求强烈，产品品种多样化明显、生命周期显著缩短，强调集中管控的 "金字塔" 式组织架构在难以适应。

二是信息技术进步对商业的推动。

信息技术利用的长期实践表明，计算模式的每一次演进都迅速被采纳，助力组织信息处理能力的同时推动组织商业模式变革，如：最早的计算模式以大型机和小型机为中心，界面不友好，空闲时会浪费计算资源，无法激发用户的主动性，这些特点适应了工业时代典型的组织管理方式 ——命令与控制。之后的 "客户机/服务器" 计算模式，其缺点之一是难以应对大量用户的并发请求，也反映出了 20 世纪 80 年代被 PC 赋能了的员工与企业集中管理体制之间的矛盾。今天，我们所面对的是一个以开放、分布、平等、分享、协作为特征的 "互联网＋云计算＋智能终端" 的新一代的计算模式，深谙互联网思维的一些企业巨头（如：苹果、Google、阿里、腾讯等）同时也引领着新一轮的组织模式变革，这些企业的组织架构正日益扁平化、组织单元模块化、组织边界开放化及模糊化、决策分散化、创新常态化项目化及迭代化、发展布局网络化及生态化、利益相关者协作互联网化与自组织化、经营活动柔性化与协同化、产品及服务交付平台化，强调用户价值、用户参与、创新驱动、业务众包。显然，新一代计算模式，正在推动当今企业重塑其组织模式，其所具有的开放、分布、对等等特征必然会映射到组织模式之中。

针对现阶段一些企业在信息化建设中存在的问题，企业应正确认知竞争环境及技术趋势，实施有效组织模式变革是促成问题解决所需考虑的一个重要方面。

1.2.2.2 关于"人"

人是信息化建设中最重要的、最具能动性的因素。国内外众多企业的信息化项目实践已表明，与人相关因素的表现，很大程度上决定了信息化建设项目的成败。

在工业时代，长期以来，是漠视人性的。在传统（包括目前）的大量企业管理信息化实践中，消费者通常被视为客户。所谓客户，指的是能够带来利益的那部分人，能够带来最大利益的叫重要客户（VIP）。客户是由企业方定义的，所谓的"以客户为中心"，就是如何从客户那里赚钱为中心。按照这一逻辑，企业有钱赚就有服务，没有钱赚就可以不管或服务打折（如：银行对于VIP客户提供专员服务或更好的服务环境，而普通客户则必须排队；超市、商场等对于"会员"客户可提供某种形式的优惠等）。为了更多赚钱，企业广泛采用的一项实践就是让客户成为会员，通过预设的接触点采集会员接触数据，通过分析会员数据改进赚钱能力。会员之间是彼此隔离的。表现在企业信息化实践中就是：对内，企业中的每个人各司其职，着眼局部优化，尤其对于执行层人员，更是被视为一个"螺丝钉"，出于追求效率之原因，工作程序被固化及简化、工作内容被单调化，忽视人的高层需要；对外，强调大众化市场、忽视小众及"长尾"市场，难以满足消费者个性化需求。

互联网正在"连接一切"。数据时代，每个人都是数据发布者、也是数据消费者，每个人的声音都被倾听，每个人都可能成为被关注的焦点；人人都将是知识工作者，人人都将是某个领域的专家，个体的工作与生活更加柔性化。互联网彰显了人性、释放了人性。

互联网时代，"消费者"这个词应该被重新定义。

（1）各类社交平台极大方便人与人之间的连接，人们自由地寻找、组建自己的"圈子"，形成不同"部落"，乐于花费大量时间在虚拟空间中张扬与分享。这是人性的彰显与释放。

（2）不同消费者的消费体验会彼此影响，如个体消费者在淘宝、大众点评网上购买时往往很看重他人的评价。

（3）网络舆论的传播力及影响力前所未有，消费者"口碑"力量常常胜过公司品牌影响。传统的公司主导（例如：通过电视广告打造）的"品牌"对消费者的影响力被显著削弱。品牌是消费者主导的，是属于"粉丝"的（如：有人认为小米品牌是"米粉"的，苹果的品牌是"果粉"的，华为品牌是"花粉"的，等等）。

企业必须回归到消费者作为"人"的本位观，尊重人性、兴趣、圈子、情绪、情怀、尊严等，为消费者创造价值，只有这样，企业才能真正吸引人、留住人，这是企业获取源源不断收益的前提。

目前在企业信息化建设中存在的很多问题，如：信息"孤岛"、流程固化、效能不明显等，与工业时代的惯性思维有较明显的关联。为解决这些问题，有必要从"人"这一要素进行努力：

（1）真正从"人"的角度做好信息化建设。无论在信息系统的选择、开发、购买、实施商品化软件过程中，都应该重视培育及发展公开、平等、分享、尊重个性的企业文化，并贯穿于信息化建设及运营的所有实践。使每个个体潜能都得到充分释放，具有管理专长的知识工作者获得更大的影响力，具有技术专长的知识工作者更富有创新热情和生产力，把不擅长的业务进行外包（或众包），使核心优势、核心能力得到发扬和成长。

（2）真正从"人"的角度还原消费者，更好地服务于消费者。

1.2.2.3 关于数据

回顾世界制造业历史，可以看出制造业的许多重大革命主要来自生产方式以及管理思想的变革[①]，每一次变革都是对"三流"（即：资金流、物流、数据流）流动性的增强，并因此带来成本降低、库存减少、交货准时率提升。在"三流"中，好的资金流动性源于好的物料（原材料、中间制品、产成品）流动性，反映到数据上就是敏捷的数据流。

通常可把数据分为结构化、半结构化和非结构化三类，其中：结构化数据主要指当前可用关系型数据库进行组织的数据，半结构化和非结构化数据主要指视频、图片、文档、网页、声音等数据。随着移动互联网崛起及社交工具普及，大量非结构化数据漂移于企业固有流程之外，这些漂移于企业之外的数据具有体量巨大、价值密度低等特点，若能对这些数据深入挖掘、合理利用，将为企业带来竞争优势。现阶段，企业所建设的信息化系统仍主要针对结构化类型的数据，对漂移于企业之外的数据的处理能力十分有限，影响了信息系统效能；也存在很多与数据流相关的问题，如：数据流不畅、数据共享水平不够理想，影响企业不同部门之间、企业与外部业务伙伴之间的协作水平。

信息化重在数据价值发现及价值利用，信息化建设的出发点及落脚点应该回归到数据上来。所有企业，都应对数据给予足够重视，不能只局限于结构化数据，要进一步拓展到对非结构化数据的分析与利用，这是企业有效竞争及创新发展的内在需要。

1.2.2.4 关于IT

IT是指以计算机、网络通信技术为代表的相关技术与工具的统称，包括硬件及软件两方面。

对于IT重要性，迈克尔·波特（1985）写道[8]："信息革命正横扫世界，没有哪家公司能躲得过它的效应。传统的交易方式，正面临大幅降低信息获取、制造程序、信息交换等成本的变化"。波特认为，信息革命正以三种重要方式影响竞争：一是它改变了产业结构，同时也改变了竞争规则；二是它让企业以新的方式超越竞争对手，进而创造出竞争优势；三是它能从企业内部既有作业中开创出全新事业。

[①] 例如：改变世界制造业的三个重要领袖——亨利·福特（流水线生产）、大野耐一（TPS生产）和高德拉特（TOC理论），都是因为其管理思想影响了世界制造业，而不是因为某项科技发明。

　　Carr（2003）认为[9]：与铁路、电力和其他基础设施一样，IT 已经变得如此普及，对公司来说它不可或缺，但它已不能提供战略性竞争优势；公司不应再试图通过应用信息技术获得竞争优势，而应该防御性地管理信息技术，即着眼于降低成本和规避风险。Carr 的观点曾引起企业人士、研究机构以及学术界的激烈争论。IT 市场研究机构 Gartner 公司认为，卡尔认为硬件和网络连接已经商品化的观点是正确的，一些 IT 基础设施服务也已经商品化。IT 依然重要，不是因为硬件或标准化的商用软件，而是因为创造性应用 IT 可实现高效、低成本和以正确的方式解决业务问题，创造客户价值。

　　针对 IT 重要性这一问题，本书观点是：从作为工具属性的角度来讲 IT 并不重要，然而，若加以合理利用，充分发挥 IT 的潜力，则可成为组织获得竞争优势的利器；虽然作为工具的 IT 已不再是稀缺资源，这并不意味着任何组织都有能力构建自己所需的 IT 能力、卓越的 IT 管理与 IT 创新能力。

　　现阶段，很多企业利用 IT 工具的常见做法是：

　　（1）硬件部分：自行建立计算中心，购买计算机器及存储设备，铺设企业内部通信线路；

　　（2）软件部分：购买各类系统软件，自行开发、合作开发或向软件厂商购买等途径获得应用软件；

　　（3）IT 工具管理：组建 IT 专家团队，成立相关职能部门对各类 IT 工具及数据资产管理，对于一些复杂的企业级软件（如 ERP），通常寻求外部专业团队及软件厂商的帮助，日常运行、维护工作由企业内部专家团队负责。

　　采用如上建设路径的企业，往往耗资巨大，离不开企业内部的 IT 专业队伍，对企业要求较高，往往只有大型企业才有能力建设及运营（如沃尔玛 20 世纪 80 年代的卫星，ZARA 90 年代的 POS、SAP，动辄几亿美元以上的 IT 投入），这让中小企业可望不可及。

1.3　来自 SaaS 模式的机遇与挑战

1.3.1　来自 SaaS 模式的机遇

　　互联网飞速发展，特别是云计算应用深化，一些创新运用 IT 的商业模式正在为企业创新运用 IT 带来新机遇，其中，软件即服务（softwre as a service，SaaS）为企业信息化建设提供了一条新途径，将对企业信息化建设模式产生深刻影响。SaaS 模式在欧美等信息化应用发达的国家已经得到广泛接受。AMR Research 在 2005 年 11 月发表的一份针对美国地区用户的调查报告①显示：在美国的各主要垂直行业和不同规模企业中，超过 78% 的企业目前使用或考虑使用 SaaS 服务，只有 18% 的企业暂时没有使用 SaaS 的计划。易观国际指出②：

---

① 全面实现跨组织协同，聚事在 SaaS 行业异军突起 [EB/OL]. http://do.chinabyte.com/6/13712506.shtml,2016-03-07.
② 2015 年企业级 SaaS 市场规模将保持高速增长 [EB/OL]. http://www.xuanruanjian.com/art/122077.phtml, 2015-11-11.

虽然中国云计算市场起步较晚，市场规模较欧美发达国家存在较大差距，但目前国内企业级 SaaS 增长速度已高于国际平均水平。

简单讲，SaaS 是一种由软件厂商全面托管的、客户通过互联网共享使用应用软件的业务模式。该模式下，应用软件被视为一种访问服务被安装在软件厂商一方的服务器上，软件厂商负责开发、运行、维护及升级，拥有软件所有权，客户拥有软件访问权，通过各类终端（通常为浏览器）即可按需使用软件功能，客户须向软件厂商订阅服务方可取得软件访问权，在订阅有效期间软件厂商按照双方签订的服务等级协议向客户提供相应等级的软件访问服务，及时对软件升级。订阅期满后，客户向软件厂商续费后才能继续正常访问软件。

相对以传统 ERP 为代表的、购买软件永久版权并在企业内部实施的信息化建设模式，采用 SaaS 模式的信息化建设企业，一方面，在信息化建设早期阶段，与 IT 基础设施相关的资金投入将显著减少，系统实施工作量将显著减少，实施前通常可在线试用软件；另一方面，在实施阶段结束后进入正常使用阶段，SaaS 服务采纳企业不需要维持一个高素质的 IT 运营支持团队，只需按协议缴纳应用服务订阅费，可按需及时调整订阅方案，自动获得软件升级，可见在人力资源需求、系统维护升级方面相对传统模式也具有明显优势。从 SaaS 厂商角度，SaaS 模式相对传统模式也具有一系列明显优势，如：收益主要来自 SaaS 服务订阅客户定期缴纳的订阅费，具有稳定性和可预见性；在线应用由所有订阅客户共享使用，深刻掌握客户对应用的使用情况，深刻洞察客户需求；利用技术创新为客户交付更多价值，增强对客户的吸引力等。

理论上，任何类型的应用都可以基于 SaaS 模式进行交付。现实中，某些类型的应用可能被优先考虑。Forrester 考察了 120 种软件产品，对 SaaS 模式采纳情况进行评估[①]，得出如下发现：

(1) CRM 和生产率提升软件：桌面和协同软件很适合 SaaS，内容管理应用较大程度上依赖传统服务。

(2) ERP 和供应链软件目前较少采用 SaaS 模式。然而与电子采购相关的应用（如：服务采购、自动付款分析、供应网络服务、供应风险和绩效管理）广泛采用 SaaS 模式。

(3) 分析型应用相对较难转变到 SaaS 模式，主要原因在于客户需求、数据来源及应用集成等方面具有复杂性，然而某些商业智能（business intelligence，BI）方案已经开始采用 SaaS 模式。

(4) 人力资源管理软件广泛采用 SaaS 模式。

(5) 服务支持、IT 资产管理、容量规划、安全软件等领域，SaaS 模式已得到应用。

(6) 平台和中间件解决方案类软件仍然由传统模式的厂商主导，但这种状况在发生改变。

从 Forrester 的考察看，管理型 SaaS 应用主要用于解决企业中某些具体的业务流程问题，包括在线 ERP、在线 CRM、在线进销存、在线 OA、在线 HR、在线财物等。除管理型 SaaS 应用外，存在一些服务于企业中某些具体工作环节（如：视频/会议、邮箱、存储

---

① http://news.expeak.com/industry/2012/0723/2445.html，2012-07-23。

等）的工具型 SaaS 应用。根据易观智库（2015）的报告，2014 年以来受 CRM 服务等厂商强势表现，管理型 SaaS 的增长率快速拉高，2015 年管理型 SaaS 的增长率明显高于工具型 SaaS。从长期来看，管理型 SaaS 的市场份额会逐渐提升。

对不同行业、不同规模企业而言，能否积极主动、把握机遇、顺势而为，关乎到其生存及发展。

（1）中小微企业①。目前很多专家认为 SaaS 模式非常适合中小微型企业。其原因有许多，这里概括为两个方面：第一，从 SaaS 采纳企业方面，中小微型企业往往存在资金压力大、IT 专业人才不足、业务动态性强等特点，要求信息化建设成本低、费用明确可控、实施周期短、应用使用方便简单，SaaS 模式迎合了这些要求。管理型 SaaS 一定程度上还可弥补传统中小型 ERP 软件只注重企业内部管理，无法对企业外部业务进行管理的缺陷，同时解决传统电子商务只注重外部商机获取而无法与内部业务融合的弊端，中小企业还借助管理型 SaaS 创新企业经营模式，帮助企业应对危机，实现增收、节支、提效和避险之目的。第二，从 SaaS 厂商方面，中小微型企业对应用服务的功能要求相对大型企业而言较简单，往往是单个、专业领域软件应用，通常不需要大型系统；另外，与大中型企业关注管理、文化等多元化需求不同，中小企业更最关注如何生存及发展，对历史的传承较少，反映到信息化建设上，表现为较少或没有遗留系统，不需要（或很少）的信息集成或系统客户化工作，这明显降低了服务支持要求。最后，中小微企业数量众多，有利于 SaaS 厂商发展客户，规模优势明显。

（2）大型企业。大型企业在长期经营过程中，往往已经建立了比较发达的应用系统，积累了较丰富的 IT 建设经验，一些企业在运用 IT 方面已形成强大竞争优势。大型企业为获得敏捷运营、及时感知自身业务状态以及为提升决策而进行联机分析的需要，往往建设了复杂的、专属的企业级系统。虽然不像中小微型企业那样缺乏资金及 IT 人力资源，但并不意味着 SaaS 模式不适合大型企业。在国外，DELL、Cisco、花旗银行等大公司都是 SaaS 模式的用户[10]。

大型企业是否愿意采用 SaaS 模式，关键在于要为大型提供合适的服务类型。计世资讯②指出适用于大型企业的三类 SaaS 服务：①以网络会议、网络培训为代表的工具型 SaaS 应用，从 WebEx、G-net 和红杉树等公司的实践来看，大型企业也非常愿意采用此类服务；②以大型物流企业、连锁企业为代表的供应链服务，能够帮助他们为自己的供货商或者客户提供实时信息服务；③基于协同的项目管理服务，大型企业集团中的项目管理往往是一种跨流程的服务，需要涉及与企业中 ERP 系统、CRM 系统等各种业务系统的集成，在传统的应用方式中，系统集成往往会涉及很多问题，利用 SaaS 模式则可以很方便地实现。

---

① 中小企业（Small and Medium Enterprises，SME），又称中小型企业或中小企，它是与所处行业的大企业相比在人员规模、资产规模与经营规模上都比较小的经济单位。此类企业通常可由单个人或少数人提供资金组成，其雇用人数与营业额皆不大。不同国家、不同经济发展的阶段、不同行业对其界定的标准不尽相同，且随着经济的发展而动态变化。大多数国家都以量的标准进行划分。我国 2011 年 6 月 18 日印发的《关于印发中小企业划型标准规定的通知》中按所在行业、营业收入和从业人员数量方面进行划分。

② 管理型 SaaS 为中小企业带来增收节支提效避险变化 [EB/OL]. http://www.enet.com.cn/article/2009/0927/A20090927544481.shtml, 2009-09-27.

面向大型企业的、高度集成的 ERP 系统是一类复杂的企业级系统，成功实施这类系统是一项艰巨任务，实践中常常采用一种基于产品的传统交付模式，即向软件厂商购买商品化的软件产品，安装在企业专属的 IT 基础平台上，由企业内部 IT 专业团队负责日常运营及维护，软件厂商只提供必要的售后支持。SaaS 模式适合这类复杂的软件产品么？针对这一问题，曾引发一场大辩论。有的认为传统 ERP 产品模式已死，有的认为 SaaS 模式不适合复杂 ERP 软件。随着云计算技术发展，企业竞争环境变化及面临压力增大，越来越多的专家倾向于认为传统的 ERP 产品模式一定会转向 SaaS 模式，大型 ERP 实现服务交付只是时间和客户接受度问题。本书认同这一看法，并从采纳企业及 SaaS 厂商角度简析 SaaS 模式为这类复杂系统所带来的机遇：

(1) 从 SaaS 采纳企业一方。典型机遇包括：快速部署、无处不在的访问、显著节约 IT 基础设施投资、显著降低 IT 人力资源需求、IT 费用支出更具平稳性和可预见性，应用补丁及升级工作不需要采纳企业方实施；来自 SaaS 厂商的稳定的、可预见的服务质量；相对于传统的基于产品交付的模式，具有较小的软件服务转换成本。大型企业在实际应用 SaaS 模式时还可采用自营方式，即：由企业自己的信息中心负责 SaaS 服务运营，为自己的分支机构和分子公司提供相关服务，不仅可以实现 IT 系统的集中管理，还可将信息中心的管理进行量化，也能避免大型企业所担心的与托管相关的数据安全问题。

(2) 从 SaaS 厂商一方。只需专注软件的最新版本，彻底摆脱传统模式中同时维护多个版本所带来的一系列弊端，如：针对不同版本开发软件补丁及升级方案、难以追踪不同版本之间的继承性等，对产品支持及客户拓展不存在"遗留"应用问题，显著减轻支持工作量，有利于改进服务质量；应用构建及拓展通常基于一个开放的开发平台，方便引入新功能、软件测试、优化及部署等工作，有利于加速产品迭代；实现了订阅客户数据的大集中，利用数据分析技术获得深刻洞察，适时推出增值服务等。

SaaS 模式这一趋势不可阻挡。根据微软给出的定义[①]：SaaS 即部署为托管服务并通过互联网访问的软件。显然，该定义涵盖的情形十分普遍，如：阿里旗下的服务如淘宝、天猫、聚划算等，这是阿里集团负责托管、运行及维护的在线服务，各类用户（品牌店、小微店、买家）通过互联网进行访问，显然符合这一定义；其他如京东商城、腾讯微信、腾讯 QQ、新浪微博、大众点评网，以及基于互联网的各类在线游戏、在线课程等，也符合这一定义。鉴于此，我们认为 SaaS 模式所蕴含的巨大机遇是前所未有的。

1.3.2 来自 SaaS 模式的挑战

对 SaaS 厂商和采纳企业而言，SaaS 在带给他们机遇的同时也使他们面临多种不确定因素。相关研究指出[②]：SaaS 市场鱼目混杂，SaaS 厂商资质参差不齐，中小企业对于 SaaS 模式仍存在着疑虑和担忧，SaaS 厂商所提供服务的及时性、安全性、可靠性，以及 SaaS 厂

---

① Architecture Strategies for Catching the Long Tail [EB/OL]. https://msdn.microsoft.com/en-us/library/aa479069.aspx, 2016-04。

② 中国企业级 SaaS 市场年度综合报告 2015 [EB/OL]. https://www.analysys.cn/analysis/8/details?articleId=13116, 2015-11-02。

商的口碑、营销手段、商业运作模式等方面都对 SaaS 模式的推广提出了挑战。这些挑战，无论对 SaaS 厂商还是对 SaaS 采纳企业而言，都将深刻影响他们的 IT 战略及运营。接下来，从 SaaS 厂商和 SaaS 采纳企业角度进行概括：

1.3.2.1 SaaS 厂商面临的挑战

（1）SaaS 厂商尤其在早期发展阶段将面临严峻资金压力。

SaaS 厂商的收益主要来自三个方面[11;12]：①订阅费，指客户为可持续访问在线软件服务而定期（通常按月）向软件厂商支付的费用；②实施费，指 SaaS 厂商为保证企业客户能有效使用所订阅的软件服务，通常向客户收取一定额度的实施服务费，典型的实施服务包括业务流程梳理、基础数据准备、应用操作培训、系统集成等；③支持费，指客户在使用所订阅的软件服务过程中，为获得必要的支持服务（如：人工支持、数据迁移等）而向 SaaS 厂商支付的费用。这三部分费用中，订阅费是客户按期支付的，是厂商收益的主要来源，实施费是一次性的，服务支持费通常是多次的，实施费和支持费是厂商收益的辅助来源。

相对于采用传统模式的软件厂商，SaaS 厂商的资金压力非常突出。对于采用传统模式的软件厂商，向客户收取的软件永久授权费、安装咨询与实施费、版本升级费数额通常较大，软件研发投资回收较快。另外，由于应用软件安装在客户方，厂商不负责应用软件运营因而也就不发生相关费用。然而，对于 SaaS 厂商，由于不销售软件永久授权因而也就没有永久授权收益；订阅客户在订阅期间自动获得软件升级①，故没有升级收益；客户方对自身技术环境的要求大大降低[13]，因而向客户收取的实施费较低，现实中很多厂商为吸引客户订阅，对于不太复杂的在线应用常常免费实施。另外，SaaS 厂商必须持续投资用于构建、维护及升级 IT 基础设施。显然，SaaS 厂商尤其在早期发展阶段将面临严峻资金压力。

（2）来自于客户市场的压力。

主要包括如下三个方面：

第一，客户需求多样。不同客户在企业类型、业务范围、经营规模等多方面存在差异，使得客户需求呈现多样性，客户在选择 SaaS 应用时对用户数、软件功能及非功能特性（如可用性、安全性、集成性等）、服务支持类别及支持水平等多方面提出个性化要求。SaaS 厂商如何进行产品定位、进而合理利用定价手段吸引更多客户订阅以实现规模收益，将关系到厂商能否生存。

第二，客户转移成本低。SaaS 模式下基于互联网访问、由众多客户共享使用单版本应用软件的特点，客观上要求 SaaS 厂商采用开放的技术及标准，有效支持客户按需灵活调整订阅方案，使得客户进入及退出门槛较低[14]。如何综合产品、价格、服务等都中手段锁定客户从而获得可持续的订阅费，关系到 SaaS 厂商能否可持续发展。

第三，使用方式多样化。订阅客户将以各种不同的方式使用 SaaS 应用，一方面，即便对单个订阅客户而言，在不同时段内对 SaaS 应用的使用频度可能呈现差异化（如：业务淡

---

① The real SaaS Manifesto: Defining the True Benefits of Software-as-a-Service [EB/OL]. https://docs.workday.com/pdf/whitepapers/hr_it/workday-the-real-saas-manifesto-whitepaper.pdf,2016-04-06.

季时较少使用），使用不同功能模块所需计算资源也会呈现较大差异（如：业务处理层面通常需要小规模交易处理与初步的分析能力，而决策支持及高层综合查询通常涉及大规模数据处理与复杂数据挖掘能力）。另一方面，由于单版本软件供所有订阅客户共享使用，客户在需求、偏好及其他难以预料的因素，进一步加剧应用使用的多样化。

综上可知，SaaS 厂商面临挑战中既有内部的、也有外部客户的因素，既有技术方面的、也有管理方面的因素。SaaS 作为一种仍在快速发展变化中的业务模式，必然带给 SaaS 厂商很多全新的问题及内容，例如：如何与业务伙伴（如云计算硬件提供商、软件开发平台提供商等）共建生态系统来获得可持续发展、对客户访问服务定价时应考虑哪些影响因素、如何对访问服务合理定价以优化订阅收入、如何针对客户需求的多样化提供个性化的服务等级，等等。SaaS 厂商必须认识到 SaaS 模式所带来的这些变化，除了积极利用技术创新积极应对外，也需要探索如何利用市场手段引导客户使用行为，规避各种潜在不确定性因素，这关系到厂商生存及发展。

1.3.2.2　SaaS 采纳企业面临的挑战

从采纳企业角度看，相对于传统的基于获得、安装及运行维护应用软件的信息化建设模式而言，基于 SaaS 的信息化建设模式毕竟是一个新事物，无论是在采纳阶段还是在使用在线应用软件的阶段，都充满了很多未知和不确定性，面临全新挑战。

在现有研究基础上[10;15-24]，概括出 SaaS 采纳企业面临的如下典型挑战：

（1）企业（尤其是大型企业）在采纳 SaaS 模式后，企业的组织架构会随之变化，关系管理的范围被拓宽（如：增加 SaaS 厂商关系管理），为适应这种新型服务交付模式的使用和管理，需要安排相关的预算、商业计划、人员配备、应用系统选型及管理制度。对大型企业而言，这种适应性变化和创新性变革是复杂的。

（2）难以建立对 SaaS 风险因素的客观全面认知。从 SaaS 采纳企业角度看，SaaS 模式实现了对应用软件的构建、运行与维护升级的非常彻底地外包，对采纳企业方的大部分数据资源也进行了外包。IT 功能、数据与专业运维服务的外包为企业带来各种不确定性，这无疑使采纳企业面临各种风险。另外，SaaS 模式属于云计算范畴，而云计算聚集资源的特性使得各类参与者（如：应用提供者、应用运营者、硬件基础设施提供者、开发平台提供者、通信线路提供者及运营者等）形成复杂的生态型产业链，这些参与者彼此间互相依赖、互相影响且存在信息不对称性，增加了 IT 服务周期中不同阶段、不同协作活动中的不确定性；SaaS 模式所继承的云计算动态性、位置透明性、网络依赖性、资源共享性等特点，为信息安全带来新的问题（如数据存放位置有关的法规约束、数据遗忘权等）[25;26]。

（3）缺乏有效管理 SaaS 风险的专业知识。企业采纳 SaaS 模式的一个很重要原因：希望能更好专注发展自身核心能力，外包不擅长的非核心能力（通常为 IT 运营与管理能力）。然而，如上所述，基于 SaaS 的信息化建设模式使采纳企业面临大量不确定性因素，采纳企业要实现有效管控 SaaS 风险，必须建立起对 SaaS 厂商全面、深刻的认知，不仅要了解厂商 IT 产品研发水平，也要了解 IT 产品运营、维护与 IT 管理能力，而且要了解 SaaS 厂商与其他伙伴厂商的关系管理水平，这些关系到 SaaS 厂商的服务保障能力，直接影响到采纳企业的服务质量与业务可持续性。显然，有效管理 SaaS 风险涉及到风险识别、评估、决策等系统全面的专业知识，对 SaaS 采纳企业要求很高，很多企业（尤其是中小企业）往往很难具备。即便是对于具有较强风险管理经验的企业，由于 SaaS 模式尚在发展之中，对许多问题及最佳业务实践的积累仍处于探索与总结阶段，有效管控 SaaS 风险仍然充满挑战。

1.4 SaaS 风险管理及相关研究概况

1.4.1 SaaS 风险管理

近年来，信息安全问题所产生的损失、影响不断加剧，信息系统安全问题越来越受到人们的普遍关注，它已经成为影响信息技术发展的重要因素[27-30]。信息安全问题的解决涉及到政策法规、管理、标准、技术等方方面面，应从系统工程角度来统筹考虑[31]。信息安全管理的核心就是信息风险管理。

风险就是关于不确定性对结果的影响。风险管理就是针对风险采取的组织、指挥与控制的一系列协调活动。风险管理表现为一个过程，包括风险识别、风险评估和风险决策等阶段[32]。SaaS 风险管理，就是针对 SaaS 模式探讨其风险识别、风险评估和风险决策等基本问题。本书把 SaaS 风险管理归属到云计算信息安全学科，该学科与计算机科学、网络通信、数学、信息科学、系统科学、管理科学、法学等学科紧密相关，具有明显的跨学科特性。

本书旨在对 SaaS 风险管理开展研究，针对具体问题选择以 SaaS 厂商或采纳企业的研究视角。

1.4.2 相关研究概况

1.4.2.1 国外相关研究

我们利用 ISI Web of Knowledge 数据库，以 "software as a service" 和 "risk management" 为检索主题，针对 2001 年 1 月 – 2010 年 12 月间的成果进行检索，得到 715 条文献记录，其中会议论文 368 篇 (51.47 %)，期刊论文 312 篇 (43.63 %)。期刊论文中，属于计算机科学领域的有 118 篇，经济及管理领域的有 65 篇 (其中：发表于 2007 – 2010 年的有 35 篇)。会议论文中，属经济管理领域的有 98 篇，且发表年限全部在 2007 – 2010 年之间。后期，我们利用 Elsevier ScienceDirect 数据库，在摘要、标题和关键词（abstract，title，keywords）域中检索同时出现 "software as a service" 和 "risk management" 的文献，选取文献时间区间为 2011 – 2015 年，文献类型为 Article 及 Review Article，得到 29 篇文献记录，进一步筛选发现，属于 "云计算" 主题的仅有 2 篇[33;34]。

与风险类别划分与风险因素识别相关的研究中，Sääksjärvi(2005) 等评价了 SaaS 模式对

SaaS 厂商和用户的价值及典型风险源，认为从用户角度看 SaaS 模式所具有的机遇对 SaaS 厂商则通常意味着挑战[35]；Subashini 等 (2011) 调查了云计算服务中在基础设施、平台及应用三个层面的安全问题，认为 SaaS 模式下的风险涉及数据存储与迁移、数据传输、数据访问、应用安全及第三方资源相关风险，提供商依赖风险，服务采纳方与 SaaS 厂商的角色及责任界定相关的风险等，数据安全风险已得到采纳企业普遍关注[36]；Catteddu 和 Hogben(2009) 提炼了 35 种风险[37]，包括四个大类 (组织及政策风险、技术风险、法律风险、其他一般性风险)；Benlian(2011) 等基于调查问卷研究感知风险及感知机遇对 SaaS 采纳决策的影响，其中感知风险进一步分为产品绩效、经济、安全、战略和管理等 5 个子类[38]；Ipland(2011) 基于文献研究识别出用户在 SaaS 实施及使用中面临的 30 项风险要素[39]；Bernard(2011) 基于调查问卷研究 SaaS 风险类别与企业 SaaS 项目成败之间的相关性，涉及业务可持续、应用安全和应用集成 3 个风险类别共 23 项风险因素[40]；Limam 和 Boutaba(2010) 针对企业 SaaS 服务集成决策中面临的软件服务质量与 SaaS 厂商信用评价风险，提出一个综合决策框架并给出服务推荐选择模型，并通过仿真验证模型有效性[41]；Brender(2013) 等基于企业案例研究提炼出三类 SaaS 风险 (包括：政治及立法风险、运营风险及技术风险) 共 12 项风险因素[42]；August 等（2014）讨论了感知风险问题，认为技术风险、用户使用体验等会影响用户对风险的主观判断[43]。

　　与服务采纳的相关研究中，Wu(2011) 运用技术接受模型与粗糙集理论，针对台湾地区 SaaS 应用服务采纳企业，分析了影响服务采纳的风险因素并得出了一些有价值的发现[44]；Benlian 和 Hess (2011) 针对不同应用类型，通过实证研究影响 SaaS 服务采纳的各类驱动及阻碍因素，发现 SaaS 厂商的社会影响力、服务采纳企业对 SaaS 模式的现有态度、采纳过程中各类不确定性等都是重要的影响因素[38]。

1.4.2.2　国内相关研究

　　我们选取 2000 年 1 月–2015 年 12 月为检索时间区间，采用检索表达式 "(KY='SaaS' OR KY='软件即服务' OR KY='云计算') and (KY='安全' OR KY='风险')"，对中国学术期刊网络出版总库中的期刊文献进行检索，共命中 235 篇文献，各年份的发表情况为：2015 年 44 篇、2014 年 56 篇、2013 年 49 篇、2012 年 35 篇、2011 年 23 篇、2010 年 19 篇、2009 年 8 篇、2008 年 1 篇，2000 – 2007 年 0 篇。当采用检索表达式 "(KY='SaaS' OR KY='软件即服务') and (KY='安全' OR KY='风险')"，其他条件不变，重新检索，只命中 13 篇文献，其中 2009 年 2 篇、2010 年 3 篇、2011 年 2 篇、2013 年 2 篇、2014 年 3 篇、2015 年 1 篇。进一步分析表明，高水平的成果较少（1 篇发表在 "计算机科学" 上[45]，2 篇发表在 "计算机工程与设计" 上[46,47]，1 篇发表在 "电信科学" 上[48]，且都关注技术问题），从管理视角深入探讨 SaaS 风险的相关研究成果十分缺乏。针对 SaaS 风险问题的现有学术成果多为初步探讨，研究的系统性与深入性亟需加强。

　　国内与 SaaS 风险管理相关的研究成果主要有：

　　（1）SaaS 风险管理的重要性：魏巍 (2008) 分析了 SaaS 模式给我国软件企业带来的机

遇和挑战，认为目前 SaaS 模式在技术平台安全性、软件适用性、有效的客户关系管理等方面对 SaaS 软件运营商提出了更高要求[49]。张丽与严建援 (2010) 给出了一个 SaaS 服务供应链框架，指出 SaaS 供应链所具有的结构复杂、服务能力范畴广泛、服务差异化等特点使得对 SaaS 服务质量和安全风险管理尤为重要[50]。

（2）风险分类：胡斌与吴满琳 (2009) 从 SaaS 运营模式及风险形成机理的角度，将企业风险分为内部风险和外部风险，内部风险包括来自传统观念的束缚风险、实施成本风险、员工认识风险等，外部风险主要指来自 SaaS 服务商的风险，包括厂商选择风险、数据存储风险以及合同风险[22]。田维珍等 (2010) 分析了 SaaS 模式基本思想、特点和体系结构，并建议从物理安全、数据存储、数据传输和身份管理认证等四个方面对 SaaS 安全风险进行管理[21]；刘飞等 (2010) 进一步指出人员及制度缺陷及第三方认证监督机制缺失引起的风险[51]。

（3）项目风险：陈亚楠等 (2009) 指出在 SaaS 项目实施中，存在着 SaaS 应用与企业原有业务系统集成风险、数据存储安全风险、提供商信用与提供商依赖风险[23]。张昌利与闫茂德 (2010) 针对信用风险问题，借鉴互联网中 PKI/CA 的思想，引入担保方为应用服务提供有偿担保，并对担保方所面临的破产风险、用户累计损失与风险承受能力进行分析[52]。郭健等 (2007) 针对现有 SaaS 收费模式中存在的数据泄漏和破坏、企业个性化需求难以支持、系统集成等风险给出对策建议[53]。

（4）服务质量风险因素：肖琨 (2010) 研究影响 SaaS 模式服务质量的风险因素，建立理论模型并基于样本数据分析识别出六项决定因素 (响应性/补偿性、易用性、效率、安全/隐私性、灵活性、可靠性)，指出易用性和安全/隐私性的影响作用最大[54]。

据有关资料[55;56]，一些西方发达国家从 20 世纪 30 年代起就已经针对信息安全风险问题开展了相关研究，制定了一系列信息安全标准和模型，如：由英国标准协会（BSI）制定的 BS7799/ISO17799，由美、加、英、法、德、荷六国共同制定的 CC/ISO15408，由美国国家标准技术协会（NIST）制定的 SP800，由美国国家安全局（NSA）制定的 SSE-CMM/ISO/IEC21827等，这些相关标准体系、技术体系、组织架构和业务体系已相当成熟[31]。国际上一些研究结构也针对云计算安全信息安全问题发布了相关建议及指南[57-60]。然而，我们尚未发现专门针对 SaaS 安全问题的安全标准和相关模型。

概括起来，本书认为：SaaS 风险问题已引起学术界和管理软件产业界关注，国内外在该领域已取得了一些研究成果。相对而言，国外相关成果较多、研究方法规范，特别是针对 SaaS 风险因素的研究已取得了较丰富成果；国内在该领域的研究成果较少，且研究不够深入。总体来看，目前针对 SaaS 风险管理的研究尚处于早期阶段，相关研究亟需开展。

1.5　研究目标及内容组织

1.5.1　研究目标

本书总体研究目标是：针对 SaaS 这一新型的业务模式，探索风险识别、风险评估、风险决策的理论与方法，为 SaaS 采纳企业及 SaaS 厂商提升风险管控水平服务，帮助他们实现 SaaS 风险管理的基本目标，即：以最经济合理方式获得最大程度的安全保障。具体目标如下：

（1）明确 SaaS 模式与传统模式的异同，帮助 SaaS 厂商和 SaaS 采纳企业建立起对 SaaS 模式的深刻认知。

（2）基于 SaaS 采纳企业视角，梳理各类风险因素的成因及特点，在此基础上对 SaaS 风险合理分类，并探索全程管理 SaaS 风险的理论框架。

（3）基于风险评估基本原理，完成对 SaaS 资产价值、脆弱性和威胁的识别，给出 SaaS 风险评估计算方法，为 SaaS 厂商和 SaaS 采纳企业开展风险评估提供方法支持。

（4）基于 SaaS 厂商视角，研究 SaaS 服务的价值估算与价格确定问题、价格歧视要素分类问题以及与潜在订阅客户的价值沟通问题，为 SaaS 厂商提供与定价相关的决策理论与方法支持。

（5）研究 SaaS 服务等级协议问题，明确典型评估指标，为 SaaS 厂商与 SaaS 采纳企业管理服务等级协议提供参考。

1.5.2　内容组织

本书共分 6 章，内容组织及各章采用的主要研究方法见图1.1。

第 1 章为绪论，首先介绍研究背景、我国企业信息化建设的成绩及存在问题，指出了 SaaS 厂商及 SaaS 采纳企业所面临的机遇与挑战，在此基础上指出对 SaaS 风险管理进行研究的必要性与紧迫性，对与 SaaS 风险管理的研究现状进行总结。

第 2 章为理论基础，首先对云计算相关理论进行简介，内容包括云计算概念及基本特征、云计算相关技术、云计算模式、云计算产业链和云计算生态系统等；接着，对 SaaS 模式进行深入分析；最后对风险原理、风险度量及风险管理的过程、技术与工具等进行介绍。

第 3 章研究 SaaS 风险识别问题，首先采用 SaaS 采纳企业视角并基于文献研究来系统梳理各类 SaaS 风险因素，进一步把各风险因素与 COBIT 标准进行关联来识别关键因素及关键管理流程；接着采用 SaaS 厂商视角对 SaaS 定价决策中的各类价格歧视要素进行提炼，提出适用于 SaaS 模式的价格歧视框架，并结合 SaaS 厂商定价实践对该框架适用情况进行分析。

第 4 章研究 SaaS 风险评估，阐述风险评估要素之间的关系，给出 SaaS 风险评估方法并给出评估算例。

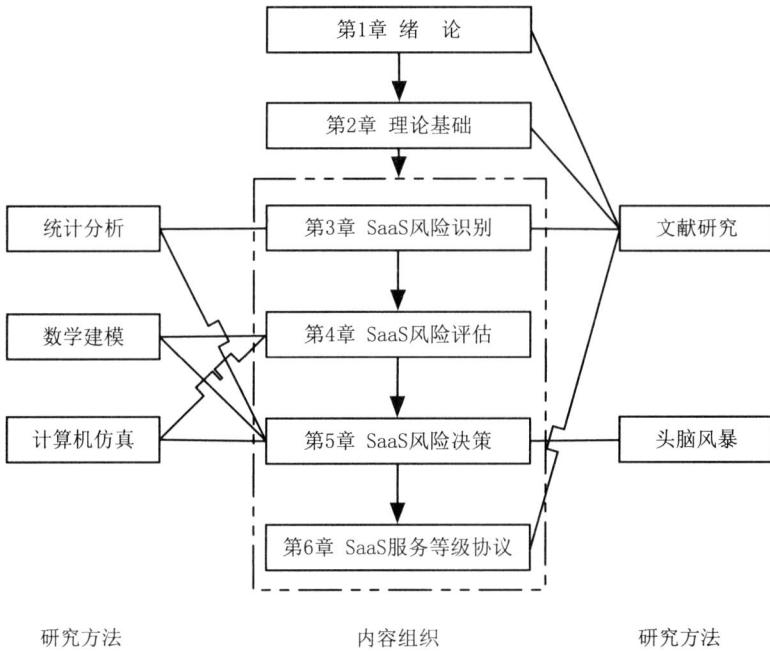

图 1.1 本书内容组织及研究方法

　　第 5 章研究 SaaS 风险决策，从 SaaS 厂商视角研究不确定性因素对定价决策的影响，内容涉及 SaaS 服务价值估算与价格确定问题、价格歧视要素分类问题以及与潜在订阅客户的价值沟通问题，给出了一种基于客户经济价值的软件服务价格估算方法，构建了多属性双向拍卖模型来解决买卖双方之间动态的价值沟通问题。

　　第 6 章研究服务等级协议，在对服务等级协议模型、内容及生命周期等基本概念进行阐述基础上，分析 SaaS 服务等级协议评估需求并给出一组评估指标。

第2章 理论基础

2.1 引 言

建立起对 SaaS 业务模式的深刻理解，明确风险管理基本原理，是研究 SaaS 风险管理的基础工作。

SaaS 模式下，SaaS 厂商利用云计算相关技术组织计算资源，构建并运行基于互联网的、可扩展的、可配置的、健壮的以及使用量可计量的应用软件，利用互联网渠道向所有客户交付应用软件的在线访问服务。显然，SaaS 属于云计算范畴，具备云计算的诸多典型特征。SaaS 作为云计算中位于应用层面的服务模式，相对于云计算中其他两类服务模式——基础设施即服务（infrastructure as a service，IaaS）和平台即服务（platform as a service，PaaS），SaaS 模式有着鲜明的自身定位，也有独特的发展路径、价值逻辑与商业逻辑，有必要针对 SaaS 模式的这些相关内容进行剖析。

另一方面，相对于传统的企业信息化建设模式①，SaaS 模式有很多独特之处，对信息化建设企业而言意味着建设模式的巨大变化，并因此带来很多不确定性，这就需要针对 SaaS 模式探究各种不确定性并评估其对信息化建设的潜在影响，换句话说，就是要对 SaaS 风险进行管理。就风险这一话题而言，虽然其涉及的领域非常广阔，各领域对风险定义的重点也各有侧重，但风险本质是一样的[32]。只有抓住了风险的本质，才能正确理解风险并作出恰当的风险管理决策。

本章首先对云计算进行简介，内容包括云计算的起源与发展概况、云计算概念与基本特征、云计算相关技术、云计算模式、云计算产业链与云生态系统；接着，重点对 SaaS 的概念及商业模式进行剖析，内容包括 SaaS 的起源与发展、SaaS 的概念、类型及特征、SaaS 模式的适用性、SaaS 模式的价值网络与价值逻辑及模式创新等；最后，对风险管理的原理、过程和工具进行简介。

---

① 本书称具备如下典型特征的企业信息化建设模式为传统模式：企业获得应用软件的途径主要为购买或定制开发，企业需要搭建计算机网络、购买服务器硬件及各类系统软件，把所获得的应用软件安装在企业内部的服务器中，由企业内部 IT 专业队伍负责运行维护应用软件。

2.2　云计算简介

2.2.1　云计算的起源与发展概况

"云计算"（cloud computing），是一个较为抽象的概念[61]。"云"的概念来源于电话通讯行业[62-64]。20世纪，电话已经非常普及，但如果在两个用户间建立一条专用的、私密的通讯渠道，须架设昂贵的物理专线。20世纪90年代，一种被称为虚拟专用网（virtual private network，VPN）的技术出现了，这允许通过公用网络随时为两个用户建立专线联系，大大节省了通讯开支。为了形容这种可以为个人提供专用资源，并可按需使用的网络服务，"云"的概念产生了。"计算"，指计算机的计算能力，如：硬件计算能力、存储能力、软件执行能力等，其大小一般取决于计算机配置情况。1963年，斯坦福大学的 John McCarthy 教授预见说："计算的能力，有一天会被组织起来，成为一种公共资源和公共事业"。1983年，太阳微系统的首席研究员 John Gage 进一步明确说：这种组织，就是网络。这种通过网络将计算能力组织起来的做法，可以实现经济学意义上的规模化与专业化，意味着巨大利润空间。1997年，印度裔教授 Ramnath Chellappa 首次使用"云计算"这个词。他认为："计算的边界将由经济的规模效应决定，而不仅仅取决于技术的限制"。2006年被认为是现代云计算的元年，这一年，Google Docs 进入公众视野，Amazon 的弹性计算云 (elastic computing cloud，EC2) 正式为小型公司和个人用户服务，微软启动了云平台工程 Reddog(Windows Azure 的前身)。2010年前后，云计算已经形成了一个从 IT 基础设施、计算平台到应用软件的一个较完整产业链，开始得到大规模的商业应用，对企业信息处理及个人日常生活产生了深刻影响。

当前，全球云计算发展呈现以下态势[65]：一是各国政府日益关注，如：美国全力推进云计算计划，进一步整合商业、社交媒体、生产力应用等，德国制定了《云计算行动计划》，英国启动 "G-Cloud"（政府云战略），日本内务部和通信监管机构计划建立一个大规模的云计算基础设施以支持政府运作所需的信息系统等；二是企业加快云计算项目布局，以美国为例，目前硅谷已有约150家涉及云计算的企业，微软、IBM、Amazon、Salesforce 等 IT 巨头都进入云计算领域；三是产学研合作不断密切，如 IBM 推出 "Blue Cloud"（蓝云）计划后，与政府机构、大学和互联网企业展开云计算相关的合作，谷歌等与众多著名高校加快云计算方面的合作研究等。

我国在云计算方面起步并不特别晚[65]。我国云计算产业在 2006–2010 年之间处于培育阶段，主要是技术储备和概念推广，用户对云计算认知度较低，成功案例较少。初期以政府公共云建设为主。在 2010–2014 年，处于发展阶段，产业高速发展，生态环境建设和商业模式逐渐成熟。2012年7月国务院发布《"十二五"国家战略性新兴产业发展规划》，在七个"重点发展方向"中明确指明云计算发展的规划与目标，并将云计算工程列为规划中的"重大工程"；同年，科技部发布《中国云科技发展"十二五"专项规划》。华为、中兴等传统电信服务提供商纷纷借云计算来扩大自己的市场，阿里、百度等互联网厂商也都加紧了自身的云计算产业生态链建设，带动国内云计算市场进一步深入发展。2014 年后，我国云计算市场快速进入成熟阶段，各厂商解决方案更加成熟稳定，丰富的 SaaS、PaaS、IaaS 等产品大量涌现，用户云计算应用取得良好绩效，成为 IT 系统不可或缺的组成部分，云计算成为一项基础设施。

2.2.2　云计算的概念与基本特征

2.2.2.1　云计算的概念

云计算一词早期主要用于描述某些提供商 (如：Salesforce.com、Amazon 等) 提供的按需计算服务模式。按照该模式，一个计算基础设施被视为一个 "云"，通过提供作为 "服务" 的计算、存储和软件，企业和个人可以从世界上任何地方按需访问这些 "服务"。目前，许多提供商都在提供云计算解决方案。然而，即便实现云计算的底层技术通常都是标准的，但云计算本身并没有经过行业协会批准或认可的规范。关于什么是云计算？业内仍然众说纷纭，各执一词。首先，给出一些学者的代表性观点：

Buyya 等 (2009) 认为：云是由一组内部互联的虚拟机组成的并行和分布式计算系统，该系统能够根据服务提供商和客户之间协商好的服务等级协议①动态提供一种或多种统一的计算资源[66]。

Vaquero 等 (2008) 认为：云是一种容易使用和获取的庞大的虚拟化资源池 (如硬件、开发平台和服务)。这种资源池通常由基础设施提供商按照服务等级协议按照使用付费 (pay per use) 模式开发。云中虚拟化资源允许动态重新配置，实现对资源的优化利用[67]。

Gendron(2014) 认为：云计算不单纯是一种技术趋势、一种计算机体系架构，云计算是一种业务模式，是一种在新业务策略引导下产生的全新的信息系统交付方式，是一种由技术变革所驱动的业务策略方向的转变，它可以帮助企业实现快速的业务创新[68]。

不少 IT 企业和研究机构也针对云计算提出了各自看法，其中具有代表性的观点主要有：

Amazon：云计算就是一个在大规模的系统环境中，不同系统之间相互提供服务，软件以服务的方式运行，所有这些系统相互协作，并在互联网上提供服务。

Gartner②：云计算是一种使用网络技术、由 IT 使能的具有可扩展性与弹性能力作为服务提供给多个外部用户的计算方式。

NIST（2011）③：云计算是一个支持不受地域限制的、便捷的、按需网络访问可配置计算资源池的模型，计算资源包括网络、服务器、存储、应用和服务等，通过很少的管理或

---

① 服务等级协议 (service level agreement，SLA)，也称服务水平协议，是服务提供商与用户签署的，承诺用户在支付一定的服务费后所应得的服务品质的法律文件，包括服务支持、服务可靠性、所提供的服务内容、服务品质、应急处理措施以未达承诺的惩罚措施等。

② Garnter 是全球最具权威的 IT 研究与顾问咨询公司，其研究范围涵盖全部 IT 产业，针对 IT 研究、开发、应用、评估等领域，提供客观、公正的论证报告及市场调研报告。

③ 美国国家标准与技术研究院（national institute of standards and technology，NIST）直属美国商务部，从事物理、生物和工程方面的基础和应用研究，以及测量技术和测试方法研究，提供标准、标准参考数据及相关服务，在国际上享有很高声誉。

者与服务提供商交互即可迅速提供及发布计算资源[59]。

从上面的定义可以看出，不同个人、企业及咨询机构对于云计算的理解存在一定差异，如：IT 企业由于为生存与发展而追求盈利的特性，倾向于把云计算看成一种可通过网络交付的可销售的服务，如：Amazon 最早使用 EC2 和简单存储服务（simple storage service，S3）为企业提供计算和存储服务；一些研究机构，如：Gartner 和 NIST，定义中强调了云计算的扩展性和弹性特点；也有学者把云计算作为一种创新的业务模式[68]。

综合已有观点，本书倾向于把云计算作为一种创新业务模式来进行认识，观点如下：

云计算是传统计算机技术与网络技术发展融合而出现的一种计算能力交付模式，在该模式下，计算资源被系统地组织为一种虚拟化的、具有高度扩展性的、高弹性的资源池，允许动态重新配置，以实现对计算资源的优化利用；云计算厂商通过计算机网络向客户交付所要求的计算能力，客户利用轻量级客户端①通过计算机网络即可访问所需的虚拟资源。

2.2.2.2 云计算的基本特征

在已有观点的基础上，本书把云计算的典型特性概括如下：

（1）面向服务。服务提供商提供抽象化的服务，用户只需专注于通过预先定义好的接口获取相应服务即可。服务可以根据具体需求进行量身定制，不需考虑技术的实现细节。

（2）服务可度量。云系统能够针对不同类型的计算资源（如：存储、计算、带宽等)，以服务的形式向外提供，允许对资源使用情况进行监视、报告、优化与控制，并方便计费。

（3）按需自助。服务提供商允许客户能够按需获得、改变所购买的服务，无需了解底层技术，无需服务提供商人工介入[59]。

（4）基于互联网的无所不在的可访问性。计算能力可通过网络获得，利用标准访问机制可有效支持各类差异化终端平台 (如：移动电话、平板电脑、笔记本电脑、工作站等)[59]。

（5）可扩展性和弹性。从用户角度，云计算提供了按需使用无限计算资源的幻觉。服务能随着用户方的需求而改变，可以进行扩展和移除，能在最短时间内完成这种服务容量的变化。理想情况下，当服务对需求的变化适时动态调整时，用户一方不会感觉到系统速度的任何变动。

（6）互联网技术。云计算服务交付过程中使用互联网标识符、格式和协议。云计算中的许多技术是构成互联网的基础性技术。

（7）资源池。服务提供商利用资源池组织计算资源，通常使用多租户 (multi-tenancy) 共享模式，根据用户需求动态地分配及收回各类计算资源，计算资源对上层服务透明。

（8）容错性。当发生硬件故障时，服务能够自动切换到其他硬件上运行；当发生软件故障时，系统可以作出自动修复，或者向用户发送故障提醒报告，由用户修复软件。

（9）异地复制。云计算允许内容被复制为多个副本，并在数个分布式服务器端保持同步，该特性还可用于备份，以及让企业运行两份同样的数据中心镜像，从而企业可以根据

---

① 除了常见的 Web 浏览器，也包括其他一些轻量级客户端应用程序（如：百度云同步盘客户端、邮件客户端 Foxmail 等）。

成本等因素决定在哪里运行应用程序更合适。

（10）安全性。云计算必须从物理层到应用系统层的各个层级实现高度的安全性。

如上特性中，（1）–（5）体现面向服务的特性，（6）–（10）体现技术方面的特性。

2.2.3 云计算相关技术

通过了解形成云计算的相关技术领域，尤其在硬件 (虚拟化)、Internet 技术 (Web 服务、SOA、Web2.0)、分布式计算 (集群、网格) 和系统管理 (自主计算、数据中心自动化)，这些领域的发展成熟与融合，极大推动了云计算的发展 (见图2.1)。了解这些相关技术，有利于从整体上更好把握云生态系统。

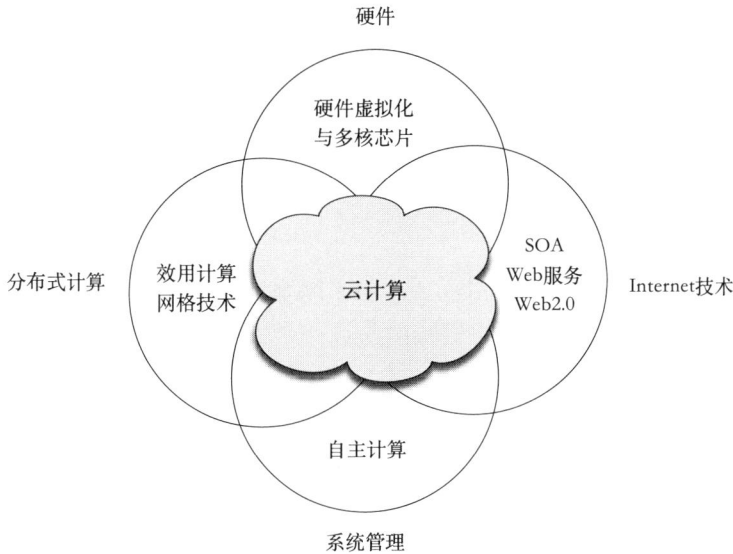

图 2.1　各种技术的融合促进云计算发展

2.2.3.1　SOA、Web 服务与 Web 2.0

面向服务架构 (service oriented architecture，SOA) 是构造分布式系统的应用程序的方法①，它利用现有技术标准，用一个标准机制提供服务，其目标是解决松散耦合，满足基于标准的、协议无关的分布式计算要求。在 SOA 中，软件资源被打包成 "服务"，提供标准商务功能模块，通过一个标准定义语言对服务进行描述，服务具有公开的接口，这些接口允许其他服务访问。对软件开发而言，SOA 是一种非常实用且高效的体系架构，开发者可

---

① SOA 和 SaaS 虽然都和服务有关，但内涵大相径庭。SOA 是一个架构实现方法，注重由 IT 技术来实现业务服务，是搭建软件系统的基础。SOA 支持的通常是离散的、可重用的事务处理服务，这些事务处理合起来组成一个业务流程，是抽象服务。SaaS 是一种关于应用程序如何被交付及使用的商业模式，是软件提供商向第三方 (个人和企业) 提供软件服务，注重的是提供服务的思维。SOA 可以作为 SaaS 的技术支持平台，SOA 服务也可通过 SaaS 模式来提供 (如以开放 API 的形式向外提供)。

通过重用现有 Web 服务组件来编写软件。SOA 能解决在异构环境下，企业各 IT 系统的应用集成，这符合云计算的弹性计算、资源整合的基本思想。SOA 整合服务的概念最初专注于企业 Web。随着 Web 2.0 的出现，在公共 Web 领域也获得了发展。一些服务提供商 (如 Amazon、Google) 允许人们以标准协议公开访问他们的应用编程接口，从而仅需少量代码便可整合得到一个全功能的 Web 应用。在云计算应用层面，可构建来自相同或不同提供商的服务作为云应用的组成部分，像用户认证、日历服务便是可重用 Web 服务构造块的例子。开放标准 Web 服务的出现推动了软件集成领域的发展。Web 服务可以将运行在不同技术产品平台上的应用整合在一起，以一个完整应用形式呈现给用户，且可以通过 Internet 访问内部应用。

云计算与 SOA 的关系[69]：一是具有互补性，云计算提供了可供 SOA 使用的云服务，SOA 提供了整合云服务的方法；二是具有相似性，都能够确定主要的可再利用的组件，同时能确定在开放网络上运行大规模组件的技术，都强调服务概念。另外，SOA 相关技术可作为云计算技术平台的重要组成部分，云计算可视为 SOA 的一种实现，SOA 很大程度上导致云计算诞生。

2.2.3.2   网格计算与效用计算

网格计算 (grid computing) 是指分布式计算中两类比较广泛使用的子类型：一类是在分布式的计算资源支持下可作为服务来提供的在线计算或存储；另一类是由一个松散连接的计算机网络构成的一个虚拟超级计算机，可以用来执行大规模任务。网格计算旨在整合分散的计算资源，强调资源共享，实现计算资源透明访问。实现这一构想的关键在于建立标准的基于服务的 Web 协议，使分散的资源以 "发现、访问、分配、监控、计费和支付等，使之作为一个单一虚拟系统进行一般管理"[70]。开放网格服务体系架构 (open grid services architecture，OGSA) 通过定义一套解决网络系统关键问题的核心能力和行为，满足了这一标准需求。

云计算和网格计算存在一些共同点，如：二者都是可伸缩的，这是通过独立运行在通过 Web 服务连接的各种操作系统上的应用程序实例的负载平衡实现的，CPU 和网络带宽根据需要分配和回收，系统存储能力根据特定时间的用户数量、实例的数量和传输的数据量进行调整；二者都涉及到多租户和多任务，都提供了服务等级协议以保证服务可用性。效用计算 (utility computing) 是一种提供计算资源的商业模式，用户从计算资源提供商获取和使用计算资源，并基于实际使用的资源付费。效用计算主要给用户带来经济效益，是一种分发应用所需资源的计费模式。早期的网格资源管理技术并不能确保在许多系统中公正、公平地访问计算资源。传统指标 (如吞吐量、等待时间和延迟) 很多时候难以捕获到网格用户的灵活需求。在效用计算环境下，用户针对服务质量 (quality of service，QoS) 要求 (如：截止时间、重要性等) 指定一个 "效用" 值并提供给服务提供商，效用值反映用户支付意愿，是支付的重要依据。

2.2.3.3 自主计算

今天的计算机系统变得越来越复杂，一些专家相信将来也许难以管理。研究表明，企业在信息技术方面预算的 1/3 到一半花在了预防或恢复系统灾难上；大约 40% 的系统灾难是由于操作人员的错误导致的。为解决这类问题，一个途径就是引入自主计算[71]。自主计算是美国 IBM 公司于 2001 年 10 月提出的一种新概念，IBM 将自主计算定义为"能够保证电子商务基础结构服务等级的自我管理技术"，其最终目的在于使信息系统能够自动地对自身进行管理，并维持其可靠性。自主计算的核心是自我监控、自我配置、自我优化和自我恢复。自我监控，即系统能够知道系统内部每个元素当前的状态、容量以及它所连接的设备等信息；自我配置，即系统配置能够自动完成，并能根据需要自动调整；自我优化，即系统能够自动调度资源，以达到系统运行的目标；自我恢复，即系统能够自动从常规和意外的灾难中恢复。例如，一台 PC 能够知道自己被电脑病毒感染，并且不会盲目地让病毒入侵，反而会识别和查杀病毒，或者将工作转移到其他处理器，在病毒毁坏文件之间关闭自己。IBM 和其他一些供应商正在开发应用于大型系统上的自主计算。云计算要真正具备高可用、高可靠、高灵活等诸多期望特性，自主计算无疑不可或缺。

2.2.3.4 虚拟化

早在 20 世纪 50 年代，虚拟化（virtualization）这一概念就已被提出。虚拟化是一种计算机资源管理技术，通过为某些资源 (如：操作系统、存储设备等) 创造虚拟版本，为一组类似资源提供通用的抽象接口集，隐藏属性及操作之间差异，允许通过一种通用方式来查看和维护资源[72]。虚拟化技术主要用来解决高性能的物理硬件能力过剩和老旧硬件能力过低的重组重用，透明化底层物理硬件，从而最大化利用。可见，虚拟化技术是将各种计算机存储资源充分整合和高效利用的关键技术。根据资源对象的不同，虚拟化可分为服务器虚拟化、存储虚拟化、平台虚拟化、应用虚拟化、桌面虚拟化等。

（1）服务器虚拟化，通过在物理硬件与操作系统之间加入一个虚拟化软件层，将物理服务器抽象成逻辑资源，向上层操作系统提供与物理服务器一样的虚拟服务器环境。服务器虚拟化技术可以使一个物理服务器虚拟成若干个服务器使用，每个虚拟服务器具有完整独立的系统。服务虚拟化实现了对 CPU、内存、输入/输出设备的虚拟化，不同虚拟机之间进行隔离，利用负载均衡技术平衡各虚拟机和物理机间的利用率，提升了资源利用率和使用灵活性。

（2）存储虚拟化，通过屏蔽具体物理存储设备的物理特性，将物理存储实体与存储的逻辑表示分离开来。存储虚拟化实现了对存储资源的统一管理，形成数据中心模式。存储介质易于扩展，由多个异构存储服务器实现分布式存储，以统一模式访问虚拟化后的用户接口。

（3）平台虚拟化，通过集成各种开发资源，虚拟出一个面向开发人员的统一接口，方便软件开发人员开发各种应用并嵌入到云计算系统中，使其成为新的云服务供用户使用。平台虚拟化通常提供开发工具支持、测试环境及必要的管理功能 (如计费)。

（4）应用虚拟化，是一种通过创建应用程序虚拟执行环境，实现应用程序与操作系统解耦合的技术。应用虚拟化为应用程序提供了一个虚拟的运行环境，该环境为应用程序屏蔽了底层可能与其他应用产生冲突的内容。

（5）桌面虚拟化，实现将用户的桌面环境与其使用的终端设备解耦，服务器上存放的是每个用户的完整桌面环境，用户可以使用不同终端设备通过网络访问该桌面环境。桌面虚拟化使得用户的桌面环境被保存为一个虚拟机，通过虚拟机进行快照和备份，用户在其他终端登录时，仍然可基于以前的配置和工作内容，从而使得工作具有连续性。另外，桌面虚拟化可实现对企业数据和应用的集中管理、维护和控制，减少支持工作量。

虚拟化是云计算的基础。云计算服务通常由数千台计算机组成的大型数据中心构成。这些数据中心为许多用户服务并存储许多不同的应用。虚拟化技术通过对计算资源 (可以是硬件，如：CPU，也可以是软件，如：操作系统) 进行整合或划分，解决了数据中心在建设和运维方面的大多数问题。

2.2.4　云计算的模式

可以从不同视角来描述提供云计算的方式。最常见的视角有两个，即：部署视角和服务视角。前者从云计算资源提供方对计算资源的专属程度进行划分；后者把云计算视为一种可向各类客户交付的计算服务，主要依据所交付的计算资源类别进行划分。

2.2.4.1　部署模式

计算资源在云端的部署模式主要有如下几种：

（1）公有云，是建立在企业防火墙外的云架构，由专业的第三方云服务提供商为企业搭建 IT 服务架构。公有云是社会分工专业化的产物，是最常见的云计算部署模式，通常由大型企业、研究机构、政府组织或者几方联合负责、托管和运营。提供公有云服务的典型厂商如 Google、Amazon 等，厂商负责提供基础设施，采用完全开放的模式，向大众提供服务；用户通过互联网访问公有云服务，用户具体使用情况被云提供商监控，通常基于使用情况向云提供商付费。公有云部署模式允许大量用户共享计算资源，具有规模经济性。

文杰 (2011) 认为[73]：目前，尽管公有云对客户来说有较低的 TCO 优势，但是由于其可能存在的安全质量隐患以及客户所在地的法规冲突，不少客户还对公有云持谨慎和怀疑态度。他们调研发现，中小企业和个人由于资金、技术等原因，往往倾向于利用公有云，如：阿里巴巴和淘宝网面向的主要为中小型企业和个人。

（2）私有云，是建立在企业防火墙内的云架构，计算基础设施通常由一家企业独立拥有，由企业内部人员管理，仅提供给有限的内部用户使用。私有云也可由企业和第三方或者两者联合负责、托管和运营，可能存在于企业内部或外部。私有云通常没有相关的收费模式。

　　企业构建私有云的好处是云计算服务的安全和质量、以及合法性可得到较好保障，缺点是建设计算基础设施的投资较大，而且对 IT 专业队伍的要求较高。一些有实力的大型集团企业有时构建自己的私有云，例如：中国邮政在信息化建设中，通过部署私有云来运行用友的 NC ERP 软件[①]，实现对计算资源的监控和动态调整。

　　（3）混合云，是一种同时使用私有云与公有云的部署模式。例如，将私有云用于应用程序开发，而将实际部署迁移到公有云上；或者，在私有云上运行其网站系统，但当服务请求激增时，网站请求可被自动重定向到位于公有云的同一个网站上。另外，通过部署混合云，企业可在私有云中保存相对隐私的计算，而在公有云上部署一些相对开放的计算，如：企业可将电子商务门户部署在公有云上以利用外部门户网站的资源优势，将制造管理、财务管理等关系到企业正常开展业务的系统部署到企业内部的私有云上。

　　（4）社区云。社区云基于公有云、私有云或混合云的部署模式，通常由一家或多家企业所构成的社区、第三方机构或者二者联合负责、管理和运营。社区云主要服务于一些松散的企业、组织和个人的联盟，比如：某个城市的医疗卫生机构形成一个相对较为松散的组织，这个组织可以提供以居民健康档案为核心的区域医疗卫生平台。

　　这几种模式中，公有云和私有云构成了云计算的基础，而混合云和社区云是基于公有云或私有云建立起来的。公有云和私有云从技术角度看没有区别，在基本特性上完全一样。

2.2.4.2　服务模式

　　云计算是通过网络交付各类计算资源的创新服务模式。根据云计算提供商提供服务的层次，通常分为如下三个服务模式（见图 2.2）。

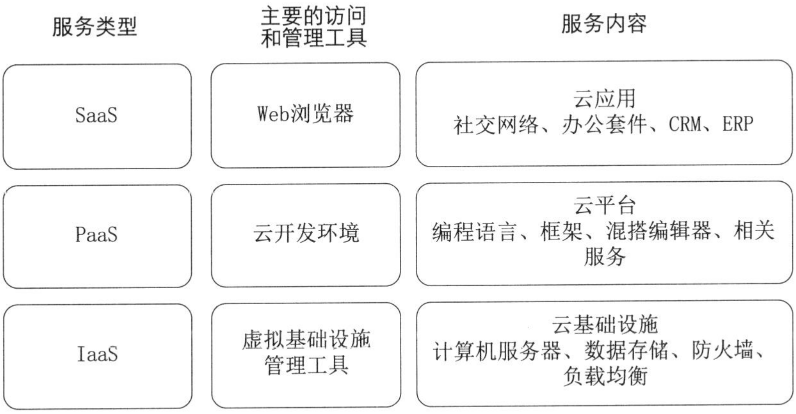

服务类型	主要的访问和管理工具	服务内容
SaaS	Web浏览器	云应用 社交网络、办公套件、CRM、ERP
PaaS	云开发环境	云平台 编程语言、框架、混搭编辑器、相关服务
IaaS	虚拟基础设施管理工具	云基础设施 计算机服务器、数据存储、防火墙、负载均衡

图 2.2　云计算服务模式

（1）基础设施即服务 (infrastructure as a service，IaaS)。

该层处于云计算服务的最底层，提供计算机基础设施级别的服务（如：存储、服务器

---

① 用友 NC ERP 是定位于大型企业管理信息化的应用系统。

及网络服务），利用虚拟化技术（如：存储虚拟化、服务器虚拟化等），把计算能力整合起来形成一个虚拟资源池，利用一套通用的管理界面，通过网络提供给用户使用。该层次使得用户不需购买、安装和管理硬件及基础软件等计算资源，代之以通过云计算服务接口、以虚拟资源对象的形式进行使用。IaaS 的例子如 Amazon Web 服务，授权用户可执行许多服务器活动，如服务器的启动和关闭、自定义安装软件包、安装虚拟磁盘、配置访问权限和防火墙规则等。

常见的服务形式如：①存储即服务，指为应用程序提供物理上位于远端而逻辑上表现为本地磁盘的存储空间，这是一种较低级别的云计算服务；②数据库即服务，服务提供商提供不同的数据库管理系统服务，允许用户 (通常为开发者) 以一种按需付费的方式从提供商处购买，例如，Amazon 提供 MYSQL DBMS 服务，数据库实际存储在其存储即服务产品 Amazon S3 中；③计算即服务，服务提供商允许用户按需使用其提供的可扩展的、弹性的计算能力；④网络即服务，提供给网络用户或网络本身一些基础功能，管理网络运行、实现域名解析或某些协议等。

（2）平台即服务 (platform as a service，PaaS)。

这里的平台指通过利用软件抽象分层的思想及软件服务相关技术，服务于应用软件设计、开发、部署、运营和维护的底层支撑软件系统。PaaS 模式下，提供商除了向用户（通常为应用开发者）提供基础设施层次的服务外，也提供一个更高层次的软件平台，供用户基于该平台开发应用、对应用进行部署及维护，调整平台应用环境设置而无需考虑平台层以下的软硬件安装、维护及扩展等细节问题，服务安全保障的任务由服务提供商和用户共同承担。

可根据所提供 PaaS 服务的情况把提供商分为两类：一是提供设计、开发服务的提供商，允许 PaaS 服务的用户可以利用 PaaS 平台来设计、开发和集成应用程序并通过网络提供给其他类型的客户；二是提供部署、运营和维护平台的提供商，允许用户将其应用部署到 PaaS 平台上，并利用 PaaS 平台提供的功能实现运营和维护。PaaS 的例子如 Google App Engine，通过提供可扩展的开发环境及托管 Web 应用服务，允许开发者使用特定编程语言 (如 Python 或 Java) 来开发应用，以及利用平台提供的专有服务 (如邮件服务、即时通信服务、图像处理服务、Google 账户认证服务等)。

（3）软件即服务 (software as a service，SaaS)。

该服务模型中，一个或多个应用软件，连同运行应用软件所需的计算资源，被作为完整的、可直接交付的、可按需订阅的服务，用户结合自己需要，以在线方式远程使用应用软件，通常依据使用情况向 SaaS 厂商付费。

对使用该类服务的用户而言，省去了在服务器硬件和软件授权上的投入，对应用软件维护的任务显著降低 (通常仅需十分有限的应用设置)，也不需要对云计算基础设施进行管理，明显降低信息化建设门槛及总成本；对服务提供商而言，只需在服务器上维护一个应用程序实例，显著降低运营成本。因此，SaaS 试图在降低用户一方 TCO 的同时，提高了 SaaS 厂商的投资回报。SaaS 模型中，安全保障主要由服务提供商负责。SaaS 的例子如 Salesforce.com

提供的 CRM 服务、Netsuite 提供的 ERP 套件服务。

　　从可控制资源的范围差别看：一般地，云服务提供商支持的计算资源抽象层次越高，云服务的用户方可控制的计算资源范围越小、控制能力越弱。不同服务模式的资源控制范围见图2.3。

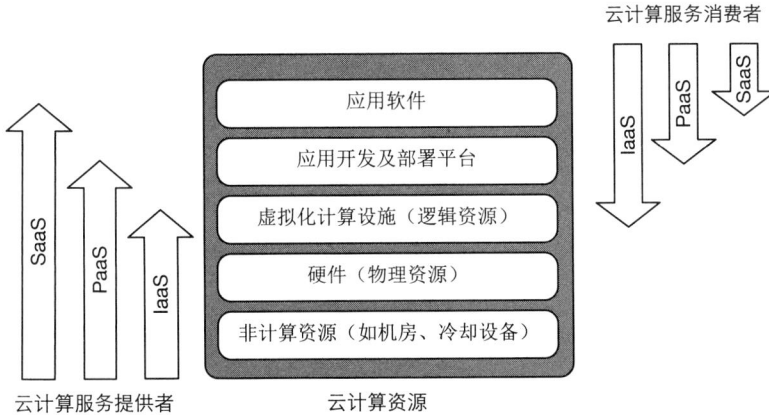

图 2.3　不同服务模式的资源控制范围

　　通常情况下，IaaS 模式对服务提供商资质要求最为严格，在前期需要投入巨额资金，具备高可靠性及充足计算能力的物理设施、保证网络的高速互联、稳定持续的服务供应及提供完善可信的 SLA 服务等级保证等；PaaS 模式对服务提供商的软件技术实力要求最为严格，需要提供一套高质量的设计、开发、部署、运营和维护平台，如：平台提供通用接口、具有高度抽象能力、良好灵活性、可扩充性和稳定性等，这需要服务提供商具有长期的软件研发实践；SaaS 模式要求服务提供商能深刻理解其目标用户的计算需求，能够向最终用户交付能带来较高业务价值的、高质量用户体验的在线应用服务，为满足各类用户的个性需要，SaaS 模式下的在线应用应提供一定的可定制能力。

　　现实中一些服务提供商可能同时采纳多种服务模式，如：Salesforce.com 不仅提供 CRM SaaS 服务，也提供 PaaS 平台服务，为合作伙伴提供了相关的 API 接口，支持订阅 PaaS 服务的用户在 PaaS 平台上开发个性化的 CRM 服务。

2.2.5　云生态系统

2.2.5.1　云生态系统的概念

　　严建援和乔艳芬（2015）[74] 研究认为：云计算提供即时访问资源、降低 IT 创新壁垒、快速实现企业规模化服务等好处的同时，也潜藏着其他问题，如：安全性、业务连续性、隐私、用户访问管理等，可能需要不止一个云服务提供商去集合完成这些服务，需要一个云体系结构系统去满足各自业务需求，云生态系统的出现，不仅解决了以上问题，而且可以提供一系列新的云服务（如支持扩展服务、协助 SaaS、IaaS 和 PaaS 的市场提供等）。

本书认为，云生态系统是生态系统这一概念在云计算时代的应用深化，是云计算发展演化的结果。

1935 年英国科学家 Tansley 第一次提出生态系统（ecosystem）的概念，认为生态系统是"在一个特定地点，由生物或者与之相关联的物理环境所组成的社区或集合"[75]。随后，生态系统的思想逐渐超出了生物学研究领域，开始被相关学者借鉴其理论思想[74]。

在技术领域中，Lenk 等（2009）提出了云生态系统的概念，将其视为云计算技术及服务提供者所处的更为繁复的环境[76]。Rimal 等（2010）研究中使用了"云计算生态系统"(cloud computing ecosystem) 一词，但在内容上等同于云计算系统[77]。

金帆（2014）认为：云经济时代，具有战略思维的企业无论企业自身与顾客之间是否存在交易，关于顾客的行为习惯、消费偏好等信息都蕴含着巨大价值，通过一定的方式聚集顾客成为价值创造过程的重要组成部分[78]。这些企业一方面构建功能丰富的平台，提供丰富的服务，不断吸引顾客进驻并栖息于平台，形成多种类型的价值群落；另一方面整合自身的和其他组织的服务资源和制造资源，形成持续为顾客提供增值服务的能力，并将增值服务作为收益来源。这种由平台企业、平台产生的价值群落和平台整合的社会资源及其环境共同形成的新的组织形态称为价值生态系统。中枢企业（即构建价值生态系统平台的企业）与顾客之间是共生关系，通过价值分享空间，顾客满足了服务、物质或精神文化需求，中枢企业获得了收益并实现了发展。

王伟军等（2014）认为：云计算生态系统是以云计算技术为基础，以商业价值创造为核心，由云计算产业链上各方利益相关者共同参与形成的共生平台，它包括用户、政府、软硬件提供商、运维服务商、经销商、金融服务商、科研机构等多种角色，种群多样性是其形成的重要标志[79]。

严建援和乔艳芬（2015）[74]给出的"云生态系统"定义是："以云计算技术为基础，核心企业为主导，与云计算产业链上的各利益相关企业共同参与形成的平台，以价值共创为核心，基于网络环境通过物质流、能量流、信息流的连接传导，形成的一种共生竞合、开放、复杂、动态演化的生态系统"。不难看出，与王伟军等（2014）[79] 的类似，并明确强调了三方面内容，即：一是基础环境是以云计算基础为基础，以虚拟网络为联结介质；二是各主体之间通过服务相联结，各主体间是一种共生竞合关系；三是开放、复杂、动态演化的生态系统。

现阶段，国内外著名的云计算厂商，普遍重视生态系统建设。《福布斯》公布的 2013 年最具创新力公司排行榜中，居于首位的 Salesforce、亚洲首位的百度以及亚马逊、腾讯等均是构建云生态系统并以服务创新的著名企业。Salesforce 是全球按需提供 CRM 在线应用的领导厂商，百度和腾讯以最初的搜索引擎系统和即时通讯系统为起点创建了庞大的价值生态系统帝国，吸引了数以亿计的长期栖息者。过去几年，阿里巴巴的生态系统建设举措及成果引人瞩目，以阿里云生态系统建设为例，阿里给予不同类型合作伙伴不同的定位，包括业务安全、解决方案、云技术服务合作、工具合作、基础设施、安全合作等，中软、东软、浪潮、东华软件等国内主流的大型 IT 服务商均已经成为阿里云的合作伙伴，以中软为例：中软已建成 ResourceOne Cloud(R1 Cloud)PaaS 平台，在阿里云计算平台运营环境包含一系列支持政府、企业、行业、开发者用户采用云计算方式进行规模化应用开发、集成、管理、运营的 PaaS 平台服务（如："云中快车"、中信 21 世纪的"智慧医药云"），PaaS 平台以服务形式向租户提供，租户可构建自己的应用并部署到云计算平台上，行业主要软件开发商及服务提供商也可通过 PaaS 平台形成与其他软件厂商的合作生态环境，实现利益分享。

在云经济时代，市场竞争将演变为生态系统之间的竞争。云生态系统的培育及健康成长，需要生态系统中各利益相关者共同努力。对 IT 厂商来说，为了在新的发展环境下赢得竞争，必须调整战略思维，明确自身优势，以擅长领域为切入点，与上下游合作伙伴一起积极探索，积累经验并逐步深入。

2.2.5.2 云生态系统的角色

在云生态系统中，有三类核心角色，即使用者、提供者和建设者。使用者指各种云计算服务的终端用户，包括个人消费者、政府、教育和企业客户；提供者指各种云计算服务的提供商，包括 SaaS、PaaS 和 IaaS 三类提供商；建设者是为提供商提供各种基础资源、解决方案和服务的供应商，如软硬件产品、信息安全、支付、网络服务等。

业界对云生态系统的角色有许多不同的称呼[1]，这里对常见称呼做一梳理，并整理到图2.4。对各角色简要解释如下：

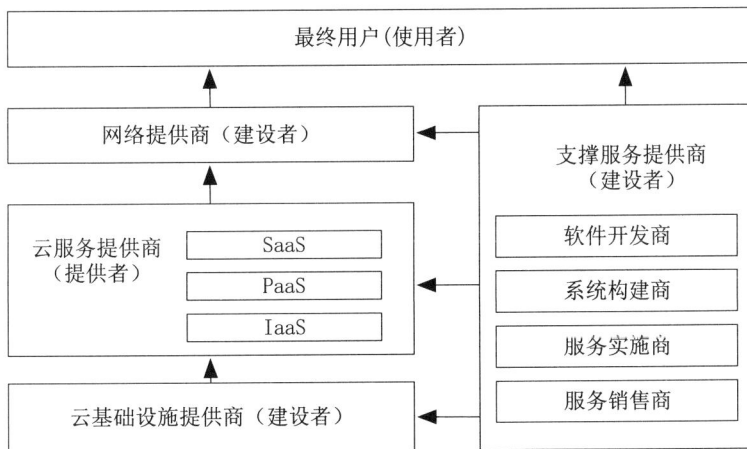

图 2.4 云生态系统的角色

（1）云基础设施提供商。

包括两类厂商：一是硬件基础设施制造商，负责提供硬件基础设施，如：服务器、存储设备、核心芯片；二是软件基础设施提供商，负责提供各类基础软件，如：数据库管理系统、虚拟软件平台及工具、安全监控工具等。这类厂商通过销售设备及软件产品实现收益。

---

[1] 2014 年中国云计算系统峰会上，商业伙伴咨询机构将云生态系统的参与企业分为：云设备提供商、云系统构建商、云应用开发商、云服务运营商、云服务部署商和云服务销售商六大类。

（2）云服务提供商。

负责运营各类云服务。通常情况下，服务提供商同时也是服务运营商，这里不区分服务运营商与服务提供商。

按照服务模式，可分为：基础设施服务提供商（即 IaaS 提供商）、平台服务提供商（即 PaaS 提供商）和应用服务提供商（即 SaaS 提供商）。

IaaS 提供商：从云基础设施提供商处获得硬件设备与基础软件，搭建及管理虚拟资源池，实现资源动态调配，把云端基础设施作为可计量的服务（往往以虚拟服务器、虚拟网盘的形式）提供给客户，这类提供商如 Amazon（提供 Amazon Web 服务等）。

PaaS 提供商：提供技术平台和应用平台，把服务器平台、开发环境和运行环境作为服务提供给客户（如 SaaS 软件开发商），客户在其平台基础上可以开发、定制、部署自己的应用程序，满足用户个性化需要。这类提供商如 Google（提供 APP Engine 平台）、Salesforce（提供 App cloud 及 force.com 平台）。国内的淘宝开放平台（open.taobao.com）可以看作封装了许多淘宝 C2C 电子商务相关 API 的应用平台。

SaaS 提供商：为用户提供各类应用。这类提供商将应用软件部署在自己的服务器集群上，通过 Internet 向客户提供远程访问服务，这类提供商如 salesforce。

现实中，特定的运营商可能同时承担多个角色，如：Microsoft 提供技术平台 Windows Azure 及在线应用 Office 365 等，SAP 提供技术平台 NetWeaver 及在线应用 Business By Design 等，Salesforce 提供技术平台 App cloud、force.com 及在线 CRM 等，故他们既是 PaaS 提供商又是 SaaS 提供商。

（3）网络提供商。

为云计算服务到达最终用户提供接入手段。网络提供商的服务质量（如：网络带宽及稳定性）将影响用户的服务体验。这类提供商如中国电信。

（4）支撑服务提供商。

是云计算产业链中不可或缺的部分，典型角色如：软件开发商、系统构建商、服务实施商、服务销售商等，为产业链中其他各类厂商提供支撑服务。

- 软件开发商：开发各类应用软件，获得一次性软件销售收入或与云服务运营商按利益分成。
- 系统构建商：提供系统搭建服务，拥有搭建云计算平台所需的技术及领域知识，包括硬件系统集成商和软件系统集成商，前者负责搭建云计算数据中心的硬件基础设施，后者负责云计算系统的软件集成业务。
- 服务实施商：面向最终用户制定基于云计算的信息化解决方案，提供实施及其他增值服务等。服务实施商常常充当三类更具体的角色：①集成服务提供商，通过整合多家云服务运营商的服务，或将最终用户的信息系统与特定云服务提供商的服务整合（如实现混合云应用），来满足用户的个性化需要；②咨询服务提供商，通过提供专业咨询与培训帮助用户获得领域知识，其所实际发挥的作用与具体的云计算项目的应用范围和实施难以程度有关，如：类似于 Office 365 中电子邮件或者统一通信这样的 SaaS

软件应用,可能只需要少量的技术咨询服务,但对于 CRM 或 SAP Business By Design 这样的企业级 SaaS 应用项目,咨询服务提供商往往起到非常重要的作用;③云应用定制开发商,基于云服务提供商的标准服务及平台接口规范,开展必要的定制开发以满足用户的个性化需要。

- 服务销售商:面向各类用户销售云服务相关产品(如:云服务器、数据库)的代理组织,促成云计算服务相关交易业务。渠道销售合作伙伴可归为这一类角色,通常,他们只有有限的技术实施能力,能把解决方案介绍给二级、三级甚至更小城市的用户,但其本身通常不能完成服务提供过程。

(5)最终用户。

指使用云计算服务的各类消费者,如:企业级用户、非营利组织、个人消费者等。

2.3 SaaS 的概念及商业模式

2.3.1 SaaS 的起源与发展

根据我们掌握的资料,SaaS 这一概念最早出现在软件与信息工业协会(software & information industry association, SIIA)于 2001 年发布的一份白皮书中[80]。基于对 SaaS 发展历程的梳理,本书把 SaaS 发展历程分为如下三个阶段:

2.3.1.1 萌芽阶段

20 世纪 90 年代兴起的应用服务提供商(application service provider,ASP)模式可以看做是 SaaS 的早期形式。这是因为当时的 ASP 模式已具备了软件租赁的特征,不需要用户将软件产品安装在自己的服务器上,并按照某种服务等级协议直接通过网络向 ASP 服务提供商获取自己所需要的、带有相应软件功能的服务。

ASP 模式可以帮助客户解决如下问题:

- 减少在 IT 设备购买和维护上的资金投入,有效应对 IT 类基础装备由于技术快速进步而面临的快速淘汰风险;
- 缓解企业内部 IT 人员短缺,减少 IT 资产管理成本;
- 使企业有更多精力专注于发挥核心能力及管理改善,等等。

ASP 模式发展并不顺利,这与它的理念在当时过于新颖、技术水平发展不成熟等因素有关,具体原因有:

- Internet 尚不够普及,网速不能满足实际需要;
- 客户对 IT 外包和业务外包模式还没有形成概念,还处于市场培育阶段,客户对数据的安全不放心,对 ASP 模式能否降低总体拥有成本(TCO)有质疑;
- 没有较好地解决 ASP 与企业原有信息系统的集成问题;
- ASP 提供的服务功能较弱,难以满足客户的个性化要求;

• 无法解决多租赁用户的问题，服务提供商难以实现规模效益，等等。

尽管经历了前期的挫折，但是经过实践者的广泛宣传，ASP 模式开始广为人知，接受程度缓慢提高。

2.3.1.2　调整阶段

随后，一种称之为"按需软件"（On Demand Software）的理念日益成长。按需软件，指客户可以根据自己实际需求向服务提供商定购所需的应用服务，按定购服务的多寡和时间长短向提供商付费，并通过互联网获取在线应用。按需软件将"按需"的思想和"服务"的形式结合在一起，形成了 SaaS 的核心。该阶段，用于企业管理类的 SaaS 模式发展比较艰难，原有 ASP 厂商们正经历着不断的整合与调整。服务提供商们比以往更加明确市场的需求，推出更有针对性的服务。

2.3.1.3　稳步发展阶段

随着 Internet 网速提升及基于 B/S 架构的应用软件日益普及，人们使用传统的信息系统与基于 Web 的信息系统这二者之间的体验差距逐步缩小，电子商务、移动办公的发展推动用户日益接受基于 Web 的信息系统，一些不擅长 IT 运营的组织开始探索把 IT 作为非核心业务进行外包的可行性。所有这些，为面向企业管理的 SaaS 发展提供了条件。

2006 年，Salesforce[①] 进入我国市场，当时受限于市场技术、标准的缺失，用户对 SaaS 模式的认知度较低，Salesforce 的业务发展缓慢。此后不久，八百客、Xtools 等国内首批 SaaS 厂商相继出现。2008 年，BAT（即：百度、阿里、腾讯）相继布局云计算，短期内聚集了大量用户资源，市场认知度大幅提升[②]。2009 年，媒体、用户、政府和企业开始认识到 SaaS 对于实现中小企业信息化需求的重要性[81]。2010 年后，用友、金蝶等传统软件商的 SaaS 服务相继步入正轨，依托已有企业用户资源和渠道优势，进一步提升 SaaS 服务在中国市场的认知度。随着我国经济快速发展，一大批中小企业形成了巨大的长尾需求，成为全球价值链中主要参与者。有专家认为，互联网时代是关注"长尾"[③]、发挥"长尾"效益的年代[73]，SaaS 服务提供商有可能以很低的成本服务于广大中小型企业，经济效益优势明显。

2014 年以来，我国 SaaS 产业进入高速发展期，消费级移动互联网应用对企业级移动互联网应用意识的培育日趋成熟，对企业级 SaaS 的认可度快速上升。SaaS 市场已初步形成一个由 SaaS 应用提供商、硬件提供商、系统集成商、最终用户等组成的产业链，这是一条创新的 IT 应用服务供应链，各利益相关者通过合作与博弈，形成自身核心竞争优势并协同创造价值。易观智库预测，2019 年后传统软件服务模式将逐渐被 SaaS 模式取代。

---

① Salesforce 是世界著名的 SaaS 服务提供商，SaaS 模式的卓越倡导者与实践者，开启并引领了一个新时代，其创新实践被世界范围内的众多管理软件厂商所效仿。官方主页为：www.salesforce.com。

② Analysys 易观智库. 中国企业级 SaaS 市场年度综合报告 2015 [EB/OL]. https://www.analysys.cn/analysis/8/details?articleId=13116, 2015-11-02.

③ "长尾"一词常用来描述诸如亚马逊之类网站的商业和经济模式。此处指中小型企业。

目前，SaaS 市场中的厂商主要有三类：第一类是创业之初就定位于 SaaS 的企业，以 Salesforce、国内的 800CRM、Xtools 等为代表；第二类是传统的管理软件厂商，以 SAP、Oracle、国内的用友、金蝶等为代表；第三类是借助资源优势进入 SaaS 领域的企业，如：微软、阿里巴巴等。

2.3.2　SaaS 的概念、类型及特征

2.3.2.1　SaaS 的概念

关于 SaaS 的概念，存在多种观点，下面给出几种典型定义：

（1）SaaS 是通过互联网进行访问的托管软件[①]。

（2）PCMAG 对 SaaS 的描述为：SaaS 是租用而非购买的软件，SaaS 是基于订阅的，客户在订阅期间自动获得软件的最新版本，一旦订阅期结束，软件对客户而言将不再有效[②]。

（3）Garnter 认为：SaaS 是由一个或多个提供商拥有、以远程方式进行交付及管理的软件，该软件基于一套公共代码及数据定义，供所有签约客户在任何时间使用，通常根据使用情况付费[③]。

（4）维基百科对 SaaS 的描述为：SaaS 是一种软件许可和交付模式。该模式下，对软件采用集中托管和基于订阅的许可方式。订阅客户通常利用 web 浏览器对软件进行访问。

（5）Saleforce 认为：SaaS 是一种利用 Internet 交付应用的服务方式，该方式下的用户无需安装和维护软件，只需通过 Internet 进行访问，因而，用户从繁复的软件及硬件管理中解放出来。SaaS 应用运行在 SaaS 提供商一方的服务器上，由提供商管理对应用访问，包括安全、可用性及性能等[④]。

概括起来，现有定义中主要有两类观点：一是把 SaaS 定义为一类软件，如（1）—（3）；二是把 SaaS 定义为一类商业模式，如（4）—（5）。本书认为这两种观点并不冲突，可以统一。本书在现有观点基础上给出如下定义：

SaaS 是云计算中一种服务模式，是一种关于软件交付的商业模式。该模式下，软件被视为一种可通过 Internet 远程访问的在线服务，软件被部署到服务提供商一方的 IT 基础设施上，服务提供商负责软件的运行、维护及升级，客户通过向服务提供商订阅所需的访问服务来获得对应用软件的访问权，利用各类客户端使用软件，根据使用情况向服务提供商支付订阅费。在订阅有效期间，服务提供商按照服务等级协议向订阅客户兑现所承诺的服务质量，及时对软件进行升级。

接下来，从 SaaS 软件、服务及客户端三个方面对这一概念进行全面解读。

（1）对 SaaS"软件"的解读。

---

① Architecture Strategies for Catching the Long Tail [EB/OL]. https://msdn.microsoft.com/en-us/library/aa479069.aspx, 2016-04-01.

② http://www.pcmag.com/encyclopedia/term/56112/saas, 2015-10-10。

③ http://www.gartner.com/it-glossary/software-as-a-service-saas, 2015-10-10。

④ https://www.salesforce.com/saas, 2015-10-10。

要点 1：SaaS 软件是基于客户视角的、类型广泛的 "软件"。

现有主流观点在很大程度上表达了客户导向这一主题，该结论可通过观察一些关键词得出，如："托管"——旨在更有利于客户价值创造，"按需软件"——旨在满足客户动态需要，"网络访问"——旨在方便客户以位置无关的方式使用软件，"按使用付费"——交付客户价值是服务提供商获得收益的前提，等等。

本书认为，基于客户视角的 "软件" 是合理的。一方面，对服务提供商而言，吸引并留住客户是获得成功的重要前提，而这只有树立以客户为中心的经营理念，通过持续交付更多客户价值才有可能实现。另一方面，对客户而言，其真正关心的是软件能否为自身业务带来价值增值，而不关心是什么类型的软件。

从一般意义上，Haag（2011）[7] 把软件分为两大类：一是应用软件（用来满足用户特定的信息处理需求，如：CRM 软件），包括个人生产力软件（如：MS Office）以及纵向市场软件（只适用于一种特定行业，如：卫生保健行业）和横向市场软件（适用于多种行业，如：人力资源管理软件）；二是系统软件，包括操作系统和为操作系统提供附加功能的软件（如：防病毒、垃圾过滤软件等）。

虽然 SaaS 市场中最常见的为应用软件，但消费 SaaS 服务的最终用户的需求是多样化的，存在对系统软件的客观需要①。

要点 2：从云服务提供商视角，SaaS 软件主要指面向最终用户的应用软件。

SaaS 提供商为各类最终用户提供各类在线应用，虽然，从客户视角看，这些在线应用类型广泛，既可以表现为系统软件（如：抽象的操作系统、在线杀毒工具）及满足特定信息处理的应用软件，但从提供商角度，这是通过网络向外界提供的、用以满足特定信息处理需求的在线应用，属于应用软件范畴。

要点 3：SaaS 软件具有较高的灵活性和开放性。

虽然 SaaS 提供商希望用一套标准的解决方案来尽可能满足各类用户需要，但对于复杂的管理型 SaaS 软件，随着企业客户规模不断扩大，不可避免地有时难以满足具体企业客户所在行业的管理特色、企业个性管理需求，或者在与客户现有解决方案集成时存在困难。为应对这些现实问题，SaaS 软件应有较高灵活性。SaaS 软件的灵活体现在 2 个方面：

- 配置性：在软件开发时为未来预留灵活扩展的配置参数或预配置解决方案，允许客户按业务需求进行配置。由于所有订阅客户共享使用同一软件，为避免针对个别客户的特定需求的修改影响其他客户，通常基于元数据（metadata）进行配置以此改变软件界面及相关交互行为等。
- 扩展性：使用可扩展的应用架构设计，从而能够让客户化开发的程序和标准程序存在于同一个系统不同的层级中，通过预设的扩展程序 API 来开发扩展程序，这有助于降低系统在集成、维护及升级方面的成本。

SaaS 提供商作为云计算生态系统的一个重要部分，与其他相关角色建立紧密的共生联

---

① 例如：Web 操作系统，指可通过 Internet 访问的、提供类似本地计算机桌面的软件服务。另外，一些安全服务厂商也通过网络提供病毒防护、防火墙和电子邮件过滤服务等。

系十分重要，这意味着 SaaS 软件应具备较好的开放性，能够支持与其他第三方软件建立连接、交换数据、功能集成或业务过程整合。采用基于 SaaS 平台、使用 Web 服务标准来开发 SaaS 软件，有助于实现较好开放性。这方面的典型实践如：Salesforce 在其开发平台 force.com 中封装了 CRM 相关服务，提供一组 API 接口以及设计规范，能吸引更多用户或开发者使用其服务，或者与现有软件进行集成；阿里巴巴提供的淘宝开放平台，通过开放丰富的 API 接口及设计规范，有助于催生更多共生的 SaaS 应用软件，加速发展一体化的电子商务生态系统。

（2）对 SaaS"服务"的解读。

服务是一个比较宽泛的概念[82]，服务的典型特征主要包括：

- 无形性：服务是一方向另一方提供的基本上是无形的、但可被独立甄别的活动、利益或满足，服务不具有实物形态，不能被储存，并且不会导致所有权的产生。无形性是服务与实物产品最基本的区别之一。
- 易逝性：服务是一种随时间消逝的、无形的经验，具有很强的时效性，服务的生产和消费是同时（或者几乎同时）发生的。
- 顾客参与性：服务是协同创造和获取价值的供应商/客户交互行动，服务过程需要客户直接参与，顾客是共同生产者。
- 异质性：服务的无形性和顾客参与服务过程相结合导致了提供给各个顾客的服务各不相同。
- 关系性：服务是一种关系，服务关系的存在是服务提供者与顾客之间存在某种期望的均衡状态。当双方的期望达到某种均衡时，服务关系将发展下去；否则，服务关系将被破坏。

SaaS 模式把软件（"software"）视为（"as a"）一种可通过网络交付的服务（"service"），颠覆了"软件即产品（software as a product）"这一传统理念，因而将产生深刻影响。软件企业以服务的观点来重新认知软件，重新思考软件行业的客户关系，既是必要的也是合理的，主要基于如下理由：

第一，软件是非常纯粹的数字化产品，是一套计算机指令。以管理软件为例，所蕴含的是关于企业管理的科学模型，在计算机世界中表示为一组计算模型及数据模型，是基于对行业最佳实践长期积累基础上的系统化知识资产，具有无形性，与软件相关的计算设备、软件文档只是不可或缺的附加物。软件具有可永久反复使用而不会损坏、容易修改、再生产成本几乎可忽略、可通过计算机网络交付等特征[83]。

第二，从软件厂商角度看，传统做法是把软件作为产品进行出售，客户购买后享有永久使用权，虽然也提供一些售后支持（如咨询及升级服务），但这些做法与针对有形产品的情形十分相似，缺乏对软件固有特性的考虑。从客户角度看，客户更关心的是软件所带来的价值贡献，而这只有通过正常使用才能获得，而为了能正常使用，却不得不花费巨大代价，用于购买硬件及支撑软件，培训及组建 IT 专业团队，对 IT 基础设施及应用系统进行管理及维护等，然而，客户在这方面往往并不擅长。现实中企业客户的常见做法是：软件采纳企业、咨询公司、软件提供商群策群力，共同做好应用系统选型及实施工作，开展全面的培训工作，促进相关知识向实施企业转移。然而，这种"扶上马、送一程"式的做法难以有效保障知识转移的效果，也不能保证实施企业日后有足够能力充分发挥 IT 工具的潜力。因此，双方需要较彻底地再思考软件提供与消费关系中的协作内容、协作方式以及收益模式。

第三，软件产品具有服务的典型特征，软件价值创造需要软件提供方与客户建立长久的密切合作关系。与服务类似：软件具有无形性，蕴含科学管理模型、行业最佳实践经验；随 IT 技术进步、管理环境变化及管理理念与方法创新，蕴含于软件中的知识需要及时更新；处于可用状态的软件，其能力不能被转储，若不充分利用是一种浪费，显然具有易逝性；对于软件研发及升级，也越来越需要客户参与，迅速响应客户反馈，特别是针对当今云计算及移动计算情形，厂商为给客户带来卓越体验，更是强调全程参与、动态能力管理，可见，软件过程具有顾客参与性；具体企业通过软件实施，践行了行业最佳实践、科学管理模型与个案企业的个性化管理需求、组织架构、业务流程与组织文化的匹配与融合，呈现了很强的异质性；最后，软件提供商与消费软件的客户之间建立了一种密切的共生关系。

随着计算机网络尤其是 Internet 提速以及云计算技术进度，软件厂商具备了通过网络实时地、持续地、以服务形式向软件客户交付他们所需的计算能力；软件，真正成为可供客户快速享用的、与时俱进的用于提升业务效率、及时转化价值以及加速创新的使能工具。充分利用软件的独特性质，以服务视角重新定位软件厂商和软件客户间的业务模式，实现协同价值创造和价值获取，这正是 SaaS 模式的本质所在。

（3）对 SaaS"客户端"的解读。

SaaS 订阅客户利用客户端程序便可远程访问由 SaaS 提供商托管的软件。这里的"客户端"，不仅包括传统的基于个人电脑的客户端应用，也包括各类移动设备（如：智能手机）的客户端应用。随着各类移动设备的广泛应用，利用移动客户端访问在线应用是大势所趋。

从技术特征角度，可把客户端分为如下三个常见类型[73]：

一是胖客户端。通常指传统的基于客户机-服务器（C/S）计算模式下的客户端。C/S 模式下，计算任务由客户端和服务器协作完成，客户端程序除了提供输入输出界面外，通常也承担数据校验及一部分计算逻辑，客户端工作界面通常是由开发人员利用相关编程工具（如 VC、VB、Delphi 等）进行创建的。胖客户端的主要缺点是：大规模应用时的安装和维护工作量较大、需要处理跨网关、跨防火墙等网络问题等。采用胖客户端的 SaaS 应用例子，如：360 杀毒及 360 安全卫士等，需要单独下载并安装客户端软件，需要扫描客户端本地资源，能够实现基于公有云的病毒查杀。

二是瘦客户端。通常指浏览器-服务器（B/S）计算模式下的浏览器部分。B/S 模式下，客户端程序为 Web 浏览器，浏览器主要负责解释、显示和处理应用程序的图形用户界面，基于标准协议和服务器通信。由于业务逻辑及复杂的处理任务由服务器承担，应用维护升级主要在后台进行，具备跨网关和防火墙能力，支持不同类型的操作系统，在系统维护方面具有明显优势。瘦客户端的主要缺点是：依赖网络，本地资源使用受限，用户体验不够丰富。采用瘦客户端的 SaaS 应用的例子，如：淘宝商城、亚马逊书店等，这类应用基于互联网面向大众提供公有云服务，方便大众接入且不需要很多特殊的交互需求。

三是富客户端。富客户端解决了传统的基于页面的瘦客户端应用难以满足用户更高的、全方位的应用体验这一问题，同时吸收了传统 Web 应用的部署灵活性优势。许多富客户端应用都在浏览器中运行，通过综合运用多种技术（如：Macromedia Flash、Adobe AIR、Microsoft Silverlight 以及 Java Web Start 等）扩展了浏览器功能，提供更加高效和友好的接口，支持图像、视频、音频、双向的数据通信和创建复杂的窗体，显著提升用户体验。采用富客户端的 SaaS 应用例子，如：用友在管理软件 NC ERP，利用 Java Web Start 技术来满足用户对客户端的较高要求（如打印、本地数据缓存等）。

2.3.2.2　SaaS 的类型

按照所服务对象的不同，可把 SaaS 服务分为两类：

（1）面向企业的服务（line of business service），也称企业 SaaS 服务，是面向各种规模的企业提供的在线服务，通常为收费服务。企业 SaaS 服务又可进一步分为管理型 SaaS 服务和工具型 SaaS 服务，前者用于解决企业中的具体业务流程问题，包括在线 ERP、在线 CRM、在线进销存、在线 OA、在线 HR、在线财物等，后者用于企业中通用型工作，包括在线视频/会议、网络邮箱、网络教育、在线存储等。

（2）面向个人消费者的服务（consumer oriented service），是面向广大公众个体的在线服务，旨在满足个人消费者的生产力提升、娱乐和交际需求等，既有收费服务（有时也使用"虚拟货币"，如：腾讯 Q 币），也有很多免费服务（但常常植入广告等），这类服务例子如免费 email 服务等。

2.3.2.3　SaaS 的特征

这里针对 SaaS 模式分别与传统的软件交付模式以及 ASP 模式进行对比，概括出 SaaS 模式所具有的典型特征。

（1）SaaS 模式与传统模式的比较。

特征 1：托管的服务。

SaaS 服务提供商集中托管订阅客户的应用软件及相关的数据资源，实现了对计算资源的集中管理与维护，负责运营及维护，保证客户能正常访问各自专属的资源。

传统模式下，通常情况下，应用软件及相关数据被安装在客户方的服务器上，厂商不负责应用及相关 IT 基础设施的运营及维护。

特征 2：外包的服务。

SaaS 模式下，运行应用软件所必须的 IT 基础设施及管理——硬件、软件及专业服务，由服务提供商全面负责[12]。对采用 SaaS 模式的企业客户而言，相当于实现了非常彻底的 IT 服务外包，SaaS 服务提供商承担了服务公司的角色。SaaS 的外包特征，有利于提供商和客户双方各自专注其优势领域；有利于各自降低交易成本、提高资源利用、增加灵活性，发展竞争能力。

传统模式下，需要客户方建立 IT 基础设施、在专业公司帮助下完成应用系统实施，客户方负责管理 IT 基础设施，运行及维护应用系统，参与应用系统升级工作等。信息化建设工作主要由客户方以自包或内包方式完成，外包部分较少。

特征 3：在线访问。

SaaS 模式下，订阅客户通过 Internet、通常借助 Web 浏览器即可以在线方式使用所订阅的应用软件。

传统模式下，应用软件被安装在客户方的服务器上，允许所有用户通过网络（通常为企业局域网）共享使用。

特征 4：版本单一性。

SaaS 模式下，服务提供商在大多数情形下也是应用软件开发商，服务提供商利用创新的技术手段，实现了以较低成本运行最新版本的应用程序，满足所有订阅客户共享使用及按需动态调整计算能力的需要。订阅客户在任何时候访问的都是最新版本，有利于订阅客户快速享用服务提供商交付的 IT 创新成果以及蕴含在应用软件中的最佳业务实践。

传统模式下，客户需要购买软件并安装在自己的服务器上，从服务提供商角度看，不同客户购买软件许可证的时间是不同的，客户选择版本升级的时机也存在差异，导致同时存在多个版本的情形。服务提供商针对同一应用支持多个版本，显著增加客户支持成本。

特征 5：订阅方式。

SaaS 模式下，客户为了获得对软件的在线访问，必须向服务提供商订阅并支付相应费用。客户在订阅有效时间段内可正常使用所订阅的软件服务，享受服务提供商承诺的服务等级[84]，在订阅即将到期前，客户可选择续费以延长订阅时间。若订阅期满后客户不再续费，服务提供商可按协议终止客户对在线软件的访问权限。

传统模式下，客户向软件提供商购买的软件是可独立安装的、基于永久版权的，也常把这类软件称为封装式软件①。一般情况下，客户安装这类软件后可长期使用而无须向软件提供商额外付费，例如：微软的 Windows XP 系统已发布多年，目前仍有相当数量的用户。

传统模式下不排斥对订阅方式的使用，如：软件提供商可提供软件增值服务套餐供客户按需订阅，但在 SaaS 模式下的订阅对客户来说主要是维持对应用的访问权。客户支付的订阅费是 SaaS 厂商获得收益的最主要来源，且订阅费通常是稳定的、可持续的。

特征 6：用量计费。

SaaS 模式下，服务提供商通常根据客户使用在线软件的情况收取相应订阅费用。常用的计量依据如订阅客户要求的用户数、存储空间大小、使用软件执行的交易数、使用软件的时间等。

---

① 封装式软件（shrink wrap software），指传统上常用塑封的盒装形式提供的软件，软件提供商通常把拆封许可（shrink wrap licenses）的内容封装在包装上，或是在安装软件的过程中显示在安装界面上，用户必须点击"同意"或"接受"才能进行后续安装。现阶段，一些提供商也选择使用 Internet、U 盘等方式来分发这类软件。

传统模式下，客户购买的是软件永久使用权，允许客户无限次使用所购软件中所有模块的所有功能，不限制使用时间。软件提供商对软件定价时，通常会考虑运用价格歧视要素，其中常包括一些与用量相关的要素（如用户数、功能模块类型及模块总数量等），但相对 SaaS 模式而言，传统模式下软件定价决策中对用量相关的因素考虑较少，这与传统软件提供商无法详细监控用户的软件使用情况有直接关系。

（2）SaaS 模式与 ASP 模式的比较。

SaaS 模式与 ASP 模式在目标客户、技术实现方式、所服务的领域、销售和实施方法、增值服务等方面存在明显差异，进一步阐述如下：

特征 1：众多订阅客户共享一套应用。

ASP 模式下，软件与客户之间是一对一的关系，即：服务提供商为每位客户托管一套软件，所托管软件归客户所有（如客户从其他厂商购买软件永久版权）。SaaS 模式下，服务提供商提供一套软件并租给所有客户使用，是一对多的关系，服务提供商拥有软件所有权。

这种差别给服务提供商和客户带来的影响是十分深刻的。对服务提供商而言，ASP 模式意味着针对不同客户需要重复投入必须的人力和设备，安装并运行差异化的应用，对相关计算资源的复用性差，设备难以共享、拓展性差、计算能力难以充分发挥，导致服务运营成本急剧增加，规模效益递减。SaaS 模式的影响则显著不同，由于只需维护一套单一版本的软件供所有订阅客户共享使用，一般情况下客户增加时无需重复投入设备和人力，有助于实现规模效益，另外，SaaS 服务提供商拥有软件所有权，也有利于积累行业管理经验、推动软件升级，为客户交付更多价值的同时使自己获益。

特征 2：多租户应用架构。

ASP 模式下，服务提供商主要是针对 IT 基础设施的托管服务，缺少相应的领域知识对应用软件进行改进（如流程优化、功能升级等），对改进企业客户管理效率和执行效力方面所起的作用十分有限[1]。

SaaS 模式下，服务提供商通常采用分层开发机制，构建灵活的数据模型、业务模型及流程模型，尽可能以一套软件满足客户的差异化需求。大部分 SaaS 应用都会在标准应用和客户之间引入一个客户化层来处理用户的定制、扩展性及效率问题。

多租户技术是 SaaS 模式获得成功的关键技术，也是 SaaS 区别于 ASP 及其他传统模式的关键所在。简单讲，"租户"就是指租赁使用服务提供商所运营的应用系统或计算资源的客户；多租户的基本原理是实现公共数据共享、资源共享的同时将特定数据分开[73]。实现多租户的一个前提条件是：把 IT 基础架构分散成存储、计算和控制几个层面[2]。对 SaaS 服

---

① Difference between the ASP model and the SaaS model [EB/OL]. http://www.luitinfotech.com/kc/saas-asp-difference.pdf，2011-10-10。

② 在数据存储层面上，多租户需要使用网络化的存储，每个客户以一个特定的存储空间（也称租户空间），用来专门存储特定客户的业务、配置和程序数据。独立于客户的数据是在所有租户间共享的，如：公共配置数据、公共服务数据、共用的程序数据等，存放在共用存储空间。为建立多租户体系，通常需安装一个提供共享空间并同时提供租户模板空间，该空间包含需要存储特定客户的业务数据、配置数据的数据结构以及应用服务器以及数据库管理的程序文件。新增客户时，服务提供商通过复制租户模板空间的方式，来创建新的租户空间。在运行时，应用服务器访问客户专属的租户空间来获取客户特定数据，访问共享空间获得共用数据。一个完整的解决方案应该能提供租户管理功能，能充分利用 IT 基础架构能力，灵活地为客户分配计算资源。

务提供商而言，如果所构建的 IT 基础设施只为一个租户提供服务，除非客户支付高价，否则难以盈利，若能同时服务多个租户，则就有可能以价格手段吸引客户，最终通过规模效益实现盈利。

ASP 模式通常在计算能力上受到限制，比如，一个租户的应用软件和数据库管理系统被安装到某个特定的服务器上，难以发挥 IT 基础设施的能力且灵活性较差。SaaS 模式通过多租户打破这一局限，SaaS 应用平台提供了强大的自适应能力，支持将作业灵活地分配到计算资源上，如：在处于闲置状态的计算资源上启动和执行作业，从而能最大程度发挥 IT 基础架构的能力。

特征 3：服务领域拓展。

传统 ASP 模式的服务领域比较狭窄，通常是对某个应用系统的托管，难以将不同来源的异构应用系统有机地集成。

SaaS 模式的服务领域大大拓展，特别是互联网的相关服务，例如企业电子邮箱、在线协同办公系统、CRM、电子商务系统等。随着 SaaS 应用领域的扩展，特别是从以前企业内的单点应用发展到了连接产业链的多类别、整合应用，使得客户能够享受到全方位的集成服务。SaaS 应用强调对应用套件的支持，套件中各应用之间的信息是互通的，用户通过 Web 平台每次仅需登录一个站点即可访问所有关联应用，优势十分明显。以 SAP 的 Business ByDesign 商务套件为例，该 SaaS 服务集成了财务、供应链管理、客户关系管理、供应商关系管理、人力资源管理以及项目管理等，基本覆盖了中小型企业管理所需要的所有应用。

随着 IT 产业及互联网技术的发展，围绕企业电子商务建设而出现的各种解决方案，其复杂性、协作性和专业性也从侧面促进了 SaaS 模式在拓展服务领域方面的巨大优势[73]。

特征 4：变革销售与实施体验。

ASP 模式下，服务提供商所托管的软件是传统意义上的封装式软件，客户只有在购买、安装后通过实际使用才能获得对软件的切实体验。软件提供商及 ASP 服务提供商在营销他们的产品和服务时涉及大量沟通工作，利益相关方之间的信息不对称问题突出，充满了大量不确定性。

SaaS 模式下，服务提供商的网站通常也是一个营销平台，客户可通过服务提供商网站直接选择需要的软件服务，可自行配置、自助试用，在试用到期之前客户可根据对应用的实际体验情况决定是否订阅，并可通过该平台下单及付费[73]。在订阅有效期内，客户拥有软件使用权，通常无需考虑软件升级，服务提供商按协议提供相应服务。订阅期间，客户可根据使用情况选择是否改变订阅方案。

相对于 ASP 模式，SaaS 模式要求提供商兼顾远程实施与现场实施配合、线上支持和线下服务融合，现场实施部分涉及对客户方业务的培训、流程再造、基础数据准备等，远程实施部分涉及必要的 IT 资源保障与监控、远程在线支持等。相对于传统的 ASP 模式而言，SaaS 服务提供商更强调提供整个软件生命周期的服务、更关注 IT 资源对客户业务价值贡献的可持续性、更强调深刻理解客户需求，更迫切追求实现规模效应，这些因素综合作用，使得服务提供商更重视培育在 SaaS 服务实施方面的竞争优势。

特征 5：重视增值服务。

相对于 ASP 模式，SaaS 模式在增值服务方面明显[73]。SaaS 服务提供商除了提供基本的软件服务外，还可提供大量增值服务，例如数据分析服务、电子商务服务、内容服务等，以及面向行业的线上线下综合服务等。通过将软件服务和内容服务结合起来，SaaS 服务将实现质的飞跃。

2.3.3 SaaS 模式的适用性

文杰（2011）通过大量拜访正在使用或将要使用 SaaS 服务的企业和个人用户，发现：理论上，各类企业、各种行业都可以利用 SaaS 来解决管理和应用问题；现实中，部分行业和部分应用可能更容易移植到 SaaS 平台上[73]。

SaaS 属于管理信息系统的范畴。Laudon (2010) 认为，从管理的视角，管理信息系统就是一个组织面对来自内外部环境的挑战及问题时所给出的基于组织的、管理的和技术的解答[71]。为全面分析 SaaS 模式的适用性，我们从组织、管理和信息技术三个维度进行阐述。

（1）组织维。

信息系统是组织整体的一部分。一个组织的关键要素是它的人员、结构、企业过程、政策和文化。可从多个视角对一个特定的组织进行观察，相应地，可从多个角度考察 SaaS 的适用性。

从企业规模角度：①对于中小微型企业，一些文献认为 SaaS 模式非常适合这类企业，常见原因如：一方面，这类企业往往缺乏专业的 IT 队伍、信息化建设资金有限、企业的业务规模及运营存在大量不确定性等，SaaS 模式的特点决定了对这类企业的信息化建设具有很强吸引力；另一方面，中小微型企业数量众多，信息积累不多因而不存在"信息包袱"，对于新事物接受快、决策快，容易发展更多订阅客户。因此，这类企业群体对 SaaS 提供商具有较强吸引力，往往被作为首选客户群。②对于大型企业，通常它们对即时通信、邮件、日程安排、网络会议、网络培训等存在共性需求，满足此类需求的工具型 SaaS 应用由于不涉及数据安全、也不涉及遗留系统，但却能显著降低企业的通信成本，增加实时沟通与协作，故对大型企业具有吸引力[85]；另外，对具有较多业务伙伴、以及需要在业务伙伴间进行信息分享与协作需求的企业，如：以大型物流、连锁企业等，适宜采用 SaaS 模式。

从组织形态角度：①组织结构跨地域、人员快速流动、需要异地合作或信息资源共享的情形，SaaS 模式所具有的网络访问、快速部署、资源共享特性可较好适应这类情形。②具有多组织架构、动态组织、虚拟组织特征的企业，例如：有些企业高速成长与扩张，分拆产生了多个分公司、多个工厂、多个联锁机构等；有些企业为快速响应市场需求、及时开发新产品或服务需要，聚合相关业务单元资源形成专门业务组织或事业部；有些企业为整合专业资源及降低成本需要，建立采购中心、研发中心、营销中心、服务中心等；有些企业为专注核心业务，外包非核心业务，形成更广泛的产业链组织结构等，SaaS 模式中应用可快速部署、可灵活调整、按需使用等特性能较好满足这类情形。

从组织所处发展阶段角度：处于创业期或快速发展期的组织，对 IT 建设所需资金投入比较敏感，希望凭借租赁方式来降低软件使用门槛，这类情形较适合采用 SaaS 模式。

（2）管理维。

管理维度关注对企业内外环境进行感知、制定计划、实施组织再造等。①从环境感知与协同决策角度，适用于：需要通过信息公开将协同信息及时提供给利益相关者，或者希望利用信息门户实现信息共享和实时协同，从而建立良好的内外环境的企业；希望利用互联网的海量数据和在线应用来发现商机，实现电子商务的企业；希望实现产业链整合和重构，自主构建 SaaS 平台或利用第三方提供的 SaaS 服务来粘合产业链的上下游企业，从而占据产业链主导地位的企业。②从资源整合以及集中管控角度，一些企业为了集中专业资源、降低成本，更好地立足全局实施有效监管，通过将部分核心的相似业务职能进行集中，形成了集中财务管理、集中人力资源管理、集中采购管理等，相应地，需要实现数据集中化、业务规范化以及相关资源持续优化，SaaS 模式所具有的数据集中、持续改进、在线访问等特性能较好满足这方面的需要。

（3）IT 工具维。

从数据角度：对于数据需要大集中，希望进行集中管理与深入分析的情形（如：股票、银行等），这类企业可考虑利用 SaaS 模式（如部署为私有云），利用云计算的弹性存储及强大计算能力实现数其目标。

从应用类型角度看，SaaS 模式适用于如下情形：

- 以协同为基础的应用，如：文档协同、日程安排协同、设计协同、供应链协同预测、物流协同、大规模开放网络课程等。
- 需要利用网络渠道的应用，如：电子商务、在线广告投放、微信、微博、网游等。
- 需要大集中管理的应用，如：集中式 SaaS 财务服务、集中式 SaaS 人力资源服务、集中式 SaaS 供应链服务等。
- 需要高弹性计算能力和存储能力的应用，如：基于大数据量和复杂计算的市场分析和预测、信用评级、搜索服务、防病毒软件[①] 等。
- 相对比较标准的应用。对于 SaaS 提供商而言，要实现一套软件尽可能满足所有订阅用户的需要，以及为了发挥规模经济方面的考虑，客观上需要采用标准化的、开放的技术以及良好的应用架构设计。标准化之于 SaaS 应用的非常重要，但是标准化并不完全排斥个性化配置。文杰（2011）认为[73]：对于 SaaS 应用，即使需要个性化，其个性化的范围和粒度也相对容易被控制。只是基于当前的 SaaS 技术水平，当多租户的要求发生改变较多时，对于复杂流程的个性化会导致软件的复杂性急剧增加，这会影响到应用系统的稳定性和性能。可见，尤其对于那些资本和技术实力并不深厚的 SaaS 提供商而言，适宜提供相对标准的应用和范围可控的个性化。

---

① 例如：360 在其安全产品中使用了云计算技术，利用云的弹性存储（存储病毒库及软件白名单数据）和高性能计算能力（病毒检查及处理），实现了对计算机病毒及木马的快速查杀，显著提高用户体验。见：周鸿祎. 周鸿祎自述：我的互联网方法论 [M]. 北京：中信出版社，2014。

2.3.4 SaaS 模式的价值网络及价值逻辑

2.3.4.1 商业模式：内涵及框架

对商业模式的认识众说纷纭，当前尚未达成共识。Trimmers（1998）认为，商业模式框架涉及企业流程、客户、供应商、渠道、资源和能力的总体重构及其合作伙伴的网络革新[86]。Magretta（2002）认为商业模式是关于厂商运行方式的解释[87]。Rappa（2004）认为商业模式最基本的意义就是做生意的方法[88]。Al-Debei 和 Avison（2010）认为商业模式是组织抽象的表现[89]。罗小鹏和刘莉（2012）认为，现有关于商业模式的定义中很多可归到"体系类"，其基本观点是：商业模式是组织在既定环境下，为实现客户、伙伴和自身的价值最大化，对价值主张、战略意图和运营结构等一系列内外关联的核心要素进行定位和整合，使之形成有机整体，并通过提供特定的产品或服务实现其目标的结构体系[90]。

商业模式根本上是顾客价值创造及实现企业价值的逻辑。顾客价值体现了顾客从交易中的获益，即经济学中的消费者剩余。顾客价值需要通过企业自身与价值网络参与者之间的合作与竞争而被创造出来，并在它们之间进行着传递和消费，而绝非仅仅是一个企业内部的事[81]。企业价值反映了企业长期获利能力，即企业未来所有可获利润按照一定贴现率的折现值。企业价值的实现与顾客价值的创造密不可分，企业价值目标的实现取决于如何更好、更富效率地满足顾客需求，从而在为顾客创造、传递价值的过程中谋求盈利[91]。

企业在价值链上必须明确开展什么样的活动来创造价值，如何选取与价值链上、下游伙伴的位置关系及收入分配方式。商业模式框架可以归纳为由价值网络、价值创造、价值维护和价值实现等活动组成的一个架构，见图2.5。

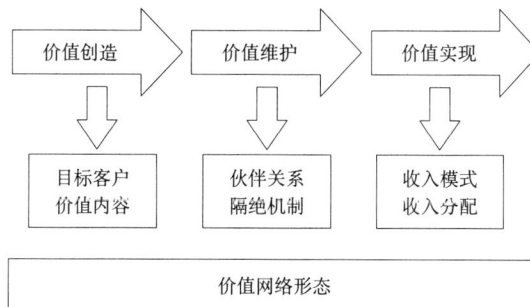

图 2.5 商业模式框架

- 价值网络形态：指企业实现顾客价值所必需的资源组合和能力安排，即企业应当构建何种形态的价值网络，以使价值创造活动更为有效。价值网络中常见的参与者类型如：顾客、供应商、竞争者、广告商、商业伙伴、渠道商、政府等。不同类型的参与者通过特定方式建立起直接或间接的竞争合作关系，形成一个复杂的利益共同体。不同的价值网络形态，具有不同价值创造诉求、价值维护和价值实现方式。
- 价值创造：指企业提供给顾客的利益组合，内容上包括两个部分：第一是目标客户，即企业的产品或服务的对象，表示企业准备向哪些细分市场传递价值；第二是价值内容，指企业将通过何种产品或服务为目标客户创造并传递价值。

- 价值维护：指企业对创新的知识及业务实践进行保护，防止竞争者模仿或自身不能持续而造成价值流失、甚至迅速失效[81]。价值维护由伙伴关系与隔绝机制两部分组成。伙伴关系指企业与价值网络合作伙伴在相互信任的基础上，在价值创造活动中建立共担风险、共享利益的长期合作关系；隔绝机制指为价值创造的成果、方法及价值网络免受侵蚀和破坏而做出的机制安排，用于隔绝破坏者和模仿者。

- 价值实现：指企业如何盈利，包括收入模式和收入分配，收入模式指企业对创造出来的价值如何进行回收，收入分配指收入如何分配才能维持价值网络参与者之间的长期合作关系。

罗珉和李亮宇（2015）认为互联网时代的商业模式是在充满不确定性且边界模糊的互联网下，通过供需双方形成社群平台，以实现其隔离机制来维护组织稳定和实现连接红利的模式群，互联网时代商业模式创新背后存在的公共逻辑是以社群为中心的平台模式或称为社群逻辑下的平台模式，简称社群平台，互联网时代的商业模式追逐的是连接红利[92]。

本书在相关工作基础上[81;92]，围绕价值创造及价值实现逻辑框架，对 SaaS 这一商业模式做进一步分析。

2.3.4.2   SaaS 模式的价值网络

张丽和严建援（2010）认为[50]，在 SaaS 模式中，涉及硬件、软件、基础设施、网络平台、技术服务和支持等多方参与者，各参与方紧密合作，相互作用，形成供应链。基于对 SaaS 供应链的观察，他们认为 SaaS 供应链由四部分组成：上游的 IT 功能服务提供商，中游的服务集成商、服务平台提供商以及下游客户。功能提供商向服务集成商提供基础设施、软件子功能等产品和服务，服务集成商将这些资源进行集成加工，通过服务平台提供商为客户提供最终的在线软件服务和前期实施及后期维护等服务。客户需要通过网络交互平台或接口购买和使用服务，这里的服务平台可能是服务集成商以外的第三方，也可能是服务集成商自己的平台。各参与方的关系不是简单的线性关系，可能形成多层嵌套的复杂的网络关系。各参与方通过流程联系起来，进行服务供应链的管理。通常由接近客户的 SaaS 服务集成商或服务平台提供商作为该服务网络的协调主体。

SaaS 的价值网络实际表现为一个生态系统[81]，可把该生态系统分为三个层次（见图2.6），分别为：核心网络、辅助网络和基础网络。

核心网络中的主体，包括：SaaS 运营商、硬件提供商、软件提供商、软件集成商、竞争者、替代者、广告商、信息咨询商和用户等。它们之间通过竞争合作关系实现互动，为顾客创造价值。辅助网络的要素包括知识服务及中介机构、科研结构和基础设施提供商。辅助网络为核心网络提供资源和基础设施、知识、技术、人力和信息等生产要素。基础网络的要素包括经济机构和技术经济环境，政府和其他相关经济机构对 SaaS 模式的成长起着重要作用（如：宣传、培育、政策及资金扶持、监督等）。

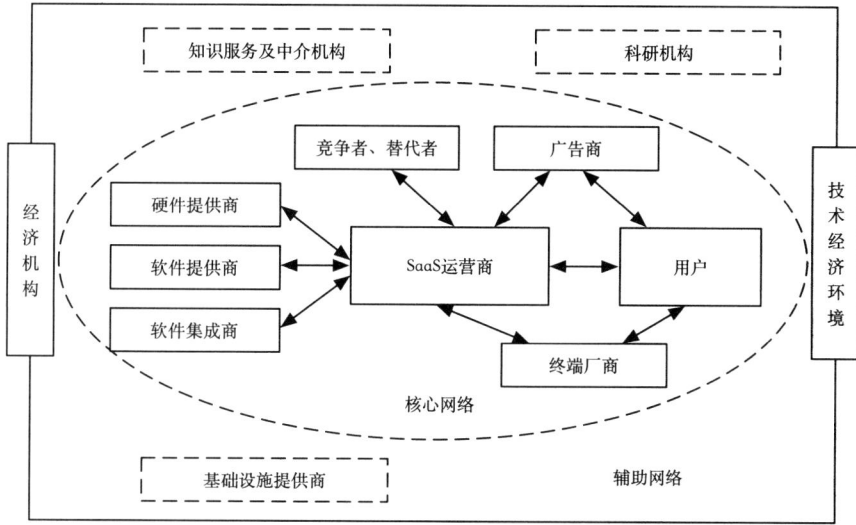

图 2.6 SaaS 价值网络生态系统

本书认为，相对于张丽和严建援（2010）的观点[50]，张权等（2012）[81] 的观点更为全面，在价值网络覆盖范围上有较大拓展，不仅考虑了核心网络和辅助网络，还考虑了相关的经济环境，更有利于形成一个系统观。

2.3.4.3 SaaS 模式的价值逻辑

（1）SaaS 模式中的价值创造。

SaaS 是互联网深化发展的产物，其内在的互联网基因，具有特色明显的价值创造方式。现有理论和实践表明，价值来源于消费者带来的体验，价值是由厂商与顾客共同创造的，消费者对价值创造有重大影响。SaaS 模式充分利用了互联网连接一切的特性，厂商与客户通过网络紧密连接起来，连接使得客户深刻参与价值创造过程，厂商与客户共创价值、分享价值；连接挖掘出了顾客深层次的需求，有利于厂商深刻洞察所有客户的应用需求、使用特点、潜在需求，及时捕捉机遇及解决问题，产生了颠覆传统商业模式的巨大力量。

相对于传统模式，SaaS 模式下的价值创造逻辑已发生明显变化：

①基于传统模式的软件厂商的价值创造逻辑。

归纳为 3 个方面：一是通过产品设计产生效能，即通过收集行业实践、挖掘市场潜在需求发现机遇，进而"物化"到特定软件产品（或其新版本）中获得产品增值；二是通过"中心化"传播产生效能，企业为树立品牌，需要不断投入资金进行传播；三是通过分销（服务）渠道产生效能，在产品推广、售前服务、售后支持等价值活动中，分销渠道、代理商都扮演了极其重要的角色。

可见，传统模式下的软件厂商，其价值创造的载体表现为战略大师波特在 1980 年提出的"价值链"，主要专注于厂商内部，以厂商的资源或经验、知识的单一维度来实施价值创造活动，是一种线性思维的价值创造模式。软件产品升级缓慢，对客户支持的效能十分有限。

②基于 SaaS 模式的软件厂商的价值创造逻辑。

归纳为如下 6 个方面：

一是通过资源聚合产生效能。一方面，SaaS 厂商灵活组合、分配、再配置企业内外部的相关资源，重视与合作伙伴（如硬件基础设施提供商、软件基础设施提供商）的战略合作，构建 IT 基础设施运行在线应用，动态监控、及时调整计算资源来兑现所承诺的服务水平；另一方面，SaaS 厂商聚合了订阅客户数据（基础数据及交易数据），将这些商业数据合理、合法利用产生效能，如：阿里巴巴的各类指数（网购价格系列指数、网商指数、网购指数、电子商务发展指数、DT 城市智能服务指数等），百度的各类指数等，其商业价值十分巨大。

二是产品设计产生效能。SaaS 厂商通过产品及服务支持创新，基于快速迭代的软件开发方式不断提升软件产品价值，不断超越客户期望。

三是通过传播方式去"中心化"产生效能。SaaS 厂商通过互联网与客户建立紧密连接，客户支持更加多元化、不受时间地点约束，SaaS 应用平台使在客户间分享知识、互动传播成为可能，传统媒体作用被弱化。

四是通过"脱媒"（disintermediation）产生效能。SaaS 厂商负责建设 IT 基础设施及运营应用软件，SaaS 客户直接与 SaaS 服务提供商连接，使得分销渠道及代理商等不再必须。

五是客户体验产生效能。客户与 SaaS 厂商通过互联网直接联系，SaaS 厂商对客户洞察准确、全面、深刻，主动通过产品及服务创新满足客户期望，拓展客户群体，黏住现有客户，获得可持续发展。

六是通过跨界产生效能。跨界（crossover），又称为跨界协作，指跨越行业、领域进行合作①。SaaS 厂商相对传统厂商更有可能通过跨界产生效能，主要原因有三：其一，SaaS 模式传承了互联网基因，互联网提供了无边界存在的可能；其二，企业信息化建设存在集成需求，若一个软件提供商有能力为企业提供较理想的一站式解决方案，显然该提供商具有竞争优势，这也是很多传统软件厂商通过兼并其他关联企业来试图提供一揽子解决方案的重要原因，SaaS 厂商通过发展 SaaS 平台、拓展、购买、整合等途径实现跨界，推出增值服务，相对传统厂商优势明显；其三，SaaS 模式下，对在线应用的维护及升级独立于客户方，SaaS 厂商可通过多种途径展（如：与基础设施提供商合作、与第三方在线应用整合等）对产品和服务进行优化、拓展。

（2）SaaS 模式中的价值维护。

SaaS 厂商可通过设置"障碍"实现有效的隔离机制，使后来者很难进入该行业，或难以与其竞争。现总结为如下几点：

- 规模效应。SaaS 属于云计算范畴，SaaS 厂商相对传统厂商更容易形成规模经济。而

---

① 互联网的发展，催生了很多跨界故事，如：2013 年，阿里巴巴做起了金融、长虹电视做起了互联网、做视频的乐视卖起了电视，等。

规模经济一旦形成，有助于通过卓越运营来阻止其他商进入，形成自然垄断。

- 学习效应。随着 SaaS 订阅客户数量增加，SaaS 厂商可获得关于订阅客户需求及其应用使用的更深刻洞察，这有利于后续版本的功能拓展及质量提升，持续提升应用体验。
- 网络效应。订阅 SaaS 应用的客户规模越大，对单个订阅客户而言，SaaS 应用价值将越大，这是因为客户规模增大将推动 SaaS 厂商积极完善与拓展功能，持续客户体验升级。
- 客户锁定。SaaS 厂商对客户同样具有锁定力量。一般地，客户一旦订阅开始使用某 SaaS 厂商的在线应用，若要迁移到其他厂商，将面临来自数据转换、业务流程调整、应用培训等多方面的转换成本。

（3）SaaS 模式中的价值实现。

SaaS 模式下的价值实现与传统应用模式下的价值实现存在明显不同。

传统软件厂商的收益主来自软件销售收入，特别是对于企业级软件，厂商获得的销售软件永久版权的收入往往不菲，另外，软件厂商通常也提供一些增值服务，如提供软件升级服务，以及系统安装培训、咨询服务等，从客户获得相应收入。

SaaS 厂商的收益主要来自在线应用订阅客户所缴纳的订阅费，通常根据客户使用在线软件的情况（如订阅客户要求的用户数、所需存储空间大小、使用软件完成的交易数、使用软件的实际时间等）进行定期收取。由于客户只是购买使用权，意味着 SaaS 厂商收益中不存在来自销售软件永久版权的收入。虽然，厂商可向客户提供咨询与应用使用相关的数据准备服务等可获得相应收益，但这部分收益相对传统厂商来讲相对较少，现实中很多 SaaS 厂商甚至免费提供这部分服务。另外，由于所有订阅客户在任何时候访问的都是同一应用的最新版本，升级在厂商一方完成，所有订阅客户同时实现升级，升级通常免费。

从价值网络生态系统视角，SaaS 厂商在为客户提供服务的售前、售中、售后阶段，就应用开发及整合、解决方案客户拓展及关系维持等多方面，可与伙伴企业开展合作，实现优势互补及价值分享。

2.3.5 SaaS 商业价值及模式创新

2.3.5.1 SaaS 模式的商业价值

Dan 和 Seidmann（2008）认为[13]，SaaS 模式所具有的外包和托管特性将大大降低订阅客户在 IT 建设期初投资及专业服务方面的要求。Susarla 等（2009）认为[93]，SaaS 模式有助于提高订阅客户在 IT 建设成本方面可预见性，降低对特定 SaaS 提供商的依赖；根据 PwC 机构的研究①，对服务提供商而言，SaaS 模式有利于专注技术创新、推动产品及服务升级，为客户交付更多价值，实现持续收益。

Gartner 公司 2008 年对美国和英国的 333 家企业的调查发现：SaaS 采纳企业认为将带

---

① The future of software pricing excellence: An introduction [EB/OL]. http://www.pwc.com/gx/en/technology/pdf/ software-pricing.pdf，2007-01-01。

来的是长远价值，获得 SaaS 投资回报的主要原因包括迅速部署、不断增多的用户采用、逐渐减少的支持需求、较低的实施和升级成本[94]。IBM 对世界各地 800 多位 IT 和经营决策者的调查显示：采用了 SaaS 的企业有将近一半都在逐步通过它来获得竞争优势，而不是仅仅依靠它来降低成本。具体而言，与那些在 SaaS 采用上起步较晚或较为落后的同行相比，先导型企业取得了以下优势：在整个企业和生态系统中提升协作效率的可能性比同行企业高出 79％；借助分析将大数据转化为洞察力的可能性是同行的两倍以上；加强创新的可能性是同行的两倍以上。另外，与 SaaS 部署较为落后的同行相比，对 SaaS 进行了战略性与协作性部署的企业能够实施更有效的业务发展计划，能更有力地推动业务增长[95]。

这里分别从 SaaS 采纳企业和 SaaS 提供商的视角，对 SaaS 的商业价值概括如下：

（1）从 SaaS 采纳企业视角。

- 显著减少 IT 基础设施相关投资，显著降低 IT 运营专业人才需求数量，显著降低对 IT 专业人才的技能要求，可按需消费 IT 服务使得财务支出具有更好的可预见性，大大降低采纳企业的总体拥有成本；
- 对应用访问不受地理位置限制，支持多类型的接入终端，有效支持移动办公、移动计算，适应企业分散经营、协同运营需要；
- 可按需选择及动态配置 IT 方案，适应企业不同成长阶段的业务持续优化需要；
- 在任何时候访问的都是最新版本的应用软件，采纳企业能够及时消费最新的行业最佳实践知识；
- 利用互联网优势，获得来自 SaaS 提供商的支持服务（如：多种形式的在线支持、7×24 服务）；
- 有效降低对特定 SaaS 提供商的锁定力量，可灵活启用、暂停和转换 SaaS 服务，提高自身讨价还价力量；
- 通过 IT 外包利用外部优质 IT 能力；
- 利于专注产品及服务、发展核心能力。

（2）从 SaaS 提供商的视角。

- 利用互联网的广泛性及渗透性，极大拓展接触客户的范围及服务效能，获得"长尾"效益；
- 为客户及时交付可快速享用的、可灵活定制的 IT 解决方案，增强吸引客户及留住客户的能力；
- 获得对客户的更深刻洞察，有助于持续完善软件及服务创新、满足客户持续成长的动态需要、实施灵活的价格歧视提高盈利水平；
- 订阅付费方式有助于获得稳定收益，提高了收益的可预见性；
- 利用互联网降低服务交付及支持成本[96]，降低 SaaS 软件维护及升级成本；
- 更有利于新产品的推出，实现产品价值链的深度开发[96]，原因在于：客户需求往往具有多样性，具有某类业务需求的客户往往同时有另外其他业务的需求，因此，SaaS 模式下的应用产品存在内在关联性，SaaS 提供商可以依托部分核心产品进行扩展，或者与产业链上相关厂商开展合作与集成，实现产品价值链的深度开发；

- 利用 SaaS 模式的规模经济特性；
- 避免软件盗版行为，更好保护知识产权；
- 有利于专注产品及服务、发展核心能力。

2.3.5.2 SaaS 商业模式创新

利用 SaaS 模式的价值逻辑，SaaS 厂商可从客户价值内容、价值网络中的伙伴关系和收入模式三方面进行创新。

（1）附加服务/增值服务创新策略。

该策略是在向客户提供基本在线软件服务的基础上，通过低价格扩大市场规模，形成规模庞大的用户终端，再充分挖掘附加服务或增值服务的价值并发展为收费主体。实现基本服务与附加服务或增值服务的交叉补贴，利用低价格（或免费）服务吸引客户实现市场占有率迅速扩大，利用增值服务黏住客户为企业带来长期收益。典型例子如腾讯的在线通讯应用 QQ，普通用户可免费使用 QQ 的基本功能借此发展用户，进一步利用附加服务（如：付费超级 QQ、道具系统、QQ 秀、游戏等）实现增值获得收益。

（2）收入源重构创新策略。

在 SaaS 价值网络中，SaaS 厂商一边连接着订阅客户，另一边连接着其他合作伙伴（如：硬件提供商、系统集成商、终端厂商等）。SaaS 厂商实际上承担着平台运营角色，可通过收入源创新机制吸引、锁定参与者，形成双边或多边市场，利用交叉网络外部特性，如苹果应用商店 AppStore 本质上是一个平台，为苹果用户提供应用下载、为开发人员提供软件展示及销售服务，通过市场手段实现获利，其交叉网络外部特性表现为：通过吸引大量开发人员保证丰富的应用软件供应，从而吸引大量用户，反过来，大量购买应用软件和内容的用户进一步吸引开发人员从事应用及软件开发。苹果公司获取收益的途径主要有：开发者应用及内容的销售分成、广告收益、会员费等。类似地，阿里巴巴通过天猫、淘宝等在线交易平台吸引大量买家、卖家参与，实现多样化的收益（如：会员费、营销服务费、旺铺使用费、交易佣金、增值服务费等）。

（3）战略联盟创新策略。

战略联盟本质上是一种利益契约，参与成员通过联盟获取比自身单独参与竞争更为丰厚的收益。SaaS 属于云计算范畴，具有技术开放、标准化程度高、上下游产业相对透明、协作需求明显，具备构建战略联盟的良好条件。张权等（2012）把 SaaS 厂商的战略联盟归纳为 4 种形态[81]：一是与供应商的联盟；二是与竞争者的联盟；三是跨行业联盟；四是与相关辅助机构的联盟（如区域政府和行业协会）。SaaS 厂商利用战略联盟策略，打造价值生态系统，可实现强强联合，优势互补，总体优化，创造出强大竞争优势。该创新策略的价值主要体现在：一是可以通过结合联盟伙伴的资源，实现协同效应；二是实现自身运营规模扩张，获得更多市场份额，实现规模经济；三是通过控制上游或下游关键资源，掌握竞争主动权；四是共同分享成本，降低资金负担；五是实施跨界实现扩张，进入新领域，拓展收益来源；六是专注核心能力培育，降低风险。

2.4　风险管理：原理、过程及工具

2.4.1　风险原理

2.4.1.1　风险与不确定性

在社会经济活动和日常生活中，经常谈论到风险一词，但要从理论上给风险下一个科学的统一定义并不容易。目前，还没有针对风险的严格而统一的定义。

王祯学等（2011）认为"风险"一词包括了三方面内涵[56]：一是风险是客观存在的，不管人们是否意识到，也不管人们能否估计出其大小，风险本身的存在是"绝对"的；二是风险意味着出现了损失，或者是未能实现预期的目标；三是损失是否出现是一种不确定性随机现象，不能做出确定性判断。

风险管理大师 Robert Charette 认为，必须对每一个潜在的损失定义一个场景，该场景描述了风险的原因或者触发因素，场景中所描述的风险原因或者触发因素通常被称之为风险因子[97]。风险可表示为一个三元组：

$$R = \{(L_i, P_i, X_i)\}, \quad i = 1, 2, \ldots, n$$

其中：L_i 表示将会出现的损失，P_i 表示出现损失的可能性，X_i 表示损失的大小。

进一步,把 L_i 表示为一系列风险因子（记为 f）和时间 t 的函数，即：$L_i = (f_{i1}, f_{i2}, \ldots, f_{in})$，$i = 1, 2, \ldots, n$。

可见：风险就是在特定情况下、在特定时间内，由各种触发因素将导致出现损失的不确定性。简言之，风险就是关于不确定性对结果的影响。

不确定性的来源较多，典型来源有：

- 与客观过程本身有关的不确定；
- 所建立的模型只是对被描述的物理对象的抽象，因而具的不确定；
- 数据不确定，包括测量误差、数据不一致和不完整、数据处理中存在转换误差、数据样本缺乏足够代表性等。

不确定性表现为多种水平，表2.1针对不确定水平给出了一种划分。

这三个等级中：第 1 级也称客观不确定性，是不确定的最低水平。客观不确定是自然界本身所具有的、一种统计意义上的不确定，是指那些有明确的定义，但不一定出现的事件中所包含的不确定性。概率论是处理这类不确定的主要工具。第 2 级不确定的程度更高一些，这种不确定是由于我们对系统的动态发展机制缺乏深刻的认识。在这一类不确定中，结果发生的概率的不确定主要是由于人们没有足够的信息来进行判断，进而带有一定主观臆测的成分，所以也称为主观不确定性。相关例子如：核事故，由于发生的可能性很小，目

表 2.1　不确定的水平

等级	描述	备注
无	结果可以精确预测	风险与不确定性为零
1	未来有多种结果，每种结果及其概率可知	客观不确定
2	知道未来有哪些结果，但每种结果发生的概率无法客观确定	主观不确定
3	未来的结果与其发生的概率均无法确定	

前还没有足够的数据判断各种结果出现的概率。第 3 级的不确定程度最高。如早期的太空探险、目前的寻找外星生命活动等可归属到该类。风险研究中的不确定性通常指第 1 级和第 2 级的不确定。

为了全面理解风险的含义，应注意以下几点：

- 风险与人们的行为相联系，这种行为既包括个人的行为，也包括组织或群体的行为。行为受决策左右，对于一项活动，总是有多种行动方案可供选择，不同选择所带来的收益或损失可能是不同的，换句话说，不同的行动方案具有不同的风险。不与行为联系的风险只是一种危险。
- 客观条件的变化是风险的重要成因。尽管人们无力控制客观状态，但可以认识并掌握客观状态变化的规律性，对相关的客观状态作出科学预测，这也是风险管理和风险控制的重要前提。
- 对于可能的结果与目标发生的偏差，可能为正偏差、也可能是负偏差，且重要程度不同。在现实社会经济生活中，"好"与"坏"有时很难截然分开，需要结合具体情况具体分析。另外，正是因为正偏差的存在，激励人们勇于承担风险以获得风险收益。

2.4.1.2　风险的本质

风险的本质是指构成风险特征，影响风险的产生、存在和发展的因素，通常将其归结为风险因素、风险事件和风险损失[32]。

（1）风险因素。

风险因素 (hazard) 是指促使和增加损失发生的频率或严重程度的条件，它是事故发生的潜在原因，是造成损失的内在或间接原因。例如，房屋内存放的易燃易爆物品、有关人员的疏忽大意、灭火设施不灵、房屋结构不合理等都是增加火灾损失频率和损失幅度的条件，是火灾的风险因素。构成风险因素的条件越多，损失发生的概率或损失幅度就可能越大，有些情况下可能对这二者都有影响。

根据风险因素的性质，可以将其分为有形风险因素和无形风险因素。有形风险因素是指导致损失发生的物质方面的因素。比如财产所在的地域、建筑结构和用途等。南方地域要比北方地域发生洪灾的可能性大；木质结构的房屋要比水泥结构的房屋发生火灾的可能性大；机动车从事营运的要比非营运的发生交通事故的可能性大。无形风险因素是指文化、习俗和生活态度等一类非物资的、影响损失发生的可能性和受损的程度的因素，它可进一步分为道德风险因素和行为风险因素两种类型。道德风险因素是指人们以不诚实、或不良企图、或欺诈行为故意促使风险事件发生，或扩大已发生的风险事件所造成的损失的因素。行为风险因素是指由于人们行为上的粗心大意和漠不关心，易于引发风险事件发生的机会和扩大损失程度的因素。

（2）风险事件。

风险事件 (peril) 是造成人身伤亡或财产损害的偶发事件。风险事件是造成损失的直接或外在的原因，它是使风险造成损失的可能性转化为现实性的媒介，是风险因素到风险损失的中间环节。只有通过风险事件的发生，才有可能导致损失。例如，汽车刹车失灵造成车祸与人员伤亡，其中刹车失灵是风险因素，车祸是风险事件。如果仅有刹车失灵而未发生车祸，就不会导致人员伤亡。

风险因素与风险事件有时很难区分。通常地，对于某一事件，在一定条件下，如果它是造成损失的直接原因，它就是风险事件；而在其他条件下，如果它是造成损失的间接原因，它便是风险因素。例如，下冰雹使得路滑而发生车祸，造成人员伤亡，这时冰雹是风险因素，车祸是风险事件。假如冰雹直接将行人砸成重伤，冰雹就是风险事件本身。

（3）风险损失。

损失 (loss) 是指非故意的、非预期的或非计划的经济价值的减少或消失，这包含两方面的含义：第一，损失是经济损失，即必须能以货币[①]来衡量；第二，损失是非故意、非预期和非计划的。这两个方面缺一不可。

可进一步把损失分为直接损失和间接损失，前者指直接的、实质的损失，强调风险事件对于标的本身所造成的破坏，是风险事件导致的初次效应；后者强调由于直接损失所引起的破坏，是风险事件的后续效应，包括额外费用损失和收入损失等。

总之，风险本质上就是由风险因素、风险事件和风险损失三者构成的统一体，这三者之间存在着一种因果关系，即：风险因素增加或产生风险事件，风险事件引起风险损失。

2.4.1.3 风险的度量

风险度量是指在对过去损失进行分析的基础上，运用概率论或数理统计方法对某一 (或某几个) 特定风险事件发生的概率 (或频数) 和风险事件发生后可能造成损失的严重程度做定量分析。损失概率和损失幅度是度量风险的两个指标。损失概率用于描述损失发生的可能性；损失幅度描述损失的严重程度。若用 R 表示风险，q 表示损失概率，c 表示损失幅度，则有关系：$R = F(q, c)$。

这里用一个简单例子进行阐述。假设一个人被允许参加三项投掷硬币的赌博游戏，三项赌博的结果以及相应概率见表 2.2。

① 有时，损失很难用货币来衡量，例如人员死亡，通常无法用货币衡量出其家人在精神上所遭受的打击或痛苦。尽管如此，在衡量人身伤亡时，还是由此引起的对本人及家庭产生的经济困难或其对社会所创造经济价值的能力减少的角度来给出一个货币衡量的评价。

表 2.2　掷硬币赌博游戏

赌博 1		赌博 2		赌博 3	
结果	概率	结果	概率	结果	概率
+1 元	0.5	+100 元	0.5	+100 元	0.99
−1 元	0.5	−100 元	0.5	−100 元	0.01

从损失概率角度看，赌博 1(损失概率为 0.5) 和赌博 2(损失概率为 0.5) 没有区别，而赌博 2 的风险 (损失概率为 0.5) 比赌博 3(损失概率为 0.01) 的风险大；从损失幅度角度看，赌博 2 的损失幅度 (100 元) 远大于赌博 1 的损失幅度 (1 元)，赌博 2 的风险比赌博 1 的风险大。

通过将损失概率和损失幅度这两个指标绘制在一张图上，可形象地比较风险大小，见图 2.7。

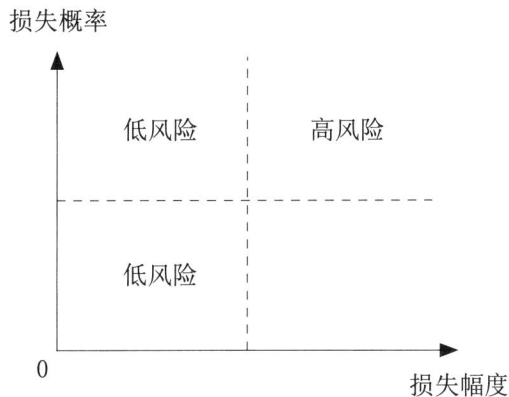

图 2.7　风险的比较

从图 2.7 中看出，损失概率和损失幅度均较低的为低风险；损失概率和损失幅度均较高的为高风险；损失概率虽然较高，但结果轻微的也可以看做是低风险。对于损失概率较低，但损失幅度较大的风险，可依具体情况有不同的解释，如：我国前些年发生的汶川大地震，虽然发生概率很低，但由于后果十分严重，可视为高风险。

2.4.2　风险管理过程

风险管理的意识由来已久，对风险管理也有许多不同的理解。结合现有观点[98–102]，本书把风险管理的含义概括如下：

风险管理就是指组织为了实现其管理目标，针对所面临的风险而采取的一系列指挥和控制活动；风险管理是组织的一项管理职能，是全面管理体系的有机组成部分，适用于各个级别和单位的组织，并受组织各个层次人员的影响；风险管理的目标是股东价值最大化。

　　风险管理是一个充满想象力和创造力的思考过程，要求承认存在不确定性，通过备选方案、解决措施和有计划有步骤地应对风险，促使员工为风险事件做好准备，客观现实地看待投资而不是在风险发生时措手不及。有效的风险管理是在确保避免不恰当风险的同时也不要错过机会，所有组织都应致力于在鼓舞人心的创业理念与有效的风险管理之间取得平衡。

　　Merna（2005）认为风险管理有三个步骤，即：风险识别、风险评估及风险决策[98]；项目管理协会 (PMI) 在《项目管理知识体系指南》中指出项目风险管理由五个阶段构成，分别为：风险管理计划、风险识别、风险评估、制定响应计划、风险控制[103]。

　　接下来，从风险管理计划、风险识别、风险评估、风险决策、实施与评价这五个方面对风险管理的过程进行简介。

2.4.2.1　风险管理计划

　　制定合理的风险管理计划是风险管理的第一步，它是所有风险管理行动的基础。风险管理计划包括两个方面的内容：一是明确风险管理的目标，风险管理的成功很大程度上取决于是否预先有一个明确的目标。为此，组织在一开始需要权衡风险与收益，明确对待风险的态度。二是确定风险管理人员的责任以及与其他部门的合作关系，这涉及明确风险管理组织队伍，分配风险管理责任，确定工作程序及相关管理政策等。

　　Merna 认为[98]，无论在什么样的组织架构内实施风险管理过程，都必须得到最高管理层的支持，必须要有正式的组织架构，方法要透明，高层领导共享风险相关信息，经营管理和业务的所有者负责构建并维护风险管理系统，并要求组织文化和组织行为的相应变革。这些做法对于风险管理成功至关重要。

2.4.2.2　风险识别

　　存在于人们周围的风险是多样的，既有当前的也有潜在于未来的，既有内部的也有外部的，既有静态的也有动态的等等。风险识别就是找出风险，其主要任务就是确定有哪些风险因素、分析风险发生的条件、描述风险特征，将工作结果整理成规范化文档。风险识别是风险评估与风险决策的基础，风险识别是否正确、全面，是决定风险管理能否成功的一项关键工作。

　　风险识别需要确定风险来源、风险事件、风险征兆这三个相互关联的因素[104]：

　　（1）风险来源：涉及资产、脆弱性、威胁等基本要素，每个要素有各自的属性，如：资产的属性是资产价值，威胁的属性是威胁主体、影响对象、出现频率、动机等；脆弱性的属性是资产弱点的严重程度；已有安全措施的属性是实施的各种实践、规程和机制等。

　　（2）风险事件：给资产及系统带来消极影响的事件。

　　（3）风险征兆：又称为触发器或预警信号，是实际安全风险事件的间接表现，包括威胁出现的频率、资产脆弱性严重程度、安全事件发生的可能性、安全事件发生可能造成的损失等。

风险识别程序要求采用一种有计划的、经过深思熟虑的方法，来识别业务的每个方面存在的潜在风险，识别可能在合理的时间段内影响每项业务的较重大的风险。风险识别可通过感性认识和历史经验来判断，也可通过对各种客观的资料和风险事件的记录来分析、归纳和整理，找出各种明显和潜在的风险及其损失规律。另外，由于风险具有可变性，风险管理者应密切注意原有风险变化，随时发现新风险。

2.4.2.3 风险评估

风险评估是在风险识别基础上进行的。在评估风险时，评估小组应逐个考虑风险、可能性以及发生情况，按照已确定的重大程度和可能性估值，计算风险评分，对评分进行排序，从中识别最重大的风险。在进行优先次序排序时，不应仅考虑财务方面的影响，更重要的是考虑对实现企业目标的潜在影响。对于非重大的风险应定期复核。

有效的风险管理要求组织持续对风险进行重新评估，并且在风险管理架构中加入程序，以评估当前存在的以及预期的风险敞口。预测未来敞口是必要的，原因是风险管理的决策是以预期风险水平为基础的。

可用于风险评估的方法很多，总体上可归为两类：定性分析和定量分析。定性分析包括编制风险列表和描述风险的可能结果，该类方法通常不产生数值评估，描述风险的性质，有助于提高对风险的认识；定量分析通常利用统计数据和计算机模型进行风险评估。

2.4.2.4 风险决策

风险决策又称风险应对，指在风险评估的基础上，综合平衡成本与收益，针对不同风险特征，提出风险决策意见，确定相应的风险策略。风险决策包括明确增加机会和应对威胁两部分。

对威胁的应对策略一般分为以下 4 类：

（1）风险规避，就是避险，指为了免除风险的威胁，采取试图使损失发生概率等于零的风险策略，即：不进行给组织带来风险的活动。

（2）风险降低，指通过降低风险发生概率或减小风险发生时对结果造成的影响 (或两者皆减小) 来达到缓解风险的目的。例如，在建筑工地上，工人由于物体坠落而受伤的程度，可以通过强制要求戴安全帽来降低，而采用更安全的工作条例可以减少物体坠落的可能性。

（3）风险转移，指将风险转移到另一家企业、公司或机构。风险转移不能降低风险来源的危急程度，它仅仅是将风险转移到另一方[105]。在某些情况下，风险转移能够显著地增加风险，因为承担被转移风险的一方可能没有意识到他们正在接受风险。风险转移的一种方式是购买保险。具体来说就是企业通过向非关联的第三方付款，让其代为承担风险，接受被转移风险的一方，通常要收取保费。在决定转移风险时，通常需要考虑这几个因素：如果风险发生，谁能够更好地应对风险？与在内部管理风险相比，风险转移的成本/收益是什么？

　　（4）风险保留，也称风险承担，指组织对所面临的风险采取主动接受的态度，承担风险带来的后果。当组织采用有计划地承担风险时，管理层需要考虑所有的方案，即如果没有备选方案，管理层需确定已对所有可能的规避、降低或转移方法进行分析来决定保留风险。如果已特意作出了承担风险的决策，管理层应对风险发生的可能性以及付诸实施的影响已十分清楚。

2.4.2.5　实施与评价

　　一旦为某一风险确定了风险策略类型，必须制定具体措施并落实这一策略。措施实施后，必须对各种关键风险指标和风险因素的变化和发展趋势，以及风险管理措施实施效果进行监控、评价和报告。通过编制各种风险报告，满足不同风险管理层级了解风险状况的多样性需求。对于已发生的风险损失，要及时处置，落实风险处置方案，包括危机处理、重大事项报告、错误纠正等。

　　对实施效果进行评价，主要有两个目的：一是为了考察是否达到预先设定的标准，包括行动标准 (如：每月检查一次消防系统) 和结果标准 (如：系统停机机会降低 0.1%)；二是为了适应新的变化。由于风险及风险管理技术都是不断变化的，人们的风险认识水平及企业对待风险的态度及管理目标也会发生变化，因此，对风险识别、风险评估、风险策略的适用性进行有计划地检查，根据检查结果调整既定的决策以适应新环境，是十分必要的。

2.4.3　风险管理工具

　　根据在风险管理过程的任务和作用原理的不同，风险管理工具可以分成风险评估与管理工具、系统基础平台风险评估工具、风险评估辅助工具三类。

2.4.3.1　风险评估与管理工具

　　风险评估与管理工具是一套集成了风险评估各类知识和判据的管理信息系统，用于规范风险评估的过程和操作方法、收集评估所需要的数据和资料、对输入输出进行分析等。此类工具实现了对风险评估全过程的实施和管理，包括：资产信息获取、脆弱性识别与管理、威胁识别、风险计算、评估过程与评估结果管理等功能。大部分风险评估与管理工具是基于某种标准方法或某组织自行开发的评估方法，通常建立在一定的模型或算法之上；也有的通过建立专家系统，利用专家经验进行分析，给出专家结论。这种评估工具需要不断进行知识库的扩充。

　　根据实现方法的不同，可把风险评估与管理工具分为三类：①基于信息安全标准的工具，该类工具以相关标准或指南（如：NIST SP800-30、BS7799、ISO/IEC13335 等）为基础，完成遵循标准或指南的风险评估过程；②基于知识的工具，该类工具将各种风险分析方法进行综合，并结合实践经验，形成风险评估知识库，通常不仅仅遵循某个单一的标准或指南；③基于模型的工具，这类工具对典型系统的资产、威胁、脆弱性建立量化或半量化的模型，输入采集的信息，得到评价结果。

2.4.3.2 系统基础平台风险评估工具

以信息安全风险评估为例：该类工具通常包括脆弱性扫描工具和渗透性测试工具，其中，脆弱性扫描工具目前应用广泛，主要用于对操作系统、数据库系统、网络协议、网络服务等的安全脆弱性进行检测；渗透性测试工具是根据脆弱性扫描工具扫描的结果进行模拟攻击测试，判断被非法访问者利用的可能性，其目的是检测已发现的脆弱性是否真正会给系统或网络带来影响。

2.4.3.3 风险评估辅助工具

科学的风险评估需要大量的实践和经验数据的支持，这些数据的积累是风险评估科学性的基础。风险评估辅助工具实现数据采集、现状分析和趋势分析等单项功能，为风险评估各要素的赋值、定级提供依据。常见的辅助工具有：

- 检查列表：基于特定标准或基线建立的，对特定系统进行审查的项目条款。通过检查列表，有助于快速定位系统目前的安全状况与基线要求之间的差距。
- 入侵检测系统：通过部署检测引擎，收集、处理整个网络中的通信信息，以获取可能对网络或主机造成危害的入侵攻击事件，帮助检测各种攻击试探和误操作，也可作为一个警报器，提醒管理员发生的安全状况。
- 安全审计工具：用于记录网络行为，分析系统或网络安全现状。审计记录可以作为风险评估中的安全现状数据，可用于判断被评估对象威胁信息的来源。
- 资产信息收集系统：此类系统常利用电子调查表形式，辅助收集有关管理信息系统、运营数据、人员等资产信息，识别组织主要业务、重要资产、威胁、管理缺陷、现有控制措施和安全策略执行情况等。
- 其他，如用于评估过程参考的评估指标库、知识库、漏洞库、算法库、模型库等。

第 3 章　SaaS 风险识别

3.1　引　言

一方面，SaaS 作为一种新型商业模式，在很多方面明显区别于传统的企业信息化建设模式。另一方面，围绕 SaaS 模式所形成的服务供应链与其他行业的服务供应链相比，在参与主体、需求管理、能力管理、伙伴关系管理、服务交付等方面也存在显著区别。这客观上要求 SaaS 厂商、采纳客户及其他利益相关者从自身实际出发，全面而客观地把握各类风险因素，这是进一步实现有效管控 SaaS 风险的重要工作。

从 SaaS 采纳企业角度看，SaaS 厂商的基础装备水平、软件研发能力、服务运营能力等直接关系到自身业务可持续性及所采纳服务的使用体验；订阅客户数据集中存储有利于数据价值增值，但也增加了数据泄露、滥用及完整性损害的可能；基于互联网访问这一优良特性，也使订阅客户面临网络可用性及传输安全问题。能否全面识别这些风险因素，在一定程度上将决定 SaaS 模式采纳的成败。目前，由 ISACA①颁布的信息和相关技术控制目标 (control objectives for information and related technology，COBIT) 是国际公认的最先进、最权威的、通用的 IT 安全与信息技术管理与控制标准，该标准提供了指导 IT 风险管理实践的系统知识，具有很高的重用价值。鉴于 SaaS 模式特点，采纳企业在应用 COBIT 管理风险时须重新审视该标准所蕴含的系统知识。如何将 COBIT 标准与 SaaS 模式有机整合以满足采纳企业的风险管理需要，该工作具有较明显的应用价值。

从 SaaS 厂商角度看，其获得收益的主要来源是订阅客户定期支付的订阅费[106]。表面上看，SaaS 厂商制定订阅价格这一问题比较简单，即：对影响价格水平的各类要素进行合理组合，形成一套报价方案，客户结合自身需求从中选取一个价格方案[11]。然而，我们通过对众多 SaaS 厂商报价方案的观察发现：现实中的 SaaS 报价方案呈现多样化，方案中往往涉及多种价格影响因素，如：软件使用相关的因素（使用次数、使用时间、所需计算能力、交易量等）、功能模块组合情况、客户所在区域或企业类型市场情况、客户付款情况（提前付款、批量付款）等，这一定程度上反映了不同 SaaS 厂商在市场定位、竞争策略、产品特性、客户关系策略等方面的差异。全面认知影响 SaaS 定价的各类价格歧视要素，是 SaaS 厂商实现有效定价的前提，关系到 SaaS 厂商的生存及发展质量。

---

① 信息系统审计与控制协会 (information systems audit and control association，ISACA)，创建于 1969 年，现已发展为一个为信息管理、控制、安全和审计专业设定规范的全球性组织。其网址为：http://www.isaca.org。

本章把 SaaS 模式中影响企业 IT 战略及运营的各类不确定性因素称为 SaaS 风险因素，主要做了两项工作[①]: 一是基于 SaaS 采纳企业视角，运用文献研究方法，从国内外相关文献中提取较全面的 SaaS 风险因素，通过研究 SaaS 风险因素与 COBIT 标准的关联途径来识别出关键风险因素及关键管理流程。二是基于 SaaS 厂商视角，研究 SaaS 价格歧视要素问题，基于对 SaaS 厂商收益来源理论的梳理以及对大量 SaaS 厂商报价方案的观察，提出一个适用于 SaaS 模式的价格歧视框架，并采集 SaaS 厂商报价数据对价格歧视要素的使用情况进行分析。本章工作一方面将对采纳企业全面识别 SaaS 风险因素以及有效运用 COBIT 标准管理 SaaS 风险提供指导，另一方面，对 SaaS 厂商全面认识价格歧视要素以完善定价方案具有参考价值。本章工作也为进一步评估 SaaS 风险提供基础。

3.2   SaaS 风险因素识别

3.2.1   与 SaaS 风险因素相关的研究

国外相关研究中，Sääksjärvi(2005) 等评价了 SaaS 模式对 SaaS 厂商和用户的价值及典型风险源，认为从用户角度看 SaaS 模式所具有的机遇对 SaaS 厂商则通常意味着挑战[35]; Subashini(2011) 等调查了云计算服务中在基础设施、平台及应用三个层面的安全问题，指出数据安全风险得到采纳企业普遍关注[36]; Brender(2013) 等基于企业案例研究提炼出三类 SaaS 风险 (包括: 政治及立法风险、运营风险及技术风险) 共 12 项风险因素[42]; Benlian(2011) 等基于调查问卷研究感知风险及感知机遇对 SaaS 采纳决策的影响，其中感知风险进一步分为产品绩效、经济、安全、战略和管理等 5 个子类[38]; Ipland(2011) 基于文献研究识别出用户在 SaaS 实施及使用中面临的 30 项风险要素[39]; Bernard(2011) 基于调查问卷研究 SaaS 风险类别与企业 SaaS 项目成败之间的相关性，涉及业务可持续、应用安全和应用集成 3 个风险类别共 23 项风险因素[40]。另外，一些著名研究机构发布的云计算安全报告，如:ENSIA(2009，2009a)[57;107]，CSA(2011)[58] 和 NIST(2011)[59]，也涉及一些 SaaS 风险因素。相对而言，国内在这方面的研究才刚刚起步，主要是针对 SaaS 风险因素进行初步探讨，其中:王伟 (2011) 指出 SaaS 厂商面临的技术、运营和规模经济风险，采纳企业面临的数据安全风险、管理风险及项目实施风险，以及双方面临的文化、法律法规风险[108]; 胡斌和吴满琳 (2009) 指出中小企业在应用 SaaS 模式时面临的内部及外部风险，其中内部风险包括传统观念束缚、成本风险及员工安全意识淡薄，外部风险包括 SaaS 厂商选择风险、数据安全风险及合同协议风险[22]。焦燕廷和孙新召 (2013) 则基于应用体系架构角度，从用户使用、物理部署和应用开发三个视图层面探讨 SaaS 安全问题[109]。

COBIT 应用于 IT 风险管理的成果较少，其中:吴炎太 (2009) 等在分析 COBIT 思想基础上提出基于信息系统生命周期不同阶段的风险特征进行风险控制的思想及方法[110];

---

① 本章内容主要整理自我们的已有成果: 1) 吴士亮，仲琴，孙树垒，张庆民. SaaS 风险因素研究——基于 SaaS 采纳企业的视角 [J]. 江苏大学学报 (社会科学版), 2016(2) ; 2) 吴士亮，汉斯，陈志伟，仲琴. 面向 SaaS 模式的价格歧视要素研究 [J]. 管理工程学报, 2018(4)。

Babb(2013)[111] 和 Lokuciejewski(2011)[112] 等给出应用 COBIT 进行 IT 风险管理的方法指南。

　　总体上看，现有研究主要存在如下不足：一是所提炼的 SaaS 风险因素不够全面，如：Sääksjärvi(2005) 仅提炼出 6 项 SaaS 风险因素[35]，这与该文献发表年份较早、当时可供参考的相关成果不足有一定关系，Brender 和 Markov (2013) 提炼出 12 项风险因素[42]，然而限于所依据的企业样本容量有限 (仅 5 家)，很难得出较全面的风险因素；二是针对性不强，如：Putri 和 Mganga (2011) 只针对服务等级协议[113]，一些文献，如 ENSIA(2009，2009a)[57;107]，CSA(2011)[58] 和 NIST(2011)[59] 等，则针对云计算服务所有层面；三是研究成果的可操作性不强，尽管一些文献，如：胡斌等 (2009)[22]，王伟 (2011)[108] 及焦燕廷等 (2013)[109]，给出了风险应对措施或建议，但缺乏与现有成熟标准的融合，使得难以重用业界已有的最佳实践知识，造成采纳企业在落实风险措施时在企业目标及 IT 目标一致性衔接方面的困难。

3.2.2　SaaS 风险因素识别

　　我们基于文献研究提取各类 SaaS 风险因素。选取关键词（包括：software as a service、SaaS、cloud computing、security、risk、软件即服务、在线服务、云计算、安全、风险）的合理组合，针对 2000 年 1 月至 2014 年 12 月期间发表的学术成果进行检索，从文献数据库（包括：Elsevier Science Direct、Ebsco、Emerald、Springer Link、ACM digital library 及中国知网）获得期刊文献，利用 web 搜索引擎获得相关研究报告。基于所得文献，对 SaaS 风险因素进行甄选、分类及统计，当某一因素在两篇文献中重复出现，且其中一篇文献对第二篇进行了引用，则该因素只统计一次。对文献进行甄选，得 14 篇文献，其中：中文 3 篇；英文 11 篇，其中期刊论文 5 篇、会议论文 2 篇、学位论文 2 篇及研究报告 2 篇。

　　研究中，我们也检索了一些关于风险的著作，发现：一方面，针对风险管理的著作已比较丰富，涉及风险管理一般理论与方法、金融风险、税收风险、法律风险、信用风险、项目风险等；另一方面，已有一些针对 IT 风险的著作，涉及 IT 外包、信息系统安全风险、信息系统研发风险等；另外，随着云计算应用深化，最近几年针对云计算安全及隐私问题的著作增加较快。然而，未发现专门针对 SaaS 风险进行深入研究的著作，我们认为主要原因在于 SaaS 属于应用层面的云服务，而云计算安全问题本身也比较新，相对于传统软件模式（采纳企业视软件为产品，购买并安装后使用）而言，采纳企业对 SaaS 模式相关风险的认知远不成熟，反映到学术成果上，一个典型表现就是缺乏针对性著作。

　　基于甄选后的 14 篇文献，进一步从中提取 43 项风险因素并归为 5 类，见表 3.1 至表 3.5。

表 3.1　SaaS 风险因素（G1: 战略风险）

风险因素	含义	文献出处
R1:IT 创新能力	SaaS 模式可能削弱或影响采纳企业的 IT 创新能力	Benlian and Hess(2011)，Ipland(2011)，Brender and Markov (2013)
R2: 市场反应	SaaS 模式可能削弱采纳企业应对市场变化的能力	Benlian and Hess (2011)
R3: 厂商锁定	采纳企业可能面临来自 SaaS 提供商的数据及应用锁定风险	ENSIA (2009,2009a)，Paquette et al. (2010)，Benlian and Hess (2011)，Ipland (2011)，Marijn and EquaTerra (2011)[①]，王伟 (2011)，Brender and Markov (2013)
R4: 供应链	SaaS 提供商外包应用软件、基础设施及支撑服务给第三方，可能影响采纳企业的服务体验及服务可用性	Brender and Markov (2013)，ENSIA (2009, 2009a)
R5: 企业文化	SaaS 模式要求采纳企业转变信息化建设思路，可能对采纳企业现行观念、行为及方法产生影响	胡斌 (2009)，王伟 (2011)，Brender and Markov(2013)

表 3.2　SaaS 风险因素（G2: 业务持续风险）

风险因素	含义	文献出处
R6: 物理安全	与 SaaS 厂商数据中心的物理环境安全、电力供应稳定性、自然灾害抵抗能力等相关的风险	Tolliver-Nigro (2009)，Paquette et al. (2010)，Ipland (2011)，Brender and Markov (2013)，焦燕廷和孙新召 (2013)
R7: 灾难恢复	与 SaaS 厂商灾难恢复计划与恢复能力相关的风险	Tolliver-Nigro(2009)，Bernard (2011)，Marijn and EquaTerra (2011)，Subashini and Kavitha (2011)，Brender and Markov (2013)
R8: 备份	与备份错误、缺失、备份方案合理性等相关的风险	Tolliver-Nigro (2009)，Ipland (2011)，Marijn and EquaTerra (2011)，Subashini and Kavitha (2011)
R9: 测试	与采纳企业在采纳服务前的软件测试相关的风险	Bernard (2011)

---

① Marijn J，EquaTerra J A. Challenges for adopting cloud-based software as a service (SaaS) in the public sector [EB/OL]. http://aisel.aisnet.org/ecis2011/80,2014-08-02。

风险因素	含义	文献出处
R10: 软件缺陷	采纳企业难以发现应用软件中的缺陷	Ipland (2011)
R11: 定制性	应用软件定制能力不足，难以满足采纳企业的个性需要	Sääksjärvi et al. (2005)，ENSIA (2009, 2009a)，Bernard (2011)，Ipland (2011)，Marijn and EquaTerra (2011)
R12: 可用性	SaaS 厂商资源能力不足或设置不当、网络连接稳定性不足等引起服务可用性下降，给用户带来经济损失	ENSIA(2009)，Paquette et al. (2010)，Bernard (2011)，Ipland (2011)，Subashini and Kavitha (2011)，Brender and Markov (2013)
R13: 响应性	数据存储方案、资源能力、网络带宽等因素引起数据传输、检索或处理延迟，影响采纳企业价值	ENSIA(2009,2009a)，Benlian and Hess (2011)，Ipland (2011)，Marijn and EquaTerra (2011)
R14: 扩展性	应用软件满足采纳企业弹性需求相关的扩展性风险	Paquette et al. (2010)，Bernard (2011)，Marijn and EquaTerra (2011)
R15: 应用更新	与 SaaS 厂商的软件升级相关的风险	ENSIA (2009,2009a)，Bernard (2011)，Ipland (2011)
R16: 培训	与 SaaS 厂商为用户提供必要培训相关的风险	Bernard (2011)
R17: 支持服务	SaaS 厂商提供电话、email、培训、文档等支持服务	Bernard (2011)
R18: 定价/成本	与 SaaS 厂商订阅价格变动、关于服务访问异常情形 (如由于服务攻击) 的价格约定等相关的风险	Sääksjärvi, Lassila et al. (2005)，ENSIA (2009)，Tolliver-Nigro (2009)，胡斌和吴满琳 (2009)，Benlian and Hess (2011)，Bernard (2011)，Ipland (2011)，Marijn and EquaTerra (2011)
R19: 服务中断/失效	各类原因导致的与服务中断/失效相关的风险	ENSIA (2009)，Tolliver-Nigro (2009)，Paquette et al. (2010)，Bernard (2011)，Marijn and EquaTerra (2011)
R20: 服务退出	SaaS 厂商破产、无法满足用户需求等导致服务退出，以及引起在数据迁移、数据归属、经济纠纷等相关风险	Ipland (2011)

表 3.3 SaaS 风险因素（G3：集成风险）

风险因素	含义	文献出处
R21: 应用功能	与软件功能相关的风险	Bernard (2011)，Brender and Markov (2013)
R22: 报告/报表	与软件报告提供能力相关的风险	Bernard (2011)
R23: 易用性	与软件产品易用性相关的风险	Bernard (2011)
R24: 兼容与开放性	与其他软件 (如企业遗留系统、其他厂商应用系统) 在兼容性、编程接口 (API)、互操作性标准等相关的风险	ENSIA (2009)，Paquette et al. (2010)，Benlian and Hess 2011，Bernard (2011)，Ipland (2011)，Marijn and EquaTerra (2011)，Brender and Markov (2013)

表 3.4 SaaS 风险因素（G4: 信息安全风险）

风险因素	含义	文献出处
R25: 人员威胁	内部人员的诚信、职业道德等问题导致数据破坏、丢失、滥用	ENSIA (2009)，Tolliver-Nigro (2009)，胡斌和吴满琳 (2009)，Ipland (2011)，Subashini and Kavitha (2011)，王伟 (2011)，Brender and Markov (2013)
R26: 数据完整性	SaaS 厂商在 web 服务 API 中不支持事务标准，影响数据完整性	ENSIA (2009)，Subashini and Kavitha (2011)
R27: 数据存储	与数据存储相关的信息泄露、恶意篡改	胡斌和吴满琳 (2009)，Paquette et al. (2010)，Benlian and Hess (2011)，Ipland (2011)，Subashini and Kavitha (2011)，王伟 (2011)
R28: 数据隔离	数据隔离不当或虚拟化技术漏洞导致关键业务数据暴露给第三方及数据丢失	Sääksjärvi et al. (2005)，ENSIA (2009)，Paquette et al. (2010)，Bernard (2011)，Ipland (2011)，Subashini and Kavitha (2011)，Brender and Markov (2013)，焦燕廷和孙新召 (2013)
R29: 数据删除	由于云计算的技术特点造成的不彻底数据删除	ENSIA (2009, 2009a)，Brender and Markov (2013)
R30: 数据传输	数据传输中劫持账户及密码、截取未加密数据	ENSIA (2009,2009a)，Benlian and Hess (2011)，Bernard (2011)，Ipland (2011)，Subashini and Kavitha (2011)，王伟 (2011)，Brender and Markov (2013)，焦燕廷，孙新召 (2013)

风险因素	含义	文献出处
R31: 入侵检测	与检测及阻止未授权用户或恶意用户的数据或软件访问相关的风险	ENSIA (2009)，Ipland (2011)，焦燕廷和孙新召 (2013)
R32: 钓鱼攻击	钓鱼攻击导致用户资料暴露、数据盗取	Bernard (2011)，Ipland (2011)，Brender and Markov (2013)
R33: 恶意代码嵌入	SaaS 厂商植入恶意代码相关的风险	Ipland (2011)，王伟 (2011)
R34: 异常活动监控	与数据活动异常行为的可跟踪性相关的风险	Brender and Markov (2013)
R35: 授权及认证	功能权限或数据权限配置不合理，导致越权访问数据或执行软件功能	ENSIA(2009)，Paquette et al. (2010)，Bernard (2011)，Ipland(2011)，Marijn and EquaTerra(2011)，Subashini and Kavitha (2011)，焦燕廷和孙新召 (2013)
R36: 无效访问权限	未及时更新用户访问权限相关的风险	Bernard (2011)，Ipland (2011)
R37: 未授权访问	与未授权访问预防及控制相关的风险	ENSIA (2009)，Paquette，Jaeger et al. (2010)，Bernard (2011)，Ipland (2011)，Subashini and Kavitha (2011)
R38: 风险响应	不正确的、不完全的风险响应	Ipland (2011)

表 3.5   SaaS 风险因素（G5: 法律风险）

风险因素	含义	文献出处
R39: 数据所有权	数据所有权相关风险，如角色、权限及责任界定、服务终止时用户能否取回数据等。	ENSIA (2009)，Tolliver-Nigro (2009)，Paquette，Jaeger et al. (2010)，Bernard (2011)
R40: 可审计性	与 SaaS 厂商资质/财务信息、合同协议执行、应用活动记录/跟踪/监控记录、相关标准遵循及执行情况的可获得性、可审查性等相关的风险	ENSIA (2009)，胡斌和吴满琳 (2009)，Paquette et al. (2010)，Ipland (2011)，Marijn and EquaTerra (2011)
R41: 电子取证支持	与支持电子取证 (e-discovery) 相关的风险	ENSIA (2009，2009a)，Brender and Markov (2013)

风险因素	含义	文献出处
R42: 合规性	SLA 合规性 (如：条款完备性、透明性、利益相关者期望符合性)、采纳企业内部政策及过程合规性、外包服务中责任传递合规性、报告符合性、数据隐私保护、数据存放位置合规性等相关的风险	ENSIA (2009,2009a)，Tolliver-Nigro (2009)，Paquette et al. (2010)，Benlian and Hess 2011，Bernard (2011)，Ipland (2011)，Marijn and EquaTerra (2011)，Subashini and Kavitha (2011)，Brender and Markov (2013)
R43: 司法风险	与不同国家或地区司法差异、管辖信息适用性、可用性等相关的风险	ENSIA (2009, 2009a)，Marijn and EquaTerra (2011)，Brender and Markov (2013)

如上 5 类 (G1—G5) 因素中，战略相关 (G1) 指在一个较长时期内、对采纳企业战略目标产生深刻影响的风险因素；业务持续相关 (G2) 指影响采纳企业日常业务持续运营的风险因素；集成相关 (G3) 指与其他应用系统的集成广度与深度等相关的风险因素；信息安全相关 (G4) 指与采纳企业数据保密性、完整性、可靠性相关的风险因素；法律相关 (G5) 指涉及诸如出租权、合同法等相关的风险因素。

风险因素项目最多的类别为 G2 和 G4，其次为 G1 和 G5，再次为 G3。与 G1—G5 相关的文献数 (剔除重复文献) 分别占相关文献总数的 64%、93%、50%、100%、71%，表明：第一，SaaS 中与业务持续及信息安全有关的风险因素已引起广泛关注，这体现了 SaaS 模式下用户基于互联网访问软件服务、SaaS 厂商全权负责 IT 基础设施及软件运行维护这一业务特点，这两类因素直接影响采纳企业的价值实现以及信息资产价值保障；第二，法律相关风险因素已受到关注，这是因为 SaaS 模式突破了传统软件基于某种载体的买卖模式而代之以应用软件使用权出租为基础的租赁模式，模式转换必然会对现有法律提出新要求，将对相关法律制度造成深刻影响，而 SaaS 行业法律法规的不健全对采纳企业及 SaaS 厂商而言都存在很大风险；第三，目前针对战略及集成相关的风险因素关注相对较少。

进一步对各类风险因素进行分析，得到如下发现：

G1 中最受关注的因素为 R3(厂商锁定)，其次为 R1(IT 创新能力) 及 R5(企业文化)。对于 R3，由于企业在信息化建设中需要整理基础数据、调整业务流程以满足软件需要，可见厂商锁定风险具有普遍性。然而，SaaS 模式下厂商锁定有其特殊性：一方面，SaaS 模式较之传统模式在软件中采用更多的开放标准，提供较少的应用定制空间，这减少了 SaaS 厂商对采纳企业的锁定力量；但另一方面，SaaS 厂商负责托管业务数据存储、软件运行、升级及支持服务，增加了 SaaS 厂商对采纳企业的锁定力量。这两种力量综合作用，决定 SaaS 厂商对采纳企业的锁定水平。对于 R1，SaaS 模式显著减少采纳企业在 IT 人力资源方面的投入，这直接导致采纳企业 IT 创新能力被削弱的风险。对于 R5，由于 SaaS 作为一种新型业务模式颠覆了采纳企业建立、使用及维护软件的传统方式，客观上要求采纳企业重新审视作为服务的软件本质，树立起服务使用产生价值的新型价值观，从软件即产品的传统软件观转变到软件即服务的现代软件观，从注重内部要素 (如：内部技术环境、IT 专业人员) 稳定转变为及时调整自身以利用外部要素 (如：外部技术环境、SaaS 厂商能力) 变化所带来的机遇，更加重视风险管理，可见 SaaS 模式对采纳企业的组织文化产生深刻影响。

G2 中关注较多的因素为 R12(可用性) 和 R18(定价/成本)。对采纳企业而言，从 SaaS 厂商处获得的实际价值等于使用订阅服务的收益所得减订阅费支出。由于 SaaS 厂商提供并维护软件运行所需的资源配置，当资源能力不足或配置不当时可导致服务可用性下降，直接影响采纳企业从服务订阅中的收益所得；订阅费支出受 SaaS 厂商订阅价格变动、协议中关于服务访问异常情形 (如由于服务攻击) 的价格约定等因素影响。可见，R12 和 R18 直接关系到采纳企业所获得的价值，因而受到较多关注。关注程度次之的因素主要涉及应用性能 (如：R11、R13 及 R14) 和基本保障 (如：R6、R7 及 R19)，这两方面直接关系到用户服务体验及服务可持续能力。关注较少的因素主要有 R9、R17、R20 等，其原因在于：采纳企业在订阅前可在线试用软件，从而软件缺陷可及时曝光并得到及时修复，另外，SaaS 厂商间竞争使培训及支持服务日趋完善。

G3 中关注较多的因素为 R24(兼容与开放性)，其他因素 (R21-R23) 关注较少。现实中企业内通常既有传统的遗留系统，也有订阅的 SaaS 服务，不同类型的应用间通常存在集成需求。由于不同厂商在平台接口、数据结构等方面存在差异，使得兼容问题受到较多关注。

G4 中关注较多的因素为 R28(数据隔离) 及 R30(数据传输)，其次是 R35(授权及身份认证) 及 R25(人员威胁)，再次是 R27(数据存储) 和 R37(未授权访问)。由于 SaaS 用户数据被集中存储并基于 Internet 远程访问，这增加了对黑客的吸引力及数据暴露的可能性，黑客一旦入侵成功或数据暴露，将为 SaaS 订阅用户带来巨大威胁，这是 R28 和 R30 受到普遍关注的重要原因；另外，SaaS 模式相对于传统模式，其用户数量更多且更分散，对授权及身份认证方面的要求更高；最后，从人员角度看，无论对于 SaaS 厂商还是采纳企业的人员，恶意破坏或滥用相关资源的后果将十分严重，因而对 R35 及 R25 也给予了相当关注。

G5 中最受关注的因素为 R42(合规合法性)，其次为 R40(可审计性)，再次为 R39(数据所有权)，对 R43(司法风险) 及 R41(电子取证支持) 关注较少。SaaS 厂商以出租权为核心经营在线服务，服务合同也是软件租赁合同，租赁合同的确立同时颠覆了传统意义下合同法中关于租赁的界限，SaaS 软件租赁合同与合同法中技术服务合同也存在一定差别。如何在现有法规框架下，针对 SaaS 这种新型的软件模式，对相关内容 (如：标的物、范围、使用方式、服务等级等) 及相关关系 (如：各利益相关者间权责归属) 予以界定和保护，是 SaaS 发展中面临的重要问题，而目前相关法规的不完善更使得 R41 和 R40 这两类因素受到广泛关注。

3.3　SaaS 风险因素与 COBIT 管理流程的关联

3.3.1　COBIT 简介

COBIT（control objectives for information and related technology，信息及相关技术的控制目标）是一个由 ISACA 颁布的安全与信息技术管理和控制的标准体系[115]。该体系自 1996 年颁布第 1 版以来，至 2012 年已更新到第 5 版（COBIT 5 产品族见图3.1），现已成为全球公认的最权威的安全与信息技术管理和控制的标准体系。它通过在商业风险、控制需要和技术问题之间架起了一座桥梁，以满足管理的多方面需要[112]。COBIT 易于理解和实施。借鉴 COBIT 基本思想、体系框架及信息技术处理流程，将非常有助于针对性地对目标信息系统进行有效的风险评估和控制。目前，COBIT 已经被应用在一百六十多个国家的重要组织中[116;117]，有效地管理与信息相关的风险、有效利用信息资源。在我国，有一些学者也尝试将 COBIT 理论应用于不同领域[116–118]。

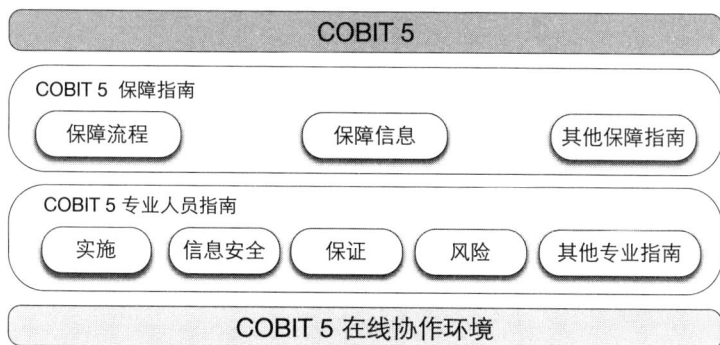

图 3.1　COBIT 5 产品族

COBIT 5 基于 IT 治理的五大原则，即：满足利益相关方需求、覆盖企业端到端、应用单一集成框架、应用整体方法、治理与管理相分离。在利益相关方价值交付基础上，基于价值创造的治理目标，从利益实现、资源优化、风险优化三个维度进行分解，将治理目标利用评分记分卡从财务、客户、内部业务流程、学习和成长四个视角将 IT 目标和企业目标进行关联、进而关联到具体的支持目标，具体企业可以很容易使用。COBIT 5 中明确区分治理和管理，这二者在所涵盖活动类型、组织结构需求及服务目标方面不同。COBIT 5 中的治理和管理关键域见图 3.2。

COBIT 5 中，治理域关注利益相关者治理目标，为 IT 提供指导并监控产出；管理域关注管理流程实践及活动。基于一组 IT 准则①，COBIT 5 提供一个流程参考模型（见图 3.3）。该参考模型定义并详细描述了一组治理流程和管理流程，这些流程能够涵盖一般企业中常见的与 IT 相关的活动，为企业 IT 运营及业务经理提供了一个通用参考模型[115]。

---

① IT 准则主要从质量、成本、时间、资源利用率、系统效率、保密性、完整性、可用性等方面来保证信息的安全性、可靠性、有效性，反映企业的战略目标。

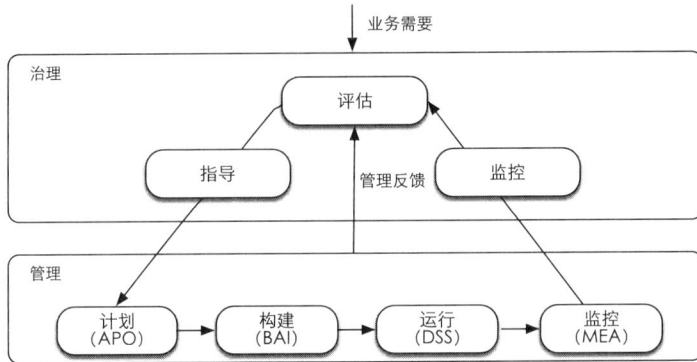

图 3.2　COBIT 5 治理与管理关键域

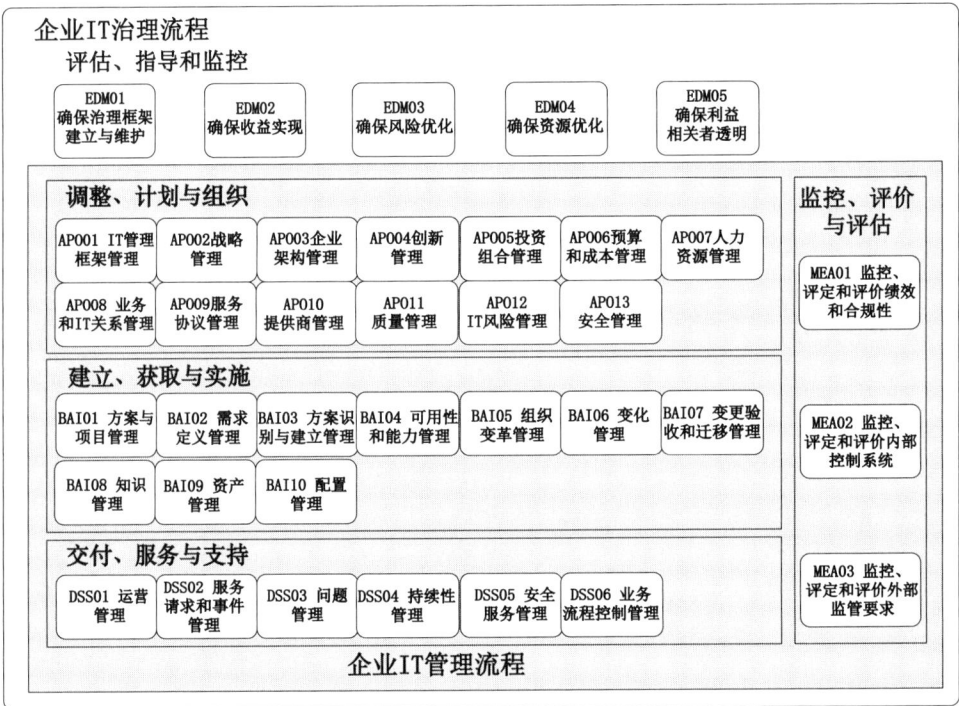

图 3.3　COBIT 5 流程参考模型

　　管理流程涵盖 4 个责任域，即：信息技术规划与组织（APO）、采集与实施 (BAI)、交付与支持 (DSS)、监控与评估（MEA），各责任域包括若干子管理流程，每项流程包括更加详细的控制目标和审计方针对 IT 处理流程进行评估，各流程被关联到一组输入/输出和活动，通过对责任域、管理流程、活动三个层次实施目标控制，支持预定 IT 目标的实现。

　　然而，作为一个通用的、能满足多方面管理需要的、重量级的标准体系，COBIT 本身所蕴含的知识非常丰富，涵盖安全与信息技术管理和控制的方方面面。因此，在应用于指导特定行业的具体实践时，有必要针对行业及应用特点做进一步的提炼。

3.3.2 关联 SaaS 风险因素与 COBIT 管理流程

SaaS 是一项创新的软件服务模式,订阅 SaaS 服务的企业非常彻底地外包了管理软件的安装及运营工作,从而能更好地专注自身商业价值创造。相应地,COBIT 中一些 IT 管理流程与活动将不再是 SaaS 采纳企业关注的重点,某些情形甚至不需关注。因此,有必要对 SaaS 风险因素与 COBIT 管理流程进行梳理,凸显二者之间的关联流程及关键活动,认清关键的 SaaS 因素,从而可一方面深化对 SaaS 风险因素的认知,另一方面,实现对 COBIT 中相关的关键知识的重用,提高 COBIT 应用于 SaaS 采纳企业的针对性和效率。

关联 SaaS 风险因素与 COBIT 管理流程的思路如下:

以 COBIT 管理流程为切入点,首先剔除不能反映 SaaS 模式特性及不符合采纳企业视角的管理流程;进而,针对各管理流程,结合其目标、输入/输出和关键活动,标识相关 SaaS 风险因素;最后,对 COBIT 管理流程与 SaaS 风险因素的关联情况进行统计,挖掘运用 COBIT 框架管理 SaaS 风险时需要重点关注的责任域及管理流程。

对 COBIT 5 IT 管理流程参考模型的 4 个责任域中 32 个管理流程进行分析,其中: APO01(IT 管理框架管理)、BAI08(知识管理) 流程较难体现 SaaS 模式特性,APO03—APO07、BAI01、BAI03、BAI06、BAI09、BAI10、DSS01、DSS02、MEA03 这 13 个流程更多体现 SaaS 厂商而非采纳企业视角,故予以剔除。最终得到 17 个管理流程,各流程及所属责任域见表 3.6。

表 3.6 COBIT 5 IT 管理流程

责任域	IT 管理流程
APO:调整、计划与组织	APO02: 战略管理;APO08: 业务和 IT 关系管理;APO09: 服务协议管理;APO10: 提供商管理;APO11: 质量管理;APO12: IT 风险管理;APO13: 安全管理
BAI:建立、获取与实施	BAI02:需求定义管理;BAI04:可用性和能力管理;BAI05:组织变革管理;BAI07:变更验收和迁移管理
DSS:交付、服务与支持	DSS03:问题管理;DSS04:持续性管理;DSS05:安全服务管理;DSS06:业务流程控制管理
MEA:监控、评价与评估	MEA01:监控、评定和评价绩效和合规性;MEA02:监控、评定和评价内部控制系统

与各管理流程相关的风险因素数量分布情况,见图 3.4。

由图可看出,与 APO10 相关的风险因素数量最多,接下来是 APO09 和 DSS05。进一步针对 COBIT 管理流程在风险因素数量上实施 Q 型聚类,使用组间链接法、平方欧氏距离度量标准,结合碎石图输出结果这里把管理流程聚为 4 组,各组所含管理流程及对应风险因素项 (不计重复情形) 见表 3.7。

COBIT 管理流程与风险因素项之间是多对多关系,即:一个流程可能对应多项风险因素,一项风险因素也可能对应多个流程。

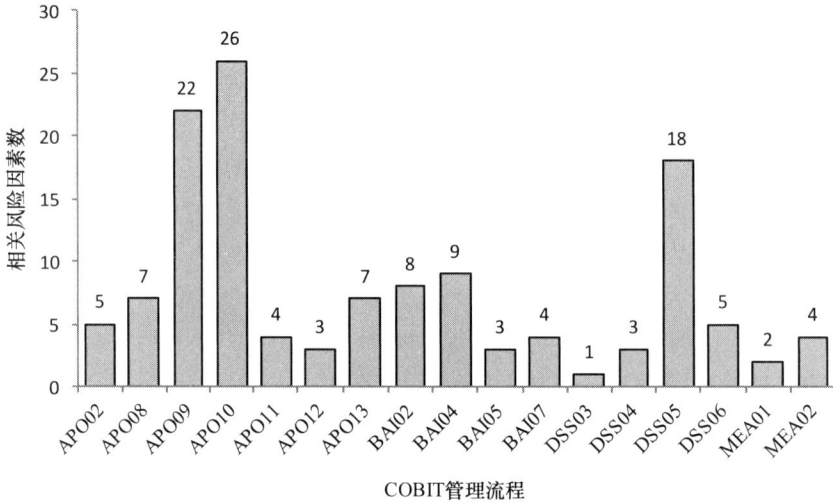

图 3.4   各管理流程相关的风险因素数量分布

表 3.7   SaaS 风险因素聚类结果

组别	管理流程	相关风险因素	项数
1	APO10	R4，R6-R8，R11-R17，R19-R26，R33，R34，R39-R43	26
2	APO09、DSS05	R6-R8，R12-R20，R25，R27-R31，R33-R37，R39-R42	27
3	APO08、APO13、BAI02、BAI04	R11-R17，R19，R21-R24，R31-R37	19
4	APO02、BAI05、BAI07、DSS03、DSS04、DSS06、MEA01、MEA02	R1-R5，R9-R10，R15-R17，R19-R20，R32，R34-R36，R38，R40-R43	21

设 S 为风险因素全集，对于任一集合 $A(A \subseteq S)$，其元素个数 (即该集合所包含的风险因素数) 记为 $|A|$。为表达两个有限子集间的元素覆盖情况，这里引入覆盖度这一概念。设 A_1, A_2 为 S 的两个有限子集，A_1 对 A_2 的覆盖度 f_{A_1,A_2} 表示为：

$$f_{A_1,A_2} := \frac{|A_1 \cap A_2|}{|A_2|}$$

结合表 3.7 中的 4 个聚类分组，设 S_i 为对应于分组 i 的相关风险因素集，则相关风险因素全集可表示为 $S = \cup_{i=1}^4 S_i$。进一步，可得到一组覆盖度值，见表 3.8。

综上可知：对于组 1 - 3，S_1 覆盖了 S_2 及 S_3 中各 67% 以上的因素，$S_1 \cup S_2$ 覆盖了 S_3 中 95% 的因素以及 S_4 中 62% 的因素。组 4 中，尽管各管理流程的相关因素项不多 (为 1 - 5 项)，但 $S_1 \cup S_2$ 对 S_4 的覆盖较低 (为 0.62)。$S_4 - (S_1 \cup S_2)$ 风险因素包括 R1-R3、R5、R9-R10、R32 及 R38，进一步分析组 4 中各流程，得出 APO02、BAI07、DSS03 及 DSS04 这 4 个流程的风险因素集可完全覆盖 $S_4 - (S_1 \cup S_2)$，APO02、BAI07 这 2 个流程的风险因

表 3.8　覆盖度取值

A	B	$f_{A/B}$	A	B	$f_{A/B}$	A	B	$f_{A/B}$
S_1	S_2	0.67	S_2	S_3	0.68	$S_1 \cup S_2$	S_3	0.95
S_1	S_3	0.74	S_2	S_4	0.52	$S_1 \cup S_2$	S_4	0.62
S_1	S_4	0.52	S_3	S_4	0.38	$S_1 \cup S_2 \cup S_3$	S_4	0.67

素集对 $S_4 - (S_1 \cup S_2)$ 的覆盖度为 0.75。

综上，本书认为: 采纳企业在借鉴 COBIT 标准来管理 SaaS 风险时，应重点关注 APO 和 DSS 这两个责任域，尤其是 APO09、APO10 及 DSS05 这三个管理流程 (依据图3.4及表3.7)。结合 COBIT 5 标准，APO10 旨在管理提供商提供的 IT 服务，包括提供商选择、关系管理、合同管理和评审及提供商有效性和合规性绩效的监控，APO09 旨在保持与企业要求和预期相一致的 IT 有效服务和服务等级，包括 IT 服务、服务等级和绩效指标的确定、规范、发布、协定和监测，DSS05 旨在通过建立和维护信息安全角色和访问优先级、执行和安全监控，保护企业信息以维持在一个可接受的安全风险水平。这三个管理流程集中反映了 SaaS 模式的风险管理特性。另外，APO02、BAI07 流程中包含了 APO09、APO10 及 DSS05 流程中所不能包含的大部分风险因素，故也应给予关注。

3.3.3　运用 COBIT 框架指导全程管理 SaaS 风险

COBIT 5 框架是基于五项基本原则建立的: ①满足利益相关者需要。COBIT 5 提供目标分层机制，以平衡计分卡为工具，将利益相关者需要转换成具体的、可行动的、可定制的企业目标，并进一步把企业目标映射为 IT 相关的一组目标。②端到端覆盖企业。COBIT 5 将企业 IT 治理整合进企业治理中，覆盖治理和管理企业信息和相关技术所需的所有 IT 服务和内外部业务流程。③基于一个集成框架。COBIT 5 是一种单一和整合式框架，将以前分散在 ISACA 各种不同框架（如: IT 价值管理 Val IT、IT 风险管理 Risk IT、信息安全商业模式 BMIS、信息技术鉴证框架 ITAF 等）中的知识整合在一起，成为企业 IT 治理和管理框架的集成者。④运用一个整体全面的方法。COBIT 5 中涵盖影响企业 IT 治理和管理的 7 种因素（包括: 原则、政策和框架；流程；组织结构；文化、伦理和行为；信息；服务、基础设施和应用；人员、技能和能力），综合这些互为联系的因素以系统化地实施 IT 治理和管理。⑤明确区分治理和管理。在 COBIT 5 中，治理旨在确保利益相关者需要，决定企业目标、设定导向、监控绩效和合规性，通常是董事长领导下的董事会的责任；管理旨在设定与导向一致的活动以实现企业目标，通常是 CEO 领导下的执行管理层的责任。

COBIT 5 框架覆盖全面、设计科学而严谨，提供方法论的同时也提供了一组可操作的工具集，所蕴含的丰富知识具有很高重用价值。企业在 COBIT 5 框架的指导下，通过在实现利益、优化风险等级和资源使用三个方面进行平衡，可获得源于 IT 的最佳价值，最终实现 IT 治理和管理的目标。对 SaaS 采纳企业而言，客观把握与 SaaS 模式独特性相关的各类风险因素，进而与 COBIT 5 框架相结合，将能够实施以 COBIT 5 框架引领的 SaaS 风险全程管理。采纳企业运用 COBIT 5 框架支持全程 SaaS 风险管理示意见图 3.5。

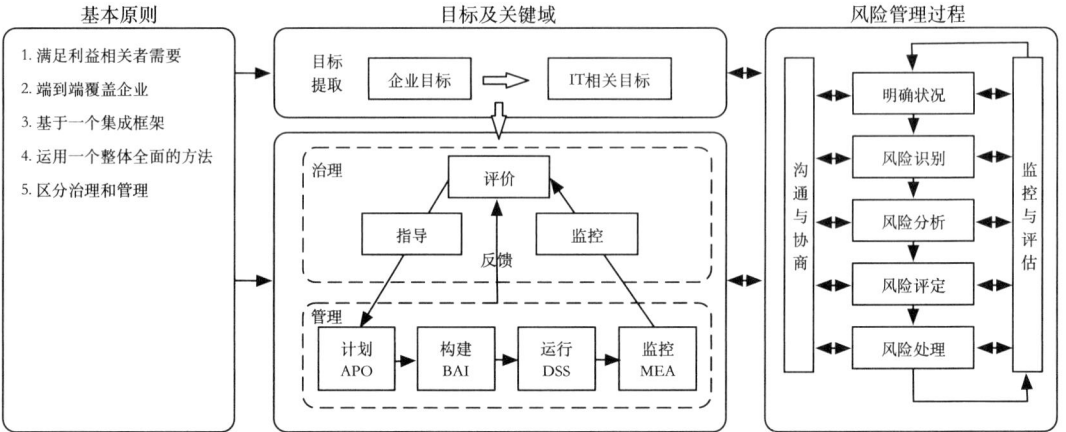

图 3.5　COBIT 5 支持全程管理 SaaS 风险

　　图 3.5 由三部分组成：第一部分为基本原则，直接引用了 COBIT 5 框架中 5 条基本原则；第二部分为目标及关键域，用于提取企业目标及 IT 相关目标，体现业务导向 IT 技术选择的 IT 治理与风险管理理念，并驱动后续风险管理过程；第三部分为风险管理过程，包括风险管理的各项活动。这三部分之间的关系是：基本原则引领目标提取以及关键域划分，对流程管控提供指南；目标及关键域部分为风险管理过程提供管理情境；风险管理过程表现为一个渐进及迭代的进程，其演进性通过反馈将有助于企业持续改善目标提取及流程管理水平。

　　SaaS 采纳企业运用 COBIT 5 框架实现全程 SaaS 风险管理的一般思路可概括为：首先，采纳企业明确内外部利益相关者，识别各类相关者的问题及需要，在此基础上明确企业目标，评估与 SaaS 模式采纳相关的 IT 目标集，利用相关工具（如：平衡计分卡）将企业目标逐层映射到 IT 相关的目标。该阶段，关键利益相关者（如：首席风险官）应较深刻地理解 SaaS 模式与传统模式的差异，对 SaaS 采纳关键问题（如：服务等级协议）应有较客观认识。接下来，基于对业务目标及 IT 相关目标梳理的成果，采纳企业结合企业具体情况（如：所处行业类型、SaaS 应用类型、业务范围及特点等），在借鉴 COBIT 5 流程参考模型的基础上，进一步把 IT 相关目标映射到 IT 治理及 IT 管理流程。该阶段，采纳企业应针对 SaaS 模式的特殊性重新审视各类流程，应重点关注 APO 和 DSS 这两个责任域，尤其是 APO09、APO10 及 DSS05 这三个管理流程。该阶段应输出基于 SaaS 采纳企业视角的初步的风险因素列表。最后，表现为一个风险管理过程循环，其主要输入是前一阶段形成的风险因素列表，针对各风险因素，进一步明确相关状况（如利益相关方观点、目标、风险准则等）、执行风险分析及评定活动、提出风险处理方案并进行实施、对风险进行监测和评审等。鉴于企业信息化建设是一个长期的、动态的过程，对 SaaS 采纳企业而言，运用 COBIT 5 框架指导全程管理 SaaS 风险这一过程应是循环迭代的。

3.4 SaaS 价格歧视要素

对任何企业而言，能否实施有效定价是实现盈利的关键[119]。特别地，SaaS 厂商面对资金压力及客户市场的诸多挑战时，能否通过有效定价获得持续收益，关系到能否生存及发展的可持续性。SaaS 模式显著区别于传统软件交付模式，SaaS 厂商的收入来源已显著改变，厂商在定价时，要考虑来自外部的众多不确定性因素，如：客户需求、产品以及服务特性、成本结构特征以及市场竞争等。通常情况下，SaaS 厂商最重要的、也是最稳定的收益来源是来自订阅客户的在线服务订阅费。因此，SaaS 厂商只有尽可能全面把握可能影响价格决策的各类要素，在此基础上结合自身实际、客户需求、以及客户在服务使用中的异质性特点，灵活运用价格歧视以揭示各细分市场客户的支付意愿，进而通过实施有效定价获得更多收益，这对厂商的生存与发展具有重要意义。

现针对 SaaS 厂商定价中的各类价格歧视要素进行探讨。在梳理相关研究基础上，提出适于 SaaS 模式的价格歧视框架，对框架中各要素的实际采用情况进行分析。本研究将有助于 SaaS 厂商较全面地认识影响价格的各类不确定性因素，结合自身实际从价格歧视框架中选择适合的歧视要素，或者重新评估、完善已实施的定价方案等。

3.4.1 理论背景及相关研究

3.4.1.1 定价战略

定价常被视为一个持续改善过程，起始于一个清晰的盈利目标[119]。定价决策中通常涉及三个重要变量，即：成本、客户和竞争，并对应到三个基本视角，即：公司内部视角、客户视角和竞争视角。通过整合不同视角并运用合适的分析工具，有助于实现可持续的战略定价。基于视角差异通常把定价战略分为三类：一是成本导向，主张基于某种成本会计方法（如成本加成法、边际贡献定价法）确定产品或服务价格；二是客户价值导向（或：需求驱动），主张以客户对产品或服务的价值感知作为价格决策主要依据；三是竞争导向，主张以竞争者的价格水平及定价行为作为价格决策主要依据[83;119]。

三种导向中，成本导向一直以来都是最常见的，究其原因，除简单易用之外，一个重要事实是在大部分行业中，产品再生产的边际成本不可忽略；客户价值导向已得到学术界充分肯定并已在许多企业中得到成功运用；对于竞争导向，纳格（2011）认为从财务上讲不是一个好导向，理由是容易使卖方在定价时局限于竞争价格范围内，可能导致卖方忽视对客户价值差异的利用，并与设定的成本费用脱节，所带来的长期危害往往会超过任何短期获益[119]。

根据微观经济学常识，卖方要生产什么产品、生产多少很大程度上取决于生产成本，具体地，边际成本决定了价格底限；买方支付意愿决定价格上限，然而买方支付意愿与卖家成本没有直接关系。对任何企业而言，利润驱动被视为有效定价的一个基本原则。成本导向与客户价值导向体现卖方从不同的思考方向权衡盈利。

综上知，实现有效定价的重要前提是建立起对成本及客户价值的正确认知。

3.4.1.2　SaaS 模式的成本结构与客户价值

（1）SaaS 模式的成本结构。

从产品角度看，SaaS 软件属于信息产品范畴，具有显著区别于实体型产品（如：汽车）的成本结构[83;120–122]。信息产品成本结构的典型表现包括：①研发成本十分昂贵，且通常作为沉没成本；②生产（复制）成本几乎可以忽略，即生产边际成本可视为零，且没有产能限制；③分发可通过 Internet 完成，分销成本也很低[123]。SaaS 模式下，SaaS 厂商负责托管应用软件并供所有订阅客户共享使用，客户方不需安装，因而不存在再生产及分销成本。

从服务角度看[124;125]，SaaS 模式具有鲜明的 IT 服务特征，包括：客户对软件的访问具有无形性；访问过程就是对服务的使用及体验过程；客户需求及服务使用的异质性反映为对服务等级协议内容上的异质性，这要求厂商动态满足多变的计算能力需求，而计算能力不能储存。SaaS 厂商为向订阅客户兑现承诺的服务水平，需要维护计算基础设施、分析客户访问痕迹数据、维护及升级在线软件、提供人工支持服务等，这需要持续投入资金及人力。显然，SaaS 模式中服务运营成本不可忽视。

综上知，若单从产品方面考虑，一些适于实体型产品的定价方法（如：成本加成法、边际贡献法）将不再适用，此时应考虑客户价值导向的定价；若单从服务方面，由于可变成本非常显著，Lehmann 和 Buxmann（2009）甚至认为，成本导向定价在 SaaS 模式中是可行的[83]。

可见，考察 SaaS 成本结构时应兼顾产品和服务两个方面。

（2）SaaS 模式的客户价值。

客户价值指客户感知价值，其核心是感知利得（包括物理属性、服务属性以及可获得的技术支持等）与感知利失（包括购买价格、获取成本、安装、维护以及质量不尽如人意的风险等）之间的权衡[126]。按消费产品和服务的时间顺序，可把客户价值进一步分为获得价值、交易价值、使用价值和处置价值，其中：获得价值指客户从购买商品和服务中获取的收益；交易价值指客户从交易中获得的满足；使用价值指从产品和服务使用中获得的效用；处置价值指产品或服务终止时所获得的残留收益。

以传统的软件交付模式为参照，SaaS 模式的客户价值主要体现在 4 个方面：一是获得价值，包括由于不再需要购买及安装昂贵的 IT 基础设施、无需购买应用软件永久版权、可提前评估在线服务、降低实施服务开支等相关收益；二是交易价值，包括由于相对较短的实施周期、较高的实施成功率、较低的实施风险所带来的满足等；三是使用价值，包括由于自动获得应用升级、根据业务需要灵活调整订阅方案、较高的应用可靠性、较低的 IT 人力成本、可预见的订阅费支出、相对有限的应用功能和应用定制能力等有关的效用所得；四是处置价值，SaaS 厂商的锁定力量（如：技术及数据锁定）相对较小，客户的损失相对较小。

3.4.1.3　价格歧视

价格歧视，指卖方针对同一产品和（或）服务向买方以不同价格进行销售的行为，卖方既可针对不同买方制定不同价格，也可以针对同一买方的不同选择制定不同价格。通常把价格歧视分为三级：一级价格歧视，又称完全价格歧视，指卖方知道每一买方的支付意愿并以此作为售价，卖方获得买方全部剩余；二级价格歧视，又称产品线定价、版本化（Versioning），指卖方基于对买方价值属性的理解，对产品和（或）服务从数量、时间、功能等不同维度进行组合，形成一套价格菜单，供所有买方从中选取适合自己的价格方案，卖方基于买方的自选择行为实现市场区分；三级价格歧视，卖方依据某种可辨识的买方特征（如：学生用户/企业用户、国内用户/国外用户）区分市场，针对各区分市场设定价格，买方根据所处市场的设定价格进行购买，此时买方无自主选择权。

基于对大量 SaaS 厂商定价实践的长期观察，我们发现：一方面，众多 SaaS 厂商在网站上提供一组订阅方案并给出相应订阅价，供客户从中选取，部分厂商采用针对客户具体需求与客户进行协商，为客户制定个性化订阅方案及订阅价格，这表明厂商对各种价格歧视的灵活运用；另一方面，SaaS 厂商的定价方案中涉及到多种要素，如：使用要素（使用次数、使用时间、计算能力、交易量等）、软件功能模块组合情况、订阅客户区域或企业类型情况、付款情况（提前付款、批量付款）等，这表明厂商选择的价格歧视要素呈现多样化。

3.4.1.4　相关研究

Shapiro 和 Varian（1998）认为[120]：对于信息产品，版本化是一种既不会导致成本明显增加也不会冒犯客户的"精明"的价格歧视类型，归纳了版本化运用中的常见维度，包括：延迟，根据客户对信息需求的时效性差异进行歧视（如：参加电影首映式、去电影院、购买 DVD 反映这种差异）；便利性，通过限制客户访问信息的自由程度（如限制访问的时间段、地点）进行歧视；功能性，指通过功能组合或功能限制进行歧视；人机界面，从界面友好性、界面能力方面进行歧视；全面性，从信息覆盖范围、详尽程度方面进行歧视；根据客户所要求的技术支持等级的差异进行歧视等。

Linde（2009）重点阐述了信息产品二级价格歧视的三种基本类型[127]，包括：窗口化（Windowing），相当于文献 Shapiro 和 Varian（1998）中的延迟维度；版本化，对信息产品从不同角度进行划分（如：友好性、处理速度、功能多少、信息内容、信息可用性等），结合客户的需求差异进行歧视；捆绑，指打包两个或多个信息产品并视为一个整体进行销售，可视为一类特殊的价格歧视。

Lehmann 和 Buxmann（2009）梳理了传统软件定价中可能涉及的各类参数，归纳为六个维度[83]，分别是：

（1）价格形成，包括两项参数，即价格决定（包括成本、客户价值、竞争）和价格交互类型（包括单边确定、双方协商）；

（2）支付流结构，包括三种情形，即单次支付、定期支付、混合支付（如单次支付用于购买软件永久许可，按年定期支付以购买支持服务）；

（3）评估依据，包括部件数、用量相关部件、用量无关部件，其中部件指定价中考虑的构件（如功能模块、存储器），用量相关部件指定价中需考虑实际使用量的构件，用量无关部件指定价中不考虑实际使用量的构件。表征用量相关的参数如执行交易数、访问时间等，表征用量无关的参数如用户数、CPU 个数等；

（4）价格歧视，包括一级、二级、三级价格歧视以及混合歧视（如：既考虑客户地区差异、又考虑使用量）；

（5）捆绑，包括四项参数，即捆绑形式（包括纯捆绑、混合捆绑和拆分）、捆绑对象（包括软件、维护和服务）、对象间整合情况（如互补品、替代品、无关品）、价格关系（含汇总、加价、折扣三种，分别对应于整包价格等于、大于、小于各部分价格之和的情形）；

（6）动态定价策略，包括渗透定价、免费定价及撇脂定价三种策略。

Iveroth 等（2013）提出的一个五维度的价格区分模型 SBIFT[128]，其中：

（1）范围维（scope），指示所提供产品和（或）服务的粒度等级，粒度小到属性，大至组合包；

（2）依据维（base），指示价格决策的主要依据，分为成本、竞争对手价格和客户价值；

（3）影响力维（influence），指示买卖方影响价格的能力，分为价格列表、价格协商、基于结果（通过使用产品或服务所产生的可观测的结果）、基于买方期望（pay-what-you-want）、拍卖、外生价格；

（4）方案维（formula），指示价格与用量之间的逻辑，分为五种方案，即按固定价格（不考虑用量）、按固定费用及单位费率（单位价格针对所有用量）、按用量包及单位费率（单位价格仅针对超出用量包的用量）、按单位费率且规定价格上限、按单位费率且不规定价格上限；

（5）时间权维（temporal rights），指示买方有权使用产品和（或）服务的时间长度，包括永久、租赁、订阅、按次（pay per use）。

Laatikainen 等（2013）[129] 的研究主要基于 Iveroth 等（2013）的 SBIFT 模型[128]，同时借鉴了 Lehmann 和 Buxmann（2009）[83]关于软件定价的六维度参数框架，通过把价格歧视和动态定价策略维度引入到 SBIFT 模型从而得到一个七维度模型，在此基础上结合云服务特点对模型进行了局部修订。

基于文献梳理，得出如下发现：

（1）尚未发现专门针对 SaaS 模式价格歧视框架的研究文献。

（2）针对信息产品（包括传统软件）价格歧视的研究中普遍缺失对服务支持的关注，忽视可变成本因素的影响。然而，SaaS 模式非常强调服务运营，价格歧视时要兼顾客户价值及成本。

（3）在价格歧视维度及歧视要素的设置上，现有成果尚存在不一致的观点，当借鉴到 SaaS 模式时应结合 SaaS 模式特性做必要修订或重新诠释，如：关于捆绑，有的视为维度，有的视为要素项。由于捆绑一般指对多个不同产品打包并视为一个整体进行销售，而 SaaS 模式中所有订阅客户共享使用同一应用软件，故需要重新诠释。另外，SaaS 模式下无论对于应用软件还是支持服务都不具有排他性使用特征，故我们认为若引入拍卖到 SaaS 模式需要进行仔细论证。

3.4.2 SaaS 价格歧视要素框架

3.4.2.1 框架构成

基于对理论背景及相关研究的梳理，进一步结合对 SaaS 厂商定价实践的长期观察，提出一个适于 SaaS 模式的价格歧视框架，见表 3.9。该框架由三个层次构成，按抽象程度由高到低依次为：导向层、类别层及基本要素层，对各层次说明如下：

（1）导向层。

该层中设置的两个导向（即：价值导向和成本导向）反映了 SaaS 厂商在定价中要兼顾成本及客户价值这一客观要求。鉴于竞争导向主要以竞争者价格水平及定价行为作为决策依据，对 SaaS 厂商财务成长会产生长期的负面影响，而我们框架的一个重要目的是服务于 SaaS 厂商探索有效价格歧视以实现更好获益，故本框架中排除竞争导向。

（2）类别层。

该层包括 4 类价格歧视，即：基于付款的、基于产品的、基于使用的及基于服务的价格歧视。其中，基于使用的价格歧视又细分为两个子类别。对各类别解释如下：

基于付款的价格歧视 (C1)：客户为持续使用所订阅的应用软件，必须按协议要求定期向 SaaS 厂商付费。因此，厂商在制订价格方案时可基于付款方面的不同情形实施价格歧视。

基于产品的价格歧视 (C2)：尽管 SaaS 应用由所有订阅客户共享使用，SaaS 厂商仍然可针对客户对于软件产品需求的差异实施价格歧视。另外，不同行业或地理区域的客户对软件产品的价值认知及需求存在差异（如：学生用户使用优化软件时针对问题的规模通常较小，大陆用户使用拼写检查工具时多针对简体中文）。软件作为数字产品可灵活重组，SaaS 厂商可利用产品捆绑或访问机制实施价格歧视。

基于使用的价格歧视：SaaS 厂商可借助平台工具对订阅客户使用软件的情况进行检测，根据使用情况实施价格歧视。按照是否关注订阅客户的应用使用频度（如：一段时间内执行某功能点的次数）和强度（如：一次执行所需的计算能力或存储空间情况），这里区分考虑用量与不考虑用量两种子类别。基于使用且考虑用量 (C3)，指测量订阅客户使用应用的频度和强度，客户使用应用的频度越高，使用过程中对计算资源或计算能力的需求越高，客户从使用应用中获得的预期价值越大。基于使用且不考虑用量 (C4)，指在测量订阅客户使

表 3.9　面向 SaaS 模式的价格歧视框架

层次 1-导向	层次 2-类别	层次 3-基本要素
价值导向 （PV）	基于付款的 价格歧视 (C1)	付款频率 (E1)：不同客户在付款频率（如按月付、半年付、年付等）方面的偏好差异，影响客户的价值认知。 付款规模 (E2)：不同客户偏好的批量付款要求（如：针对多付款周期进行一次性支付）差异，影响客户的价值认知。
	基于产品的 价格歧视 (C1)	功能组合 (E3)：厂商提供丰富、灵活的功能模块或功能点并允许客户按需选择，客户选择情况反映客户对 SaaS 应用的价值认知。 行业或区域 (E4)：客户所处行业或地理区域差异，影响客户对产品的价值认知。 产品组合 (E5)：厂商针对不同软件提供捆绑，客户选择情况反映客户的价值认知。
	基于使用且 考虑用量的 价格歧视 (C3)	交易量 (E6)：客户使用在线应用完成的业务量（如：订单数)，反映客户价值。 使用时间 (E7)：客户使用在线应用的时间，反映客户价值。 计算能力 (E8)：客户使用的计算能力差异，反映客户价值（如：在运输规划应用中对车辆数、停靠站点数的差异反映客户获得的价值差异。） 存储与传输 (E9)：客户对存储空间或带宽的需求差异，反映客户价值差异。
成本导向 (PC)	基于使用且 不考虑用量 的价格歧视 (C4)	用户数 (E10)：客户在角色类型（如管理员、一般操作人员）、用户类型（如实名用户、并发用户）及相应的数量差异，影响 SaaS 厂商投入。 终端分布 (E11)：客户对终端（如：视频监控终端）分布及数量差异，影响厂商投入。
	基于服务的 价格歧视 (C5)	服务台支持 (E12)：客户对服务支持（如：电话支持、Email 支持、现场支持）的要求差异，影响厂商投入。 备份与安全 (E13)：客户在数据备份和数据安全相关的需求差异，影响厂商投入。 实施及培训 (E14)：客户对实施及培训服务的需求差异，影响厂商投入。 配置与集成 (E15)：客户对个性化配置和/或系统集成的需求差异，影响厂商投入。

用软件情况时，针对不方便测量使用频度或强度情形，则对客户在订阅期内的使用时间及资源需求尽可能满足。当前 SaaS 定价实践中符合 C4 的情形，如：按用户数情况确定订阅价格，在订阅期内允许任意使用在线软件的所有功能。该情形将刺激订阅客户过渡占用资源，SaaS 厂商为保证服务质量将加大运营投入，这增加了厂商费用。

基于服务的价格歧视 (C5)：不同订阅客户对支持服务的需求常常呈现差异化，要求 SaaS 厂商提供差异化服务支持。SaaS 厂商可据此实施基于服务的价格歧视。

（3）基本要素层。

该层由一组无需进一步细分的价格歧视基本要素组成，可供 SaaS 厂商制定价格方案时直接选用。

3.4.2.2　层次间对应关系

对应关系判定本质上是一个分类问题。这里，定价要素与类别之间的对应关系较清晰，而类别与导向间对应关系不很明显。从厂商角度看，类别 C1–C3 能较好反映客户方价值判断，而且，通过充分发挥技术优势（如基于平台的管控、基于多租户的 IT 资源共享等）利用规模经济特性，可使得 C1–C3 中单要素变化不对与 IT 基础设施相关的可变成本产生明显影响。对于 C4，由于不考虑用量，理论上将吸引对有重度使用需求的客户，这类订阅客户会过渡占用厂商的计算与人力支持资源；对于 C5，主要体现 SaaS 模式中人力支持部分，虽然也是客户价值的实现保障，但从厂商角度，C5 中各要素对厂商投入成本（特别是人力成本）的影响非常明显，且难以实现规模经济。基于如上理由，这里把 C1–C3 归到价值导向，C4–C5 归到成本导向。

3.4.3　SaaS 价格歧视要素应用情况

3.4.3.1　数据采集及描述统计

为了解所给框架中各类价格歧视要素在行业中的应用情况，利用搜索引擎收集相关数据，最终选择著名咨询公司 THINKstrategies 提供 SaaS 厂商列表作为采集价格方案数据的起点。鉴于该公司的行业影响力，可认为其提供的 SaaS 厂商列表是可信的并有较好代表性。数据采集工作截止到 2014 年 10 月 31 日，通过初选厂商记录，去除 15 条重复记录、37 条无效网址的记录，进而逐记录访问 SaaS 厂商的网站以剔除无明确价格方案、缺少价格歧视要素信息及免费提供在线应用情形的厂商，最终得 353 条厂商记录。对样本数据[①]进行描述统计，结果见表 3.10 – 表 3.13。

表 3.10　SaaS 厂商经营年限概况

经营年限（年）	厂商占比（%）	经营年限（年）	厂商占比（%）
<5	20.11	15-19	8.78
5-9	42.49	≥20	3.40
10-14	24.36	不详	0.85

表 3.10 表明：绝大多数厂商的经营年限在 15 年以内，且 9 年以内的厂商约占 62.6%，表明 SaaS 厂商群体主要为新兴厂商，由传统厂商转型而来的在数量上不占优。表3.11 表明：SaaS 厂商主要集中在欧美，美国尤为突出，来自美国、英国、加拿大、澳大利亚、印度的

[①] 样本数据包含国家 26 个，统计中已排除 4 家无经营年限数据的 SaaS 厂商。包含应用类型 45 个，平均每厂商覆盖 2.99 个应用类型；一个 SaaS 应用实例可能归属到多个应用类型，如：针对某 CRM 应用，根据其功能设置情况可能会同时归到营销、销售自动化、商业智能、呼叫中心、现场服务等多个类型，故这里厂商比例合计大于 100%。包含企业类型 32 个，厂商关注比例 = 该企业类型被厂商关注的总次数除以厂商总数 ×100%。一个目标企业类型可被多家厂商关注，一家厂商也可关注多个企业类型，故关注比例的合计大于 100%。

表 3.11　厂商国别概况

国别	数量	比例 (%)	国别	数量	比例 (%)
USA	221	63.32	Israel	4	1.15
Canada	24	6.88	Denmark	3	0.86
UK	24	6.88	Greece	3	0.86
Australia	18	5.15	Finland	3	0.86
India	10	2.87	Singapore	2	0.57
New Zealand	7	2.01	Uruguay	2	0.58
Ireland	6	1.72	Italy	2	0.57
Netherlands	5	1.43	France	2	0.57
Sweden	4	1.14	Others	9	2.58

表 3.12　应用类型概况

应用类型	厂商比例 (%)	应用类型	厂商比例 (%)
客户关系管理（CRM）	26.35	Web 开发	7.08
电子化协同	25.50	合规及风险管理	6.80
项目管理	18.70	企业资源计划	5.95
营销	15.86	消息通知	5.67
会计／金融	14.73	Web 分析	5.10
文档管理	14.73	资产管理	4.25
业务过程管理	13.88	呼叫中心	3.97
服务支持管理	13.32	工资单	3.68
效率应用	10.76	费用管理	3.68
内容管理	9.92	投资管理	3.40
商业智能（BI）	8.78	现场服务	3.40
IT 管理／应用管理	8.50	调查方案	3.40
知识管理（KM）	8.22	专业服务自动化	3.40
销售自动化	7.93	供应链管理	3.40
电子交易	7.93	产品生命周期管理	3.12
人力资源管理	7.37	其他	20.68

表 3.13 服务的目标企业类型概况

目标企业类型	厂商关注比例 (%)	目标企业类型	厂商关注比例 (%)
中小企业	47.88	教育	9.07
专业服务	22.38	非营利组织	7.65
软件	20.96	通讯服务	7.08
银行/金融	16.71	房地产	6.52
保健	13.31	零售	6.52
政府	11.05	批发/分销	5.38
娱乐/媒体	10.76	建筑	5.10
法律	10.20	保险	5.1
制造	9.92	其他	38.24

厂商约占总数的 85%。结合经营年限数据，认为美国厂商中一些由传统厂商转型而来，印度则主要为新兴厂商。表 3.12 表明，SaaS 模式适用的应用类型已非常广泛，其中对户关系管理、电子化协同、项目管理、会计、文档管理、内容管理、商业智能、知识管理、电子交易、人力资源管理的关注较多，这类应用本身往往不复杂，客观上要求灵活、可随时随地访问。表3.13 表明，SaaS 模式服务的目标企业类型较广泛。表 3.12 中厂商应用类型覆盖平均数约为 3 个，这表明厂商试图通过拓展应用类型范围来尽可能吸引更多订阅客户来获得规模收益。

对厂商价格方案中考虑的价格歧视基本要素进行标记，取值约定见表 3.14。

表 3.14 价格歧视要素取值约定

价格歧视基本要素	取值规则
付款频率 (E1)	若价格方案中考虑付款频率差异，取 1，否则取 0
付款规模 (E2)	若价格方案中考虑付款规模差异，取 1，否则取 0
功能组合 (E3)	若价格方案中考虑功能模块配置差异，取 1，否则取 0
行业或区域 (E4)	若价格方案中考虑客户所处行业或区域差异，取 1，否则取 0
产品组合 (E5)	若价格方案中考虑应用功能捆绑或捆绑差异，取 1，否则取 0
交易量 (E6)	若价格方案中考虑客户的交易量差异，取 1，否则取 0
使用时间 (E7)	若价格方案中考虑客户使用软件的时间差异，取 1，否则取 0
计算能力 (E8)	若价格方案中考虑对客户业务绩效贡献差异，取 1，否则取 0
存储与传输 (E9)	若价格方案中考虑客户对存储空间或网络带宽需求，取 1，否则取 0
用户数 (E10)	若价格方案中考虑角色需求或用户数量差异，取 1，否则取 0
终端分布 (E11)	若价格方案中考虑客户终端的地理分布差异，取 1，否则取 0
服务台支持 (E12)	若价格方案中考虑服务台等级水平差异，取 1，否则取 0
备份与安全 (E13)	若价格方案中考虑数据备份或安全服务等级差异，取 1，否则取 0
实施及培训 (E14)	若价格方案中考虑客户端安装/培训差异，取 1，否则取 0
配置与集成 (E15)	若价格方案中考虑对应用配置及集成服务差异，取 1，否则取 0

3.4.3.2　数据处理方法

所采集的数据中，蕴含了 SaaS 厂商采用的价格歧视要素信息，挖掘这些信息有助于理解厂商细分市场的努力。针对"物以类聚"问题的聚类分析法，可实现将一批样本（或变量）数据根据其诸多特征，按照在性质上的亲疏程度在没有先验知识的情况下进行自动分类，这与本书基于价格歧视要素数据、观察 SaaS 厂商细分市场的努力这一需要是相符的，而且聚类分析方法十分经典，简单易用，故采用该方法对数据做进一步处理。

利用统计软件 SPSS 20 对数据聚类。鉴于目前在聚类组数确定问题上仍存在一定主观性特点，我们在聚类时先执行一次系统聚类，根据碎石图确定聚类组数，进而再执行一次系统聚类得到相应于指定组数的聚类方案。

聚类在三个层次进行。在层次 1，聚类针对 2 个聚类变量：一是价值变量，其值为 PV 相关的价格歧视基本要素值的和，二是成本变量，其值为 PC 相关的价格歧视基本要素值的和，选取聚类类型为个案型，聚类方法为 Ward 法，相似性测度为平方欧式距离。在层次 2，聚类针对 5 个聚类变量，分别对应 $C1 - C5$，变量取值为与对应类别的价格歧视基本要素值的和，聚类类型、聚类方法、相似性测度的选取方法与层次 1 相同。在层次 3，进行 5 次聚类，分别针对与 $C1 - C5$ 相关的价格歧视基本要素组，每次聚类时选取相应类别的价格歧视基本要素为聚类变量，聚类类型为个案性，鉴于该层要素的取值只有两种情形，选取度量标准为二分类、简单匹配法。针对层次 1 和层次 2，对聚类从多角度进行分析，以获得对各类价格歧视要素使用状况的全面认识。

为便于分析，定义两类指标 CI 和 CII，前者用于评估针对聚类组内特定要素的关注程度，后者用于评估聚类组内一对要素的不同取值组合的关注程度。描述如下：

用 $X = (x_{i,j})_{N \times M} = (x_1, x_2, \ldots, x_n)'$ 表示样本数据集，x_{ij} 为厂商 i 在价格歧视基本要素 e_j 上的观测，$x_i = (x_{i1}, x_{i2}, \ldots x_{iM})$ 为厂商 i 在要素 $e_1, e_2, \ldots, e_M$ 上的观测，M 为价格歧视基本要素总数，N 为样本大小，$G(l) = X = \bigcup_{k=1}^{k'} g_l^k$ 为 l 层聚类分组集，k' 为聚类组数，g_l^k 为第 k 组的观测，$Set(l, ele)$ 表示 l 层与 ele 要素相关的价格歧视基本要素全集，$b(l, k, ele)$ 为一判别函数，当 $e_j \in Set(l, ele) \wedge x_i \in g_l^k$ 时，取值为 1，其余为 0。则针对层次 l、聚类组 k 上要素 ele 的关注程度可表示为：

$$CI(l, k, ele) = \frac{\sum_{i=1}^{N} \sum_{j=1}^{M} b(l, k, ele) x_{ij}}{card(Set(l, ele)) card(g_l^k)} \tag{3.1}$$

其中，$card(*)$ 表示集合 $(*)$ 的基数。

用 $g_l^k = g_l^k(e_1', e_2', \ldots) = g_l^k Set(l, ele_1, \ldots, Set(l, ele_{l'}))$ 表示对于层次 $l, l \in [1, 2]$ 的聚类变量组的观测，$e_i' = Set(l, ele_i)$ 为对应于聚类变量组 i 的价格歧视要素集。$l = 1$ 时，$ele_1 = PV, ele_2 = PC; l = 2$ 时，$ele_1 = C1$。不失一般性，对于要素 $ele_1, ele_2, ele_1 \neq ele_2$，记 $n_1 = card(Set(l, ele_1)), n_2 = card(Set(l, ele_2))$，则针对层次 l、聚类组 k 的要素对 ele_1, ele_2 取值组合的关注程度表示为：

$$CII(l, k, ele_1, ele_2) = \frac{\sum_{j'=1}^{n_2} \sum_{i'=1}^{n_1} \sum_{i=1}^{N} p(i, i', j')}{card(g_l^k)} \qquad (3.2)$$

其中，对于 $\forall i \in [1..N]$，当 $\sum_{j=1}^{M} b(l, k, ele_1) x_{ij} = i'$ 且 $\sum_{j=1}^{M} b(l, k, ele_2) x_{ij} = j'$ 时，取 1，否则 0。

3.4.3.3 结果分析

（1）导向层。

聚类后得 3 个分组，分别用 G11、G12、G13 表示，各组所占比例及价格要素关注情况见图 3.6。

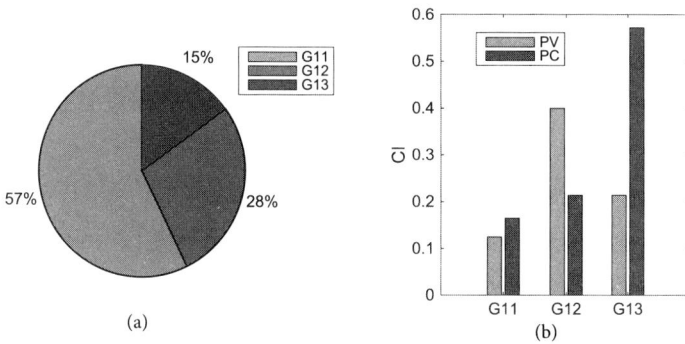

图 3.6 不同组所占比例及价格要素的关注程度

图 3.6 (a) 表明：各分组占样本比例由高到低依次为 G11（57%）、G12（28%）及 G13（15%）；图 3.6 (b) 表明：G11 组厂商对两大类价格歧视要素的选择没有明显差异；相对讲，G12 组厂商使用更多的价值类要素，G13 组中厂商则使用更多的成本类要素。

针对各分组计算 CII，结果见图 3.7，其中 PC、PV 分别表示定价方案中引用的基本要素数。

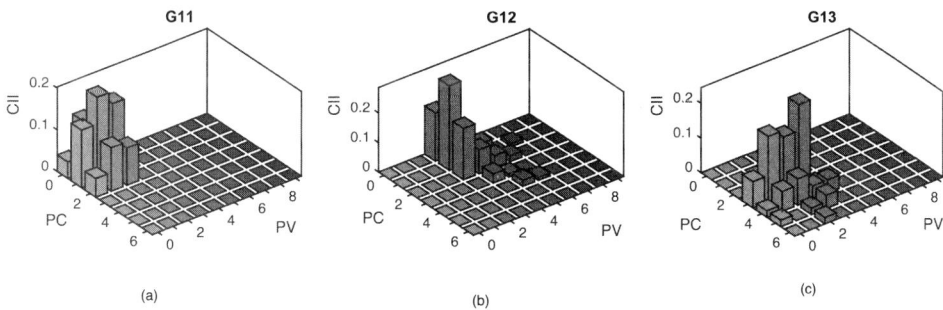

图 3.7 对价值导向及成本导向要素的关注情况

图 3.7 (a) 表明，G11 组中厂商只使用较少数量的基本要素，统计显示该组中使用价格歧视基本要素不超过 2 项的厂商占本组厂商总数的 63%，不超过 3 项时这一比例高达 91%。一般地，使用较少要素意味着价格方案较简单，我们认为该组厂商采用成本与价值并重的简单定价策略。由图3.7 (b)，G12 组中厂商使用的价值类基本要素多于成本导向类基本要素数，统计显示该组中 90% 厂商同时使用不多于 2 项成本类基本要素及不少于 3 项价值类基本要素，由于相对更多地使用了价值类要素，我们认为该组厂商更重视价值导向的定价策略。由图 3.7 (c)，G13 组中厂商使用的成本类基本要素多于价值类基本要素，统计显示该组中 94% 的厂商同时使用不多于 3 项的价值类基本要素及不少于 3 项的成本类基本要素，由于相对更多地使用成本类基本要素，可认为该组厂商更重视成本导向的定价策略。

进一步统计显示：美国、加拿大、英国、澳大利亚和印度的厂商在各组中占主要比例（分别为 83.5%、85.4% 和 90.6%）；各组厂商感兴趣的应用类型及企业类型都比较广泛（见图 3.8、图 3.9），最受关注的应用类型包括客户关系管理、电子化协同、项目管理、文档管理等，最受关注的企业类型包括中小企业、专业服务、银行/金融、娱乐/媒体等。

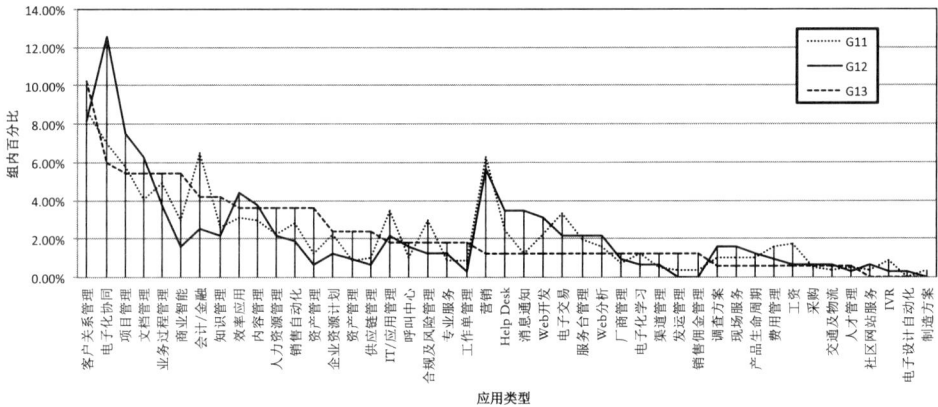

图 3.8   厂商关注的应用类型

（2）类别层。

聚类后得 3 个分组，分别用 G21、G22、G23 表示，各组所占比例及价格歧视要素关注情况见图3.10。

图3.10 (a) 表明，各分组所占样本比例由高到低依次为 47%、33% 和 20%；图3.10 (b) 表明，G11 组厂商对 C1、C4 相关基本要素关注程度明显高于其他类别情形，G12 组厂商对 C3 相关基本要素关注程度最高，其次是 C2 和 C4 相关基本要素，且对 C2、C4 相关基本要素的关注程度几乎相同；G23 组厂商对 C5、C1 相关的基本要素关注程度较高，对其他类别基本要素的关注程度差别不明显。

进一步针对各组中 C1–C5 的两两组合，分别计算关注指标 CII，结果显示：G21 组厂商中，仅基于一种付款频率实施价格歧视的约占 55%，基于多种可选付款频率及付款规模实施价格歧视的约占 41%；G22 组内厂商中，基于 C3 中 1 到 2 种基本要素实施价格歧视

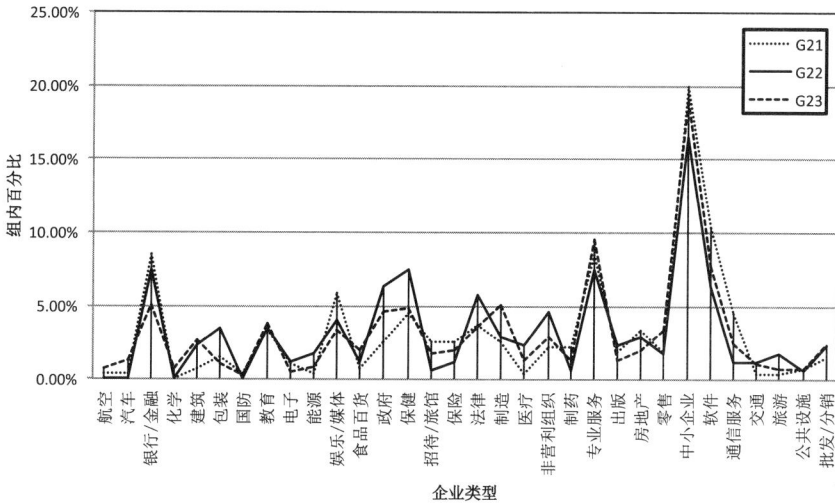

图 3.9　厂商关注的企业类型

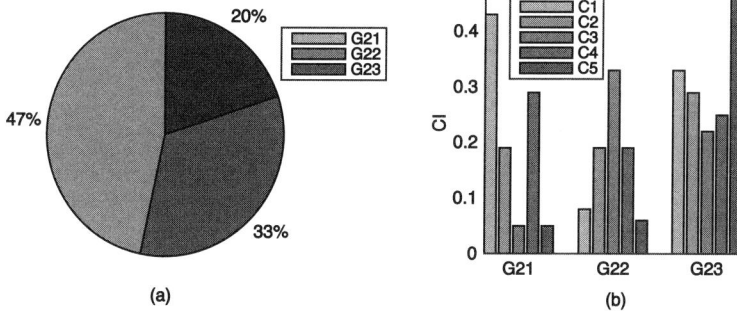

图 3.10　不同分组所占样本容量比例及定价要素的关注程度

的约占 97%；G23 组厂商中，基于 C5 中的 2 至 3 种基本要素实施价格歧视的约占 91%。

　　针对各组进一步统计显示：美国、加拿大、英国、澳大利亚和印度的厂商在各组中占主要比例（分别为 84.8%、91.4% 和 84.2%）；各组厂商感兴趣的应用类型及企业类型都比较广泛，最受厂商关注的应用类型包括客户关系管理、电子化协同、项目管理、文档管理等，最受厂商关注的企业类型主要为中小企业、专业服务、银行/金融、娱乐/媒体等。可见，本层就厂商国别、应用类型及目标企业类型的统计结果与层次 1 无明显差异。

　　（3）基本要素层。

　　针对 C1 相关的基本要素进行聚类分析，得 2 个分组，各组分别占样本容量的 70% 和 30%。组 1 中的厂商较少关注 E1 和 E2（CI 皆小于 0.4），组 2 中的厂商同时关注 E1 和 E2（CI 均为 1），表明基于付款的价格歧视已被少数厂商（30%）采纳，这部分厂商在价格方案中兼顾客户在付款频率意愿及批量付款方面的偏好差异。

　　针对 C2 相关的基本要素进行聚类分析，得 3 个分组，各组分别占样本容量的 56%、38%

和 6%。组 1 的厂商较少关注 E3–E5（CI 皆小于 0.1），组 2 的厂商普遍关注 E3（$CI = 1$）但较少关注 E4（$CI = 0.12$）及 E5（$CI = 0.1$），组 3 的厂商普遍关注 E5（$CI = 1$）但较少关注 E3（$CI = 0$）和 E4（$CI = 0.1$），表明基于软件功能组合的价格歧视已被少数厂商（38%）采纳且给予足够重视。

针对 C3 相关的基本要素进行聚类分析，得 2 个分组，各组分别占样本容量的 75% 和 25%。组 1 的厂商较多关注 E9（$CI = 0.38$）但较少关注 E6、E8（CI 皆不超过 0.14），组 2 的厂商较关注 E6 和 E8（CI 分别为 0.43 和 0.68）但很少关注 E7 和 E9（CI 不超过 0.04）。表明多数厂商相对来说更多基于客户对存储与传输的需求差异实施价格歧视，少数厂商相对来说更多基于客户对交易量及计算能力的需求差异实施价格歧视。

针对 C4 相关基本要素进行聚类分析，得 2 个分组，各组分别占样本容量的 61% 和 38%。组 1 的厂商普遍关注 E10（$CI = 1$），组 2 的厂商很少使用 E10（$CI = 0.07$）。表明基于客户在用户数方面的需求差异实施价格歧视，该做法已得到多数厂商积极实践。

针对 C5 相关的基本要素进行聚类分析，得 3 个分组，各组分别占样本容量的 58%、30% 和 12%。组 1 的厂商较少关注 E12、E15（CI 均小于 0.12），组 2 的厂商普遍关注 E12（$CI = 1$），其次是 E14（$CI = 0.26$），很少关注 E13（CI 小于 0.07）。组 3 的厂商普遍关注 E14 和 E15（$CI = 0.97$），其次是 E12（$CI = 0.42$）和 E13（$CI = 0.27$）。表明较多厂商（58%）不针对客户的服务需求差异实施价格歧视，即服务支持免费；少数厂商（30%）针对客户在服务台支持方面的需求差异实施价格歧视，一部分厂商（12%）针对客户在实施及培训、配置及集成方面的需求差异实施价格歧视。

对 C1–C5 中各分组的进一步统计表明，各组厂商所关注的应用类型及服务的目标企业类型都比较广泛，且主要关注客户关系管理、电子化协同、文档管理等应用类型，目标企业类型主要为中小企业、专业服务、银行/金融等。

3.4.3.4　进一步讨论

（1）定价导向选择。SaaS 厂商在定价实践中普遍兼顾价值与成本双重导向 [依据图 3.6(b)]。SaaS 厂商重视价值导向，体现了以客户为中心的定价理念，这是因为客户关心从使用软件服务中获得的效用；兼顾成本导向，是由于 SaaS 模式与传统的软件产品模式在成本特性方面存在差异，使得软件服务运营成本对 SaaS 厂商而言是不可忽视的，这与文献（Lehmann and Buxmann 2009）[83] 相关观点是相符的。在定价导向选择上，多数厂商对两类导向价格歧视要素的关注程度无明显差别，部分厂商更关注价值导向类价格歧视要素，很少的厂商更关注成本导向类价格歧视要素，这表明以成本导向为主的定价在市场中处于非主流地位。究其原因，若厂商过分关注成本导向，将会导致对客户价值关注不足，难以吸引并保留客户，将很快被市场淘汰。

（2）价格歧视类别选择。SaaS 厂商在价格方案中综合多类价格歧视要素 [依据图 3.6(b)]，表明厂商通过价格手段尽量覆盖宽泛的客户需求，从而达到扩大订阅客户规模的目的。其原因主要有两方面：一是 SaaS 应用作为软件产品具有网络外部特性，客户规模扩大将增加

SaaS 应用自身价值，进而促进客户规模增长，该正反馈将加速厂商投资回报；二是运营成本方面，通过技术创新（如：多租户架构），随订阅客户规模增加，每订阅客户的运营支持成本将大大降低。这两方面综合作用，促使 SaaS 厂商在制定价格方案时积极创新，使得价格歧视类别选择呈现多样化、综合化特点。

（3）价格歧视基本要素选择。分两类情形：一是 SaaS 厂商在定价方案中普遍采用较少的价格歧视基本要素（根据图 3.6、图 3.7），可认为现阶段厂商的主流做法是采用简单定价方案，其好处是方便与客户进行价值沟通，不足之处是难以实现市场细分；二是少数厂商采用较多价格歧视基本要素（根据图3.6、图 3.7），可认为这部分厂商的定价方案较复杂，但由于提供了较多可供客户选择的基本要素，相对情形一能更好满足市场细分需要，不足之处在于将增加与客户沟通的成本，尤其是当使用较多 C3 类的基本要素时还将增加关于应用使用的计量成本，我们认为这是导致目前只有少数厂商采用较复杂价格方案的重要原因。

（4）价格歧视要素选择与 SaaS 厂商细分。基于图3.10，G21 组厂商在价格方案中兼顾对 C1 及 C4 相关的基本要素，不限制软件使用量且在付款方面提供灵活选项，对重度使用软件功能及付款条件敏感的客户有较强吸引力，可认为这类 SaaS 厂商重视及时收回前期投资。由于对软件使用量关注不足，当订阅客户达到一定规模后厂商可能面临运营成本急剧增加的风险。G22 组厂商在价格方案中重视 C3 相关的基本要素，强调客户从使用软件中获得的价值，由于客户价值所得与客户对软件功能的使用量、使用深度等多因素相关，这类 SaaS 厂商应该对客户价值有较深刻理解，技术上可灵活检测、计量订阅客户的软件使用情况，能适当运用其他价格歧视基本要素通过提供灵活价格选项来进一步吸引客户。由于重视软件使用量，该类厂商在早期阶段将面临订阅客户增长缓慢、运营成本高等风险。G23 组厂商在价格方案中突出 C1、C5 并兼顾其他类别的基本要素，可认为这类厂商重视前期投资及后续运营成本，由于综合使用多类别基本要素，表明价格方案较复杂，适用于服务支持个性化需求明显的细分市场。

（5）厂商行业定位及应用类型。SaaS 厂商关注的应用类型及服务的目标企业类型十分广泛，但分布不均匀且同质化现象明显。所关注的企业类型以中小企业最为普遍、应用类型以客户关系管理最为突出。我们认为这有其客观性，突出表现在两方面：一是中小企业数量巨大，在信息化建设常常面临专业人才缺乏、资金不足等困难，而 SaaS 模式显著降低订阅企业对 IT 专业人员的需求，订阅企业无须在先期投入巨额资金；二是客户关系管理这类应用可较好满足 SaaS 厂商与订阅企业的内在需求，从订阅企业角度，利用信息技术提升客户关系管理水平，对于促进客户价值贡献及实现自身可持续发展具有重要意义，从 SaaS 厂商角度，客户关系管理应用解决方案具有较高通用性，可较好满足不同行业订阅客户的管理需求，也有利于日常运营及应用升级。

第 4 章 SaaS 风险评估

4.1 引　言

近年来，随着互联网与各行业融合的逐步深入，信息安全问题越来越受到人们关注，已成为影响信息技术发展的重要因素[27-30]。信息安全问题涉及政策法规、管理、标准、技术等方方面面，单凭技术是无法彻底解决的，应站在系统工程的角度统筹考虑。在这项系统工程中，风险评估占有重要地位，是信息安全的基础和前提[31]。

SaaS 风险评估可归属到信息安全评估范畴。鉴于目前国内外针对 SaaS 风险的研究成果还很少，本章把文献检索范围扩展到信息安全评估这一更大的主题，相关研究概况如下：

国外典型成果有：Gerber 等（2005）认为，处于信息时代的组织正以前所未有的方式互联在一起，组织为确保业务可持续性，应对信息资源给予足够关注并采取有效保护措施，仅针对与 IT 相关的风险评估以难以满足现实需要，而应采用更全面的、开放的分析视角[130]；Bernard（2007）提出应从信息生命周期的视角来全面评估安全风险，应涵盖各个阶段（从创建到销毁）、不同形式（甚至包括驻留在人员记忆中）的关键数据，显然这大大拓展了风险评估范围[131]；Sumner（2009）研究了信息安全中的威胁要素，并利用调查问卷对威胁发生可能性、安全事件影响及安全措施之间的关系进行揭示[132]；Karabacak 等（2005）给出一个信息安全风险分析方法 ISRAM，阐述了风险模型并开展案例研究[133]；Sun 等（2006）基于 Dempster-Shafer 理论构建评估模型对信息系统安全风险进行分析[134]；Solic 等（2015）基于 OWL 本体建立知识库并基于 Dumpster-Shafer 理论设计证据推理算法来评估信息系统安全等级[135]。

国内典型成果有：冯登国等（2004）介绍了评估体系模型、评估标准、评估方法、评估过程以及国内外典型测评体系，指出在评估模型、标准选择、要素提取、评估方法一直是国内外关注重点[31]；宋艳和陈冬华（2009）基于定量和定性视角对典型评估方法进行分类，比较了各评估方法的优点、缺点和使用范围[136]；罗佳和杨世平（2009)[137] 及 GB/T 20984-2007[32] 都指出量化风险包括量化安全事件发生的可能性以及产生的影响两个方面，即信息系统风险是这两个方面的函数；罗佳和杨世平（2009）还分别就这两方面建立评估指标体系，并应用多级模糊综合评判法对评估指标进行量化评估，运用信息熵计算各风险因素权重[137]；付钰等（2010）分别从资产影响、威胁频度和脆弱性严重程度三方面给出等级描述，构造各因素对应评判集的隶属度矩阵，在确定因素权重时也采用了熵权系数法[138]。

总的来看：第一，国外一些发达国家早在 20 世纪 30 年代起就已开展了信息系统风险评估工作，颁布了一系列安全标准和模型，在信息安全标准体系、技术体系、组织架构和业务体系方面都已比较成熟[31;55;56]；国内针对信息系统风险评估的研究起步较晚，虽然也出台了一些相关标准，但与西方发达国家研究相比在很多方面差距明显。第二，相关评估理论与方法已比较丰富，包括模糊数学、灰色理论、Dempster-Shafer、神经网络、贝叶斯网络、粗糙集、OWL 本体等，但仍存在一些缺憾，尤以两方面的问题最为突出[138]：一是评估结论不一致性，即运用不同方法评估同一组对象时，评估结论可能存在较大差异；二是理论研究与实际应用脱节，评估方法日趋复杂，难以推广应用，且非常缺乏有实用价值的风险评估支持系统软件。

借鉴现有的信息安全研究成果，本章针对 SaaS 模式中的评估主体，从风险管理角度，运用科学的方法和手段，系统地分析各类 SaaS 资产的价值、所面临的威胁及其存在的脆弱性，评估安全事件一旦发生可能造成的危害程度，提出有抵御威胁的防护对策和整改措施，将风险控制在可接受水平，最大限度保障待评估对象的信息安全提供科学依据。

本章内容安排如下：第二节对信息系统风险评估进行概述，明确风险评估要素及要素间关系（特别是资产、资产脆弱性、威胁、风险这几个核心要素间的关系），介绍了风险评估过程及评估方法；第三节在对 SaaS 资产进行分类的基础上探讨 SaaS 资产价值识别、脆弱性识别和威胁识别问题；第四节给出一种基于模糊集和熵权理论的 SaaS 风险评估方法，并通过给出风险评估算例表明本方法具有可行性。

4.2 风险评估概述

4.2.1 风险评估要素

风险评估涉及很多要素，风险评估的要素及其关系见图4.1，图中用方框表示基本要素，椭圆表示要素属性。对各要素的含义及相互间关系[32;56]简介如下：

（1）业务战略：组织为实现其发展目标而制定的一组规则或要求。

（2）资产：对组织具有价值的信息或资源，是保护的对象。在一般意义上，一切需要加以保护的东西都可以算作资产，如：信息资产、纸质文件、软件资产、物理资产、人员、公司形象和声誉、服务等[31]。业务战略的实现对资产具有依赖性，依赖程度越高，资产价值越大，所要求的风险越小。

（3）威胁：指对拥有或使用信息系统的组织及其资产构成潜在破坏的可能因素，可分为人为因素（如：黑客攻击、内部员工故意破坏）和环境因素（如：自然灾害），其中：人为因素可分为恶意和非恶意两种，环境因素可分为自然不可抗因素和其他物理因素。

（4）脆弱性：资产弱点的总称。资产的脆弱性是客观存在的，既有技术方面的原因，也有管理、制度及人员方面的原因。资产脆弱性可能暴露资产价值，但脆弱性本身并不对资

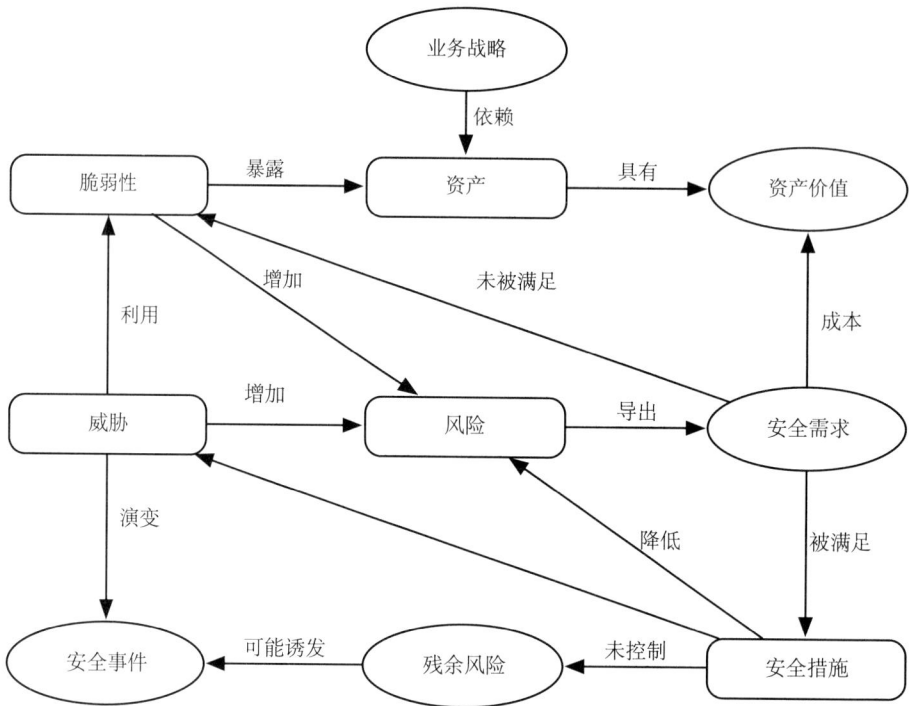

图 4.1　风险评估要素及其关系

产造成危害，脆弱性只有被威胁利用时，才可能对资产造成危害。

（5）风险：指威胁通过利用在组织资产及管理体系中的脆弱性，导致安全事件发生进而对组织资产价值产生影响。资产脆弱性越大，越容易被威胁利用；威胁因素越多、威胁力量越强，演变为安全事件后带来的潜在后果将越严重。安全事件发生越频繁、安全事件对组织资产的潜在影响越严重，意味着组织面临的风险问题越突出。

（6）安全需求：组织出于业务战略保障之需要，要在安全措施方面产生要求。安全需求是组织为应对风险问题而导出的需求，安全需求可通过安全措施得以满足。

（7）安全事件：组织资产的一种可识别状态（如：数据被黑客窃取）的发生。发生安全事件是威胁演变的结果。资产越脆弱、面临威胁越多，就越可能演变成为安全事件。安全事件发生的影响可通过对组织资产的价值影响、资产修复费用、对业务持续性的影响等方面来评估。

（8）安全措施：用于保护资产、抵御威胁、减少脆弱性、降低安全事件影响等而实施的规程、机制和实践。有效的安全措施降低了风险。

（9）残余风险：组织在采取一定的安全措施后，组织资产仍然可能存在的风险。可能原因如：措施不当或无效，或者有意不去控制（如：已经权衡了成本与效益）。残余风险在将来可能诱发新的安全事件。

4.2.2 风险评估过程

风险评估是依据国家有关政策法规及信息技术标准，对组织资产、脆弱性、威胁等评估要素进行科学评估的活动过程，这是一个动态过程[32]，见图4.2。下面对相关内容进行说明：

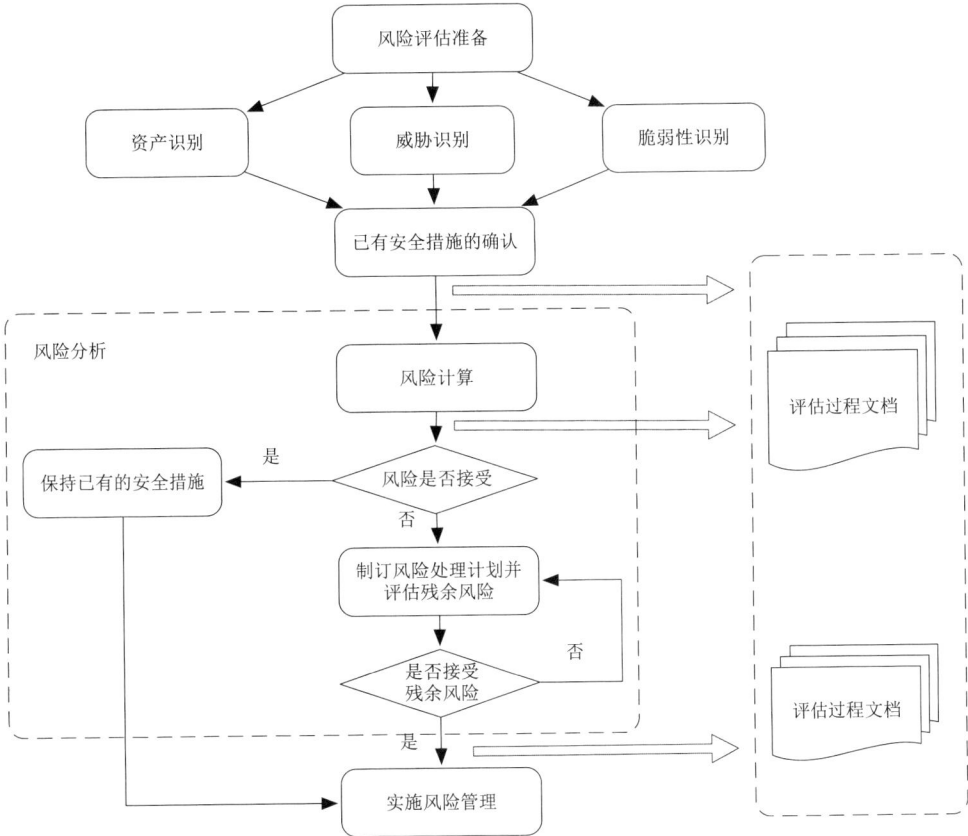

图4.2 风险评估过程

（1）评估准备。

评估准备是整个风险评估过程有效性的保证，工作内容主要包括：① 确定评估目标，主要依据有：组织业务发展在安全方面的需要、法律法规、组织自身条件、风险管理现状等。② 确定风险评估范围，选取范围可大（如：针对与信息处理相关的各类资产、管理机构）、可小（如：仅针对某个相对独立的信息系统、关键业务流程、与客户知识产权相关部门）。③ 组建评估团队，由管理层、相关业务骨干、信息技术人员组成评估小组，有时可聘请相关专家组成专家组。④ 系统调研，可采取调查问卷、现场访谈等多种灵活方式。⑤ 确定评估依据，选择风险计算方法。⑥ 制订评估方案，明确工作内容、形式、成果，制订时间进度计划。⑦ 获得最高管理者支持、明确相关人员的任务、就相关内容进行培训等。

（2）资产识别。

资产识别的工作内容包括：明确资产位置分布，对资产分类，对资产的安全属性赋值，确定资产价值及重要性等级。

（3）威胁识别。

威胁可由多种属性来刻画，如威胁种类、来源、能力、途径、可能性和潜在后果等。威胁的作用形式可以是对组织资产的直接或间接攻击，也可能是偶发的或蓄意事件。

（4）脆弱性识别。

脆弱性识别以资产为核心，针对每一项要保护的资产，识别可能被威胁利用的弱点，并对脆弱性严重程度进行评估。评估时可依据相关的国际或国家安全标准、行业规范、应用流程安全要求等。

脆弱性识别数据来自资产所有者、使用者、相关领域的专业人员等。脆弱性识别所采用的方法如：问卷调查、工具检测、人工核查、渗透性测试等。另外，由于不同组织所处的内外环境、发展战略、行业定位等存在差异，通常情况下，即便一些资产的弱点类型相同，其脆弱性严重程度也可能是不同的，评估时应考虑结合组织具体情境。

（5）已有安全措施确认。

安全措施可以分为预防性安全措施和保护性安全措施两种，其中：预防性安全措施可降低威胁利用脆弱性导致安全事件发生的可能性，保护性安全措施可减少因安全事件发生后对组织资产造成的影响。

该环节对已采取安全措施的有效性进行确认，即确认是否真正降低了资产脆弱性、抵御了威胁。有效的安全措施应继续保持，不适当的措施应核实并采取行动。

（6）风险分析。

主要包括如下工作：① 风险计算。在对安全事件发生的可能性、安全事件的损失进行评估基础上，选择合适的计算方法，计算风险值。②风险等级判定。为了对不同风险进行直观比较，依据风险值分布情况进行等级化处理。③ 制订风险处理计划。针对某些资产，如果风险值在可接受范围内，可保持已有措施。如果风险值高于可接受范围上限，应制订风险处理计划，明确弥补脆弱性的安全措施、预期效果、实施条件、进度安排、责任部门等。④ 评估残余风险等。对于不可接受风险，在实施适当措施后可进行再评估，以判断残余风险是否已降到可接受水平。评估残余风险时可从脆弱性评估开始，对照安全措施实施前后的脆弱性状况，重新计算风险值。

（7）实施风险管理。

实施风险管理过程，密切注意和分析新威胁并对控制措施进行必要修改。由于组织内外环境不断变化，绝对安全的措施是不存在的，风险管理过程是动态的、持续的。

（8）风险评估文档。

风险评估过程中产生的各类文档，主要有：① 风险评估方案，说明风险评估目标、范围、人员、评估方法、评估结果形式和实施进度等；②资产清单，说明资产名称、描述、类型、重要程度、责任人/部门等；③威胁列表，说明威胁名称、种类、来源、动机及出现的频率等；④ 脆弱性列表，说明具体脆弱性的名称、描述、类型及严重程度等；⑤ 已有安全措施确认表，说明已有安全措施名称、类型、功能描述及实施效果等；⑥ 评估报告，说明被评估对象、风险评估方法、资产、威胁、脆弱性的识别结果、风险分析、风险统计和结论等内容；⑦ 风险处理计划，描述评估结果中识别出的不可接受风险，以及相应的处理计划，包括控制目标、安全措施、责任、进度、资源、所选择措施的有效性等；⑧ 风险评估记录，按照风险评估程序及相关要求，提供相关记录，并作为相关问题（如争议）解决的依据。

4.2.3 风险评估方法

概括起来，可把风险评估方法分为三类：定量方法、定性方法、定性与定量相结合的综合方法[139]。

4.2.3.1 定性方法

定性方法依据评估者知识、经验、直觉、历史教训、政策走向、业界标准或惯例等非量化资料对风险状况做出判断。多数定性方法依据组织面临的威胁、脆弱点以及控制措施等元素来决定安全风险等级，凭借分析者经验和直觉进行分级。定性方法可以挖掘出一些蕴藏很深的思想，使评估结论更全面，通常不涉及复杂计算，但由于主观性很强，分析结果有时很难有统一解释，对评估者本身的要求也较高。

常见的定性方法如：专家意见法、危害和可操作性研究法、故障模式与影响分析法等。

（1）专家意见法。

又名德尔菲法，本质上是一种反馈匿名函询法，由美国 Rand 公司于 1964 年开发的，最早主要用于技术预测。该方法的大致流程是：在对所要预测的问题征得专家意见之后，对意见整理、归纳、统计，再匿名反馈给各专家再次征求意见，对意见进行再整理、归纳，重复该过程直至达成一致意见或主持人认为没有必要重复为止。该方法中，群体成员各自独立工作，通常通过邮件或电子互动媒介进行。该方法的主要缺点是耗时较长。

（2）危害和可操作性研究法（hazard and operability studies，HAZOP）。

该方法是一种系统潜在危害的结构化检查方法，通过专家组以头脑风暴会议方式进行，主要是确定系统所有可能偏离正常设计的异常运行问题，并分析这种偏离正常运行的原因、可能性、可能造成的后果以及后果的严重性等。该方法主要是为了标识危害，而不是解决风险问题。

（3）故障模式与影响分析 (failure mode and effect analysis，FMEA)。

FMEA 是一种能够分析和识别产品、服务或工艺过程中各种潜在的故障模式，并确定它们的优先等级，进而对其中的薄弱环节和关键项目采取改进措施的系统分析方法。该方法的基本原理是：根据现有的资料和客户需求，分析系统结构，鉴别系统的每一个潜在故障模式，分析引起故障的原因，建立一份完整的"故障模式分析表格"，然后利用一定统计方法，估算故障的发生情况与脆弱的严重度，进而计算风险优先度，根据优先度取值情况判断是否有必要进行改进或确定改进的轻重缓急程度，从而以较低的成本减少事后损失，提高系统的可靠性。

4.2.3.2　定量方法

定量方法运用数量指标、用直观数据来表述评估的结果，因而研究结果更科学、严密、深刻。但常常为了量化使本来较复杂的事物简单化、模糊化，有时量化后还可能被误解和曲解，数据准确性很难保证。常见定量方法如决策树法、马尔科夫分析法等。

（1）决策树法。

该方法是评定备选方案的一种基于数据分析的技术，具有方便简单、层次清楚、形象化等优点，常用于风险型决策。其工作思路是：通过严密的逻辑推导和逐级逼近的数据计算，从决策点开始，按照所分析问题的各种发展的可能性不断产生分枝，并确定每个分枝发生的可能性大小以及发生后导致的损益值多少，计算出各分枝的损益期望值，然后根据期望值中最大者(如为损失则为最小者)作为选择的依据。

（2）马尔科夫分析法（markov chain）。

该分析方法提供了事件驱动型系统可靠性、可用性和安全性的分析方法，包括 Markov 链和 Markov 过程两种基本方法。Markov 链是一个随机变量序列，将来的随机变量只取决于当前的随机变量，与当前随机变量之前的其他随机变量无关。Markov 过程的基本假设是每个状态系统的行为都不会被记忆。Markov 过程完全由其转移概率矩阵所确定。在 Markov 分析方法中，利用状态转移图这种形象、直观的方式描述系统所有离散状态和状态间可能的转移途径，状态间的转移频率仅仅取决于当前状态的概率和状态间的固定转移率。

该方法适于需考虑系统状态，且系统各组件之间有较强相互依赖的情形[139]。当分析大系统时，Markov 状态转移图很大且较复杂，比较难构造，此时可考虑与其他方法结合使用。

4.2.3.3　综合方法

评估信息系统风险过程中要考虑很多因素[136]，有些因素可以量化表示，有些则很难量化。若考虑采用定量方法，数据的可靠性有时很难保证；有时，为量化和方便模型求解常对模型和指标做抽象化及简化处理，在一定程度上降低了模型效力。若采用定性方法，由于该类方法具有很强主观性，而且对评估者本身要求通常很高。因此，针对复杂信息系统评估问题，常常将定性和定量方法结合使用，即定量和定性相综合的方法[140]。

常见的综合评估方法如：层次分析法、模型综合评估法等。

（1）层次分析法（analytic hierarchy process，AHP）。

该方法是由美国运筹学家 T.L.Saaty 于 20 世纪 70 年代中期提出，目前已广泛应用于尚无统一度量尺度的复杂问题的决策分析，该类问题解往往用纯参数数学模型方法难以解决。

该方法的核心是将决策者的经验判断给予量化，对系统进行分层次、拟定量、规范化处理。分析过程包括三个阶段：① 系统分解，建立层次结构模型，基于系统基本特征建立系统的评估指标体系，通常由三个基本层次构成：目标层、准则层和指标层。② 构造判断矩阵，指在上一层某一元素约束条件下，对同层次元素之间相对重要性进行比较，构成判断矩阵。中心问题是求解判断矩阵的最大特征根及其对应的特征向量，并通过判断矩阵及矩阵运算，确定对于上一层次某元素而言，本层次中与其相关元素的相对风险权值。③ 计算各层元素对系统目标的合成权重，完成综合判断，进行总排序，确定递阶结构图中最底层各个元素在总目标中的风险程度。

该方法体现了人们决策思维的基本特征：分解、判断、综合，具有系统性、综合性与简便性等特点。该方法的缺陷表现在：① 判断矩阵的一致性受到有关人员知识结构、判断水平及个人偏好等主观因素影响；② 判断矩阵有时难以保持判断的传递性；③ 评价方案集中方案数增减有时会影响方法的保序性。

（2）模糊综合评价法。

模糊综合评价法是一种基于模糊数学的综合评价方法，该方法根据隶属度理论把定性评价转化为定量评价，即用模糊数学对受到多种因素制约的对象做出总体评价，实现了定性和定量的结合，具有结果清晰、系统性强等特点，适合对具有非确定性、模糊性、难以量化问题进行评价。

4.2.3.4 风险评估方法选择

李鹤田等（2006）建议[139]：在选择风险评估方法时，所选方法应该是互补的、广泛使用的、最好有合适的支持工具，能够覆盖风险评估的各个阶段。例如，在风险评估准备这个环节，主要使用 HAZOP 方法，识别风险分析需要关注的领域、资产和安全需求；在风险识别环节，可以 HAZOP 方法为主，FMEA 为辅，调查不期望发生的事件以及其发生的可能性，确定风险等级；在制订风险处理计划环节，通过 FTA 方法，对每项标识的风险提出可供选择的处理措施等。

4.3 识别 SaaS 资产价值、脆弱性及威胁

4.3.1 SaaS 资产分类

这里借鉴王祯学等（2011）[56] 对信息系统资产分类的观点①，对 SaaS 资产分类进行探讨。为阐述需要，先给出 SaaS 模式示意，见图4.3。采纳企业中的授权用户（用 $c_{11}, c_{12}, \ldots, c_{1n}$ 示意）借助各类终端、通常使用 Web 浏览器远程访问已订阅的软件，SaaS 厂商利用技术手段（如共享应用进程、负载平衡、数据集中）来经济地满足所有订阅客户的弹性计算需

---

① 王祯学等将信息系统资产分为客体资产、主体资产和运行环境三类，其中：客体资产包括构成硬件、软件、通信协议和数据资源；主体资产指管理、控制和使用客体为其服务的法人、个体和群体，如 IT 基础设施维护主管、应用项目负责人、应用系统的最终用户等，人是管理者同时也是被管理者；运行环境指主体和客体共存的物理空间（建筑物、机房等）、逻辑空间（影响和被影响的区域）和运行保障（如动力、灾难恢复、门禁等）的集合。

求，所有订阅客户共享应用进程，SaaS 厂商保证订阅企业客户间的数据隔离及数据存储要
求（用 $D_1, D_2, D_n, T_1, T_2, T_m$ 示意），履行所承诺的服务质量等级。

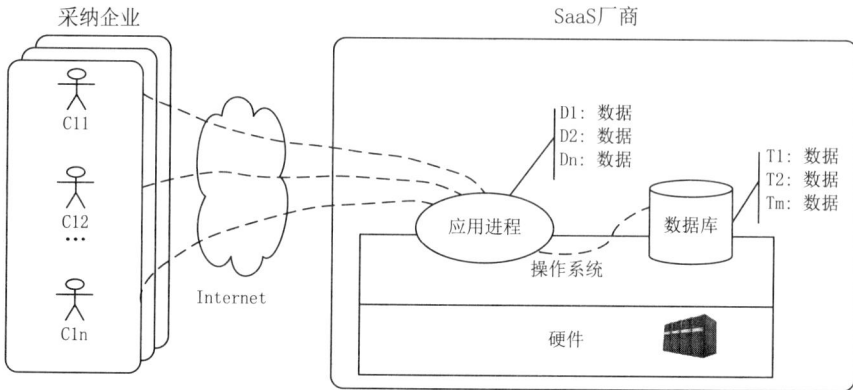

图 4.3   SaaS 模式示意

4.3.1.1   客体资源

从采纳企业角度，SaaS 客体资源主要包括两个方面：一是可远程访问的应用软件，二
是隶属于客户的各类数据，这两类资源都被集中在 SaaS 厂商一方，是采纳企业的关注重点。
另外，采纳企业为正常使用所订阅的应用软件，需建立及维护必要的 IT 基础设施，如：各
类接入终端、操作系统、日常应用软件，我们认为这部分资产不是采纳企业客户的关注重
点。

从 SaaS 厂商角度，SaaS 客体资源包括三个方面：一是 IT 基础设施，包括各类计算机
系统硬件及软件，如：构建数据中心所需的服务器、存储设备、备份设备、网络互联设备，
网络操作系统，数据库管理系统，应用开发、测试、部署工具，网络安全监测工具等；二是
面向市场推出的各类应用，这是 SaaS 厂商赖以生存的"产品"，是客户视角的"服务"，这
部分应用运行在自建的 IT 基础设施上；三是驻留在 SaaS 厂商 IT 基础设施中的、来自订阅
客户的"痕迹"数据。这种"痕迹"数据主要包括：订阅客户为正常使用所订阅的应用功能
必须装载的各类静态数据（如采纳企业方的客户基础资料、供应商基础资料、物料基础数
据、会计科目等），订阅客户使用所订阅应用执行业务处理（如事务处理和分析处理）而需
要存储业务数据，以及订阅客户如何使用在线软件的数据（如在什么时间使用、使用了什
么功能、以怎样方式使用、哪些订阅客户的哪种角色的用户使用，等等）。

4.3.1.2   主体资源

与其他任何模式一样，SaaS 模式取得成功的关键是充分重视"人"这一最活跃的因素。
只有人，才能真正体现出智慧性、主动性的一面；只有人，才谈得上创造、开发、运行、维
护、保障。人是 SaaS 模式的创建者、应用者。

SaaS 模式中的主体分为采纳客户方和 SaaS 厂商方，前者扮演服务使用者角色，对应于使用在线应用的各类用户；后者扮演服务提供者角色，对应于在线应用开发者、运行者、维护者、应用安全及使用的监控者等具体的组织。

4.3.1.3 运行环境

运行环境是主体和客体所处的内部和外部环境要素集合，可分为可控环境要素和不可控环境要素。可控环境主要指物理可及或法律可控的场所要素，如办公室、机房、楼宇建筑等；不可控环境指超出可控能力范围的场所要素，如户外传输媒体、公共网络区域等。

考察 SaaS 模式环境要素时，应区分采纳企业和 SaaS 厂商视角。

从采纳企业视角看，企业不拥有、不安装应用软件，按需向 SaaS 厂商订阅应用功能。为正常访问应用，采纳企业只需接入互联网，不需要像传统模式那样建立机房和企业计算机网络，显然所需的基础环境比较容易满足，采纳企业能较容易实施控制。然而，安装、运行、维护在线软件所必需的客体资源及相关运营责任转移到 SaaS 厂商一方，成为了采纳企业的外部环境要素，采纳企业主要借助服务等级协议约束 SaaS 厂商的资源保障及运营责任，难以对 SaaS 厂商实施有效的、深入的控制。

从 SaaS 厂商视角看，可控环境要素包括自建的数据中心机房、计算机网络布线等，这些要素也是内部环境要素；虽然 SaaS 厂商可利用服务等级协议对订阅客户的行为进行一定程度的约束，但由于订阅客户具有需求差异化以及可控性差等特点，对 SaaS 厂商而言是外部环境要素；SaaS 厂商常常以外包或租用方式获得第三方厂商的计算资源或运营能力，这部分要素应作为外部环境要素。

作为公用网络的 Internet，充当了连接 SaaS 厂商与订阅客户的媒介，该媒介也连接了形形色色的其他要素（如其他 SaaS 厂商及非 SaaS 厂商的计算资源、电子商务企业、消费者、商务人员、黑客等）。对特定 SaaS 订阅客户及 SaaS 厂商而言，Internet 以及所连接的这些要素由于具有外部性、不可控性特征，宜视为外部环境要素。对于 Internet，一方面它充当了 SaaS 厂商及订阅企业价值交付及价值获得的载体，其重要性无可替代，另一方面它也是很多威胁的滋生场所，SaaS 厂商及订阅客户应对 Internet 的两面性给予关注。

4.3.2 资产价值识别

衡量 SaaS 资产价值时不能仅考虑其经济价值，还应考虑资产在三类重要属性（保密性、完整性、可用性）上未到有关标准或遭到破坏后所造成的影响。

GB/T（20984-2007）中给出了保密性、完整性和可用性的等级划分参考[32]，见表4.1 – 表4.3。可采用一定方法（如：专家意见法）对资产在三类重要属性上进行赋值，进而通过加权计算得出资产价值。

表 4.1 资产保密性等级

等级	说明
很高	包含组织最重要的秘密,对组织根本利益有着决定性的影响,如果泄露会造成灾难性的损害
高	包含组织的重要秘密,其泄露会使组织的安全和利益遭受严重损害
中等	包含组织的一般性秘密,其泄露会使组织的安全和利益受到损害
低	仅能在组织内部公开的信息,向外扩散有可能对组织利益造成轻微损害
很低	可对社会公开的信息、公用的信息处理设备和系统资源等

表 4.2 资产完整性等级

等级	说明
很高	完整性价值非常关键,未经授权的修改或破坏会对组织造成重大影响,可能造成严重的业务中断,难以弥补
高	完整性价值较高,未经授权的修改或破坏会对组织造成重大影响,对业务冲击严重,较难弥补
中等	完整性价值中等,未经授权的修改或破坏会对组织造成中等影响,对业务冲击明显,可以弥补
低	完整性价值较低,未经授权的修改或破坏会对组织造成轻微影响,对业务冲击轻微,容易弥补
很低	完整性价值非常低,未经授权的修改或破坏对组织造成的影响可以忽略

表 4.3 资产可用性等级

等级	说明
很高	可用性价值非常高,合法使用者对资产的可用度达到年度 99.9% 以上,或应用不允许中断
高	可用性价值较高,合法使用者对资产的可用度达到每天 90% 以上,或应用允许中断时间小于 10min
中等	可用性价值中等,合法使用者对资产的可用度在正常工作时间达到 70% 以上,或应用允许中断时间小于 30min
低	可用性价值较低,合法使用者对资产的可用度在正常工作时间达到 25% 以上,或应用允许中断时间小于 60min
很低	可用性价值可以忽略,合法使用者对资产的可用度在正常工作时间低于 25%

4.3.3 资产脆弱性识别

脆弱性分为技术和管理两个方面[31],其中:技术脆弱性包括物理层、网络层、系统层、应用层等各层面的安全问题,管理脆弱性又分为技术管理脆弱性(与具体技术活动相关)和组织管理脆弱性(与管理环境相关)两方面。GB/T（20984-2007）针对信息安全技术、信息安全风险评估问题,从技术和管理两方面给出了脆弱性识别内容参考[32],见表4.4。

针对不同对象识别脆弱性时可参照有关标准[32],如:对物理环境,可参考 GB/T9361中的技术指标,对操作系统、数据库可参考 GB17859-1999 中的技术指标,对网络、系统、应用等信息技术安全性可参考 GB/T 18336-2001 中的技术指标,对管理脆弱性方面可参考 GB/19716-2005 的相关要求等。

表 4.4 资产脆弱性识别内容

类型	识别对象（资产）	识别内容
技术脆弱性	环境	从机房场地、机房防火、机房供配电、机房防静电、机房接地与防雷、电磁防护、通信线路的保护、机房区域防护、机房设备管理等方面进行识别
	网络结构	从网络结构设计、边界保护、外部访问控制策略、内部访问控制策略、网络设备安全配置等方面进行识别
	系统软件	从补丁安装、物理保护、用户帐号、口令策略、资源共享、事件审计、访问控制、新系统配置、注册表加固、网络安全、系统管理等方面进行识别
	应用中间件	从协议安全、交易完整性、数据完整性等方面进行识别
	应用系统	从审计机制、审计存储、访问控制策略、数据完整性、通信、鉴别机制、密码保护等方面进行识别
管理脆弱性	技术管理	从物理和环境安全、通信与操作管理、访问控制、系统开发与维护、业务连续性等方面进行识别
	组织管理	从安全策略、组织安全、资产分类与控制、人员安全、符合性等方面进行识别

上述相关成果为评估资产脆弱性具有借鉴意义。但必须注意两个问题：第一，这些成果主要针对传统的软件交付模式，当用于评估 SaaS 资产脆弱性问题时，需考虑 SaaS 模式的特殊性；第二，表4.4提供的脆弱性识别内容参考中，忽略了"数据"这一重要的识别对象。"数据"是信息系统的三大重要资源之一，是信息系统的根本，虽然表4.4中涉及到数据完整性，但没有把"数据"上升为识别对象这一层级，这可能会导致对"数据"重要性的忽视。

针对上述问题，结合资产脆弱性评估需要，进一步提炼出如下三点需考虑的特殊性：

（1）资产分散。

SaaS 模式下，一方面，计算资源被集中到 SaaS 厂商一方，厂商可利用云计算技术实现对计算资源的灵活配置，另一方面，SaaS 厂商常常租用第三方的计算资产及计算能力，使得计算资产分散。

对采纳企业意味着：资产脆弱性评估内容不再是像传统模式那样主要关注企业内环境的 IT 资产，对驻留在 SaaS 厂商方的应用软件、业务数据、支撑应用软件运行的 IT 基础设施以及人员组织与管理相关的脆弱性须纳入识别的范围。SaaS 厂商方的资产分散特点为脆弱性识别工作增加了困难。

（2）信息不对称问题突出。

从采纳企业方看，由于构建 IT 基础设施、IT 专业队伍建设、应用系统运行及维护等一些传统工作被转移到 SaaS 厂商一方，使得相关资源及管理维护任务对采纳企业而言具有"黑盒"性，增加了采纳企业方对资产脆弱性识别的工作难度，难以形成对 SaaS 厂商的有效监督与客观评价。尽管可利用服务等级协议来对 SaaS 厂商形成一定约束力，但约束力量很有限。

（3）采纳企业往往不擅长 IT 管理与运营。

虽然采纳 SaaS 模式的企业客户中，不乏拥有雄厚技术实力及专业人才优势的高端企业，然而，更多的是那些自身不具有 IT 资源及能力优势的中小微企业。中小微型企业往往在资金、IT 专业能力方面相对处于劣势，不擅长 IT 管理与运营，他们在评估 SaaS 资产脆弱性时常常需要借助外部智慧。

4.3.4　威胁识别

威胁评估主要包括两项内容，即：识别威胁要素、判断威胁发生的可能性。

本书在探讨 SaaS 风险因素识别问题时，把影响 SaaS 采纳企业 IT 战略及运营的各类不确定性因素称为 SaaS 风险因素，梳理出 5 类共 43 项风险因素。进一步考察这些风险因素，不难看出，其中既包括威胁要素、也包括威胁的影响这两个方面。

这里把相关内容整合到脆弱性识别内容中，其中："战略影响" 整合到 "组织安全"，"业务持续性和经济影响" 整合到 "业务持续性"，"法律影响" 整合到 "符合性"。整合结果见表4.5 – 表4.6。

表 4.5　SaaS 威胁要素

种类	描述	威胁要素
软硬件故障	对业务实施或系统运行产生影响的设备硬件故障、通讯链路中断、系统本身或软件缺陷等问题	功能功能相关：软件缺陷（R10）、应用功能（R21）、报告/报表（R22）、数据完整性（R26；软件性能相关：定制性（R11）、可用性（R12）、响应性（R13）、扩展性（R14）、易用性（R23）、兼容与开放性（R24）
物理环境影响	对信息系统正常运行造成影响的物理环境问题和自然灾害	物理安全（R6）
无作为及操作失误	由于应该执行而没有执行相应的操作，或无意执行了错误的操作	灾难恢复（R7）、备份（R8）、测试（R9）
管理和服务威胁	安全管理无法落实或不到位，从而破坏信息系统正常有序运行	应用更新（R15）、培训（R16）、支持服务（R17）、服务退出纠纷（R20）、内部人员威胁（R25）、入侵检测及异常活动监控（R31、R34）、风险响应（R38）
恶意代码	故意在计算机系统上执行恶意任务的程序代码	恶意代码嵌入（R33）
越权或滥用	通过采用一些措施，超越自己的权限访问了本来无权访问的资源，或者滥用自己的权限，做出破坏信息系统的行为	授权及认证（R35）、无效访问权限（R36）、未授权访问（R37）

续表

种类	描述	威胁要素
网络攻击、物理攻击、篡改及抵赖	利用工具和技术通过网络对信息系统进行攻击和入侵；通过物理的接触造成对软件、硬件、数据的破坏；信息泄露给不应了解的他人；不承认收到的信息和所作的操作和交易	数据传输（R30）、钓鱼攻击（R32）
数据资产完整性威胁	非法修改信息，破坏信息的完整性使系统的安全性降低或信息不可用	数据存储（R27）、数据隔离（R28）、数据删除（R29）

表 4.6　SaaS 威胁的可能影响

影响类别	影响的具体表现
战略影响	IT 创新能力（R1）、市场反应能力（R2）、厂商锁定（R3）、供应链（R4）、企业文化（R5）
业务持续性及经济影响	服务中断/失效（R19）、定价/成本（R18）
法律影响	数据所有权（R39）、可审计性（R40）、电子取证（R41）、合规性（R42）、司法风险（R43）

4.4　SaaS 风险计算原理与方法

4.4.1　风险计算基本原理

风险计算，就是在把握相关要素基础上，合理抽象，刻画要素间数理关系，进而获得评估数据并依数理关系计算出风险值。风险计算基本原理[32] 见图4.4。

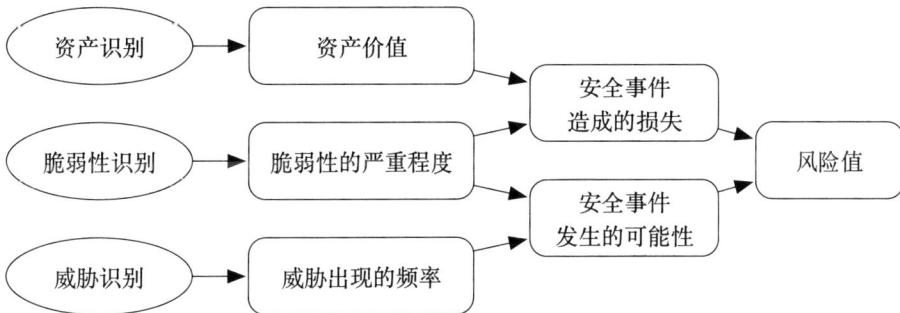

图 4.4　风险计算基本原理

由图4.4，计算风险时需重点关注 5 个要素，即：资产价值、脆弱严重程度、威胁出现频率、安全事件发生的可能性、安全事件发生后可能造成的损失。其中，威胁出现的频率与资产的脆弱性严重程度决定安全事件发生的可能性，资产价值与资产脆弱性严重程度决定安全事件发生后将造成的损失。通过综合安全事件可能性与安全事件损失可进一步得到风险值。

约定：

π：资产价值, d：脆弱性严重程度，f：威胁出现的频率，P 安全事件发生的可能性，L 安全事件发生后将造成的损失，R：风险，则：

$$R = R(P, L) \tag{4.1}$$

进一步，把 P 和 L 表示为：

$$P = P(d, f) \qquad L = L(\pi, d) \tag{4.2}$$

根据风险评估要素及其关系（见图4.1），这里以资产为对象，评估其价值 π，脆弱性严重程度 d，识别能利用其脆弱性的潜在威胁出现情况 f，在此基础上选择某种方法把 π, d 合成为 P，把 d, f 合成为 L，最后把 P, L 合成为 R 值。

4.4.2　模糊理论及熵权系数

4.4.2.1　模糊理论

对资产价值、脆弱性程度、威胁频度的赋值均具有一定的主观性、模糊性，这里使用模糊数学的相关理论。

用有限集 $X = \{x_1, x_2, \cdots, x_n\}$ 表示 n 个评价指标；有限集 $Y = \{y_1, y_2, \cdots, y_m\}$ 表示评语组，m 为评语等级数。专家针对 X 中各评价指标，参照 Y 中等级进行评分，构造模糊映射。

$f : X \to F(Y)$，$F(Y)$ 是 Y 上的模糊集全体，$x_i \mapsto f(x_i) = (p_{i1}, p_{i2}, \cdots, p_{im}) \in F(Y)$。

其中，映射 f 表示评价指标 x_i 对评语集 Y 中各等级的支持程度。评价指标 x_i 对评语集 Y 的隶属向量 $P_i = (p_{i1}, p_{i2}, \cdots, p_{im})$，$i = 1, \cdots, n$，得隶属度矩阵 P：

$$P = \begin{bmatrix} p_{11} & p_{12} & \cdots & p_{1m} \\ p_{21} & p_{22} & \cdots & p_{2m} \\ \cdots & \cdots & \cdots & \cdots \\ p_{n1} & p_{n2} & \cdots & p_{nm} \end{bmatrix}_{n \times m}$$

确定 p_{ij} 时可用专家意见法，由 k 位专家组成评判小组，对于指标 $x_i \in X$，若有 l 位专家认为该指标的对应评语为 y_j，则取 $p_{ij} = l/k$，显然：$\sum_{j=1}^{m} p_{ij} = 1$，$i = 1, \cdots, n$。

设 X 中各指标的权重为 $\phi = (\phi_1, \phi_2, \cdots, \phi_n)$，评语集 Y 中各等级的分值为 $W =$

$(W_1, W_2, \cdots, W_m)$，则对 X 的评价结果为 $R = \phi \cdot P \cdot W^T$。

4.4.2.2 熵权系数

指标权重反映了各指标的相对重要性差异，如何合理确定指标权重是一项重要工作。可把指标权重的确定方法分为主观赋权法和客观赋权法两类。主观法通常指请若干专家就各指标的重要性进行评分，然后将各专家的评分值取平均就得到各指标的权重。主观法简单明了，但由于带有主观性，导致很多时候难以反映实际情况，评判结果"失真"。客观法指根据各指标值之间的内在联系，利用数学的方法计算出各指标的权重。有时，可将主观赋权和客观赋权相结合，由此产生的方法称为组合赋权法。经过比较，我们选取熵值法确定权重。熵值法[138] 实现了在主观赋权基础上进行定量计算得出权重，能较好反映客观实际。

熵的概念来自热力学，用来描述过程的不可逆现象，后来在信息论中用信息熵表示事物出现的不确定性，作为不确定性的度量。

设系统可能处于 m 种不同状态：$s_1, s_2, \cdots, s_m$；p_i 表示系统处于状态 s_i 下的概率，$i = 1, 2, \cdots, m$；$p_i \in [0, 1]$，$\sum_{i=1}^{m} p_i = 1$，则熵可以表示为：

$$H(p_1, p_2, \cdots, p_m) = -k \sum_{i=1}^{m} p_i \ln p_i$$

在专家评判后所建立的隶属度矩阵中，评语对于某项指标 x_i 而言，对评语集中各等级的支持度值 p_{ij} 的差距越大，意味着该指标值变异程度越大，熵越小，该指标提供的信息量越大，该指标的权重也应越大；反之，若对各等级支持度值的差距越小（极端情况下，支持度值全部相等，即没有差距），熵越大，该指标提供的信息量越小，该指标的权重也越小。所以，可以根据各项指标值的变异程度，利用熵这个工具，计算出各指标的权重。计算方法如下：

（1）计算指标 x_i 的熵值 e_i。

$$e_i = -k \sum_{j=1}^{m} p_{ij} \ln p_{ij} \tag{4.3}$$

其中：$k > 0$，$\ln$ 为自然对数，$e_i > 0$。

如果 p_{ij} 对于所有的 i 全部相等，那么 $p_{ij} = 1/m$，此时 e_i 取极大值，即：

$$e_i = -k \sum_{j=1}^{m} p_{ij} \ln p_{ij} = k \ln m$$

若取 $k = 1/\ln m$，有：$0 \leqslant e_i \leqslant 1$。对式 (4.3) 进行归一化处理，得衡量 x_i 的相对重要性熵值为：

$$e_i = -\frac{\sum_{j=1}^{m} p_{ij} \ln p_{ij}}{\ln m} \tag{4.4}$$

（2）计算指标 x_i 的差异性系数 g_i。

对于给定的 i，p_{ij} 的差异性越小，则 e_i 越大；当 p_{ij} 全部相等时，$e_i = \max e_i = 1$，此时对于评语等级的比较，指标 x_i 毫无用处；当各等级的指标值相差越大时，e_i 越小，该项指标对于评语等级比较所起的作用越大。

定义差异性系数：$g_i = 1 - e_i$，可知，g_i 越大时指标越重要。

（3）确定指标 x_i 的权重 ϕ_i。

对差异性系数 g_i 归一化计算权重，得相应于指标 x_i 的权重 ϕ_i：

$$\phi_i = \frac{g_i}{\sum_{i=1}^{n} g_i} = \frac{1 - e_i}{n - \sum_{i=1}^{n} e_i} \tag{4.5}$$

显然，ϕ_i 满足 $0 \leqslant \phi \leqslant 1$，$\sum_{i=1}^{n} \phi_i = 1$。

4.4.3 Saas 风险评估方法

4.4.3.1 符号约定

$A = (a_1, a_2, \cdots, a_n)$ 为待评估的 SaaS 资产，n 为资产项数；

V 为资产脆弱点全集，T 为威胁全集；

a_i 的脆弱点为 $V_i = (v_{i1}, v_{i2}, \cdots, v_{i\psi})$，$\psi = \psi(i)$ 为与 a_i 有关的脆弱点项数；

对于 $\forall v_{ij} \in V$，存在一到多项可利用该脆弱点的威胁，表示为：$T_{ij} = (t_{ij1}, t_{ij2}, \cdots, t_{ij\tau})$。对于 T_{ij} 中任何一个分量 $t_{ijk} \in T$，$k = 1, 2, \cdots, \tau$，这里 $\tau = \tau(i, j)$ 是与 v_{ij} 有关的威胁项数；

$Y_\pi = (y_1^\pi, y_2^\pi, \cdots, y_m^\pi)$，$Y_f = (y_1^f, y_2^f, \cdots, y_m^f)$，$Y_d = (y_1^d, y_2^d, \cdots, y_m^d)$ 分别为针对资产价值、威胁出现频率和脆弱性严重程度的一组评语，m 为评语等级的个数。不失一般性，这里假设各组的评语等级数相等；

$W_\pi = (w_1^\pi, w_2^\pi, \cdots, w_m^\pi)$，$W_f = (w_1^f, w_2^f, \cdots, w_m^f)$，$W_d = (w_1^d, w_2^d, \cdots, w_m^d)$ 分别表示评语 Y_π, Y_f, Y_d 的分值向量。

考虑到在现实中，无论从 SaaS 采纳企业、还是 SaaS 厂商视角，针对不同资产的重视程度是有差异的，这需要针对不同资产赋予相应权重，表示为 $W_A = (w_1^A, w_2^A, \cdots, w_n^A)$。类似地，对 $\forall a_i \in A$ 的各脆弱点 $v_{ij}, (j = 1, 2, \cdots, \psi(i))$ 的权重也有差异，各脆弱点权重表示为 $W_{V_i} = (w_1^{V_i}, w_2^{V_i}, \cdots, w_\psi^{V_i})$；把能利用 v_{ij} 的各威胁权重表示为 $W_{T_{ij}} = (w_1^{T_{ij}}, w_2^{T_{ij}}, \cdots, w_\tau^{T_{ij}})$。

4.4.3.2 评语等级约定

资产价值等级：可根据资产在各属性（保密性、完整性及可用性）上的赋值情况将资产价值划分为不同等级，级别越高表示资产价值越高、越重要。资产价值等级及相关描述的一个示例见表4.7。

表 4.7 资产价值等级定义

符号	标识	说明
y_1^π	高	非常重要，其安全属性破坏后可能对组织造成非常严重的损失
y_2^π	较高	资产重要，其安全属性破坏后可能对组织造成比较严重的损失
y_3^π	中等	资产比较重要，其安全属性破坏后可能对组织造成中等程度的损失
y_4^π	较低	资产不太重要，其安全属性破坏后可能对组织造成较低的损失
y_5^π	低	资产不重要，其安全属性破坏后对组织造成很小的损失，甚至忽略不计

脆弱性严重程度等级：可综合考虑资产脆弱性对资产的暴露程度、被威胁利用的难易程度、脆弱性流行程度等具体情况对脆弱性严重程度赋值并做等级化处理。脆弱性严重程度等级及相关描述的一个示例见表4.8 。

表 4.8 脆弱性严重程度等级定义

符号	标识	说明
y_1^d	很高	如果被威胁利用，将对资产造成完全损害
y_2^d	高	如果被威胁利用，将对资产造成重大损害
y_3^d	中等	如果被威胁利用，将对资产造成一般损害
y_4^d	低	如果被威胁利用，将对资产造成较小损害
y_5^d	很低	如果被威胁利用，将对资产造成的损害可以忽略

威胁发生等级：可综合考虑国内外安全事件报告中与云计算尤其是 SaaS 模式有关的安全事件出现频率情况、实际环境中通过检测工具以及各种日志发现的威胁情况统计等具体情况，对威胁发生频度进行等级化处理，威胁发生频度等级划分及其描述的一个示例见表4.9。

表 4.9 威胁发生频度等级定义

符号	标识	说明
y_1^f	很高	出现频率很高；或在大多数情况下几乎不可避免；或经常发生过
y_2^f	高	出现频率较高；或在大多数情况下很有可能会发生；或多次发生过
y_3^f	中等	出现频率中等；或在某种情况下可能会发生；或曾经发生过
y_4^f	低	威胁出现频率较小；或一般不太可能发生；或没有发生过
y_5^f	很低	威胁几乎不可能发生；仅可能在非常罕见和例外的情况下发生

4.4.3.3　SaaS 风险计算

（1）评估资产价值。

确定待评估的 SaaS 资产 $A = (a_1, a_2, \cdots, a_n)$，其中 n 为资产项数。确定资产价值评语 $Y_\pi = (y_1^\pi, y_2^\pi, \cdots, y_m^\pi)$，$m$ 为评语等级数。组织专家对各项资产的价值进行评估，得到关于资产价值的隶属度矩阵 E_π。

$$E_\pi = \begin{bmatrix} e_{11}^\pi & e_{12}^\pi & \cdots & e_{1m}^\pi \\ e_{21}^\pi & e_{22}^\pi & \cdots & e_{2m}^\pi \\ \cdots & \cdots & \cdots & \cdots \\ e_{n1}^\pi & e_{n2}^\pi & \cdots & e_{nm}^\pi \end{bmatrix}_{n \times m}$$

利用熵权系数法进行计算，得出各项资产的价值权重向量 $W_A = (w_1^A, w_2^A, \cdots, w_n^A)$。

用 $e_i^\pi = (e_{i1}^\pi, e_{i2}^\pi, \cdots, e_{im}^\pi)$ 表示资产 a_i 在资产价值评语组 Y_π 上的评语值向量，则资产 a_i 的价值可表示为：

$$\pi_i = w_i^A \cdot e_i^\pi \cdot W_\pi^T \tag{4.6}$$

则各资产的价值估值为：

$$\Pi_A = (\pi_1, \pi_2, \cdots, \pi_n) \tag{4.7}$$

（2）评估安全事件造成的损失。

对于某项资产 a_i 的某个弱点 $v_{ij} \in V$，该弱点若被威胁利用并演变为安全事件，将对 a_i 的价值造成损失 L_{ij}。

由式(4.2)，有：

$$L_{ij} = \pi_i \bigotimes d_{ij} \tag{4.8}$$

其中：π_i 表示 a_i 的价值，d_{ij} 为 v_{ij} 的脆弱性严重程度，$\bigotimes$ 为合成运算符。

用 $e_{ij}^d = (e_{ij1}^d, e_{ij2}^d, \cdots, e_{ijm}^d)$ 为针对脆弱点 v_{ij} 的脆弱性严重程度的评语值向量，有：

$$d_{ij} = w_j^{V_i} \cdot e_{ij}^d \cdot W_d^T \tag{4.9}$$

相应于 a_i 的脆弱点集 V_i 上的损失可表示为：

$$L_i = (L_{i1}, L_{i2}, \cdots, L_{i\tau}) \tag{4.10}$$

（3）评估安全事件发生的可能性。

对于资产 a_i 的某个弱点 $v_{ij} \in V$，可以利用该弱点的某个威胁为 $t_{ijk} \in T$，由式(4.2)，威胁 t_{ijk} 演变为安全事件的可能性（用 P_{ijk} 表示）取决于 v_{ij} 的严重程度 d_{ij} 和 t_{ijk} 出现频率（用 f_{ijk} 表示），有：

$$P_{ijk} = d_{ij} \bigotimes f_{ijk} \tag{4.11}$$

用 $e_{ijk}^f = (e_{ijk1}^f, e_{ijk2}^f, \cdots, e_{ijkm}^f)$ 表示 t_{ijk} 在威胁出现频率评语组 Y_f 上的评语值向量，有：$f_{ijk} = w_k^{T_{ij}} \cdot e_{ijk}^f \cdot W_f^T$。这里按照从严原则评估安全事件发生可能性，从 P_{ijk} 中选择最大值作为与弱点 v_{ij} 相关的安全事件可能性值，即：

$$P_{ij} = \max\{P_{ij1}, P_{ij2}, \cdots, P_{ij\tau}\} \tag{4.12}$$

相应于 a_i 的安全事件可能性为：

$$P_i = (P_{i1}, P_{i1}, \cdots, P_{i\tau}) \tag{4.13}$$

（4）合成风险值。

这里选择相乘法进行合成。该方法适用于将两个或多个要素合成为一个要素的情形，且简单易用，在风险分析中得到广泛应用。

相乘法的基本思想是：由 x 和 y 合成 z，即 $z = f(x, y) = x \bigotimes y$，当 f 为增量函数时，可采取形式如：$z = f(x, y) = x \times y$，$z = f(x, y) = \sqrt{x \times y}$，$z = f(x, y) = \sqrt{\frac{x \times y}{x + y}}$ 等。这里选择 $f(x, y) = \sqrt{x \cdot y}$ 这一合成形式。

根据式(4.1) – 式(4.13)，资产 a_i 的风险 R_i 可表示为：

$$R_i = \sqrt{P_i \cdot L_i^T} = \sqrt{\sum_{j=1}^{\psi(i)} P_{ij} \cdot L_{ij}} \tag{4.14}$$

根据前述风险计算方法，遍历各项 SaaS 资产，即可得到针对所有资产的风险值向量 $R = (R_1, R_2, \cdots, R_n)$，从而，风险值分布也就确定了。进一步，可对各 R_i 值做归一化（归一化后记为 R_i'），进而以 a_i 的价值权重 w_i^A 为权对 R_i' 进行合成，可得针对所有资产的综合风险 R：

$$R = \sum_{i=1}^n w_i^A \cdot R_i' \tag{4.15}$$

4.4.3.4 风险结果判定

风险结果判定的目的是在风险控制与管理过程中对不同风险进行直观比较，以便风险管理人员采取 "恰当的安全策略" 和 "适度的安全措施" 控制 SaaS 风险。为了实现该目的，可对风险计算结果进行等级化处理（表4.10提供了一种风险等级的划分方法，每个等级代表相应风险的严重程度），为每个等级设定风险值范围（表4.11 给出了一个资产风险值–风险等级参照示例）。

表 4.10 风险等级划分

等级	标识	说明
5	很高	一旦发生将产生非常严重的经济或社会影响,如组织信誉严重破坏,严重影响组织的正常经营,经济损失重大,社会影响恶劣
4	高	一旦发生将产生较大的经济或社会影响,在一定范围内给组织经营和组织信誉造成损失
3	中等	一旦发生会造成一定的经济、社会或生产经营影响,但影响面和影响程度不大
2	低	一旦发生造成的影响程度较低,一般仅限于组织内部,通过一定手段能很快解决
1	很低	一旦发生造成的影响几乎不存在,通过简单的措施就能弥补

表 4.11 风险值 – 风险等级参照表

风险值	[0 – 0.2)	[0.2 – 0.4)	[0.4 – 0.6)	[0.6 – 0.8)	[0.8 – 1]
风险等级	1	2	3	4	5

在实际应用中,应综合考虑风险控制成本与风险造成的影响,提出一个可接受的风险范围。对某些资产的风险,如果风险计算值在可接受的范围内,则该风险是可接受的风险,应保持已有的安全措施;如果风险计算值在可接受的范围之外,即计算值高于可接受的上限值,是不可接受的风险,需要采取安全措施以降低、控制风险。

4.4.4 SaaS 风险评估算例

4.4.4.1 背景简介

案例原型取自一个快速发展的集团公司,该公司主营各类健康产品(含非药用类口服营养品、保健服装鞋帽、保健型寝具等)的生产、销售与服务,在全国有 20 多家分公司,近 300 家子公司。该集团老总长期以来一直非常重视对客户关系的建立、维持与发展,曾于 10 年前实施了上海某管理软件厂商的客户关系管理系统。近几年来,随着市场竞争加剧、客户需求易变以及 IT 环境的变化,集团原有的 CRM 系统已难以满足对客户关系进行有效管理的客观需要。该集团的信息化建设小组在广泛调研 CRM 管理软件市场之后,一致认为基于 SaaS 的 CRM 建设模式对该集团具有极大吸引力,并成立专门的选型小组对 5 家候选 SaaS CRM 供应商的风险进行评估。

SaaS CRM 选型时考虑的资产涉及客体资源、主体资源和运行环境三类,各类资产可能存在一组弱点,针对每一弱点,都可能存在一个或多个可能的威胁,SaaS 资产及脆弱点见图4.5。

现以针对客体资源的风险评估为例进行说明:

客体资源包括 IT 基础设施和 CRM 在线软件两个部分,其中:IT 基础设施主要指支撑 CRM 在线软件的各类 IT 资源,典型有:应用服务器、存储设备、备份设备、网络互连设备、网络操作系统、数据库管理系统、安全监测工具等。IT 基础设施是否安全、可靠、稳

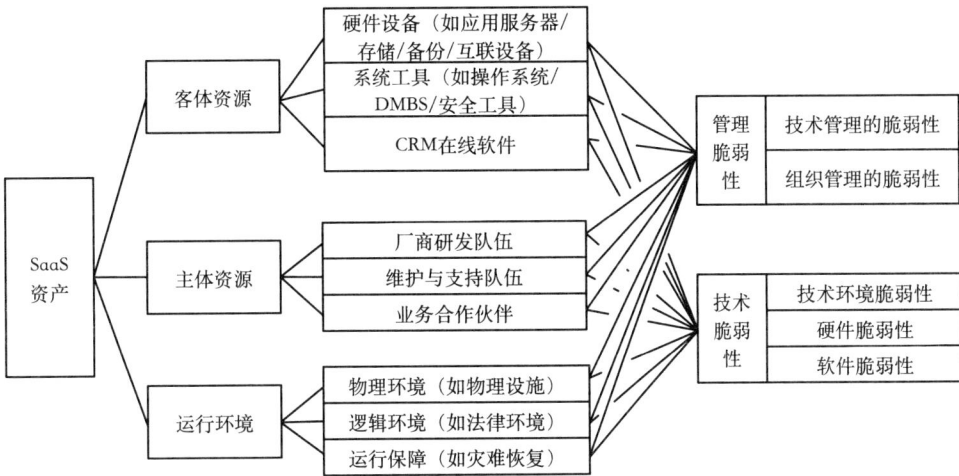

图 4.5 SaaS 资产及脆弱点

定，直接影响到 CRM 在线软件服务的质量。对于 IT 基础设施，识别其脆弱点时可从技术和管理方面进行，与技术相关的典型弱点包括物理环境弱点、网络结构弱点、系统软件弱点，与管理相关的典型弱点包括业务持续性计划与组织保障相关的弱点、与人员相关的弱点（如安全素养）、法规符合性相关的弱点等；对于 CRM 在线软件，主要包括：应用中间件弱点（如：接口机制缺陷、开放性与先进性相关的缺陷等）、应用系统弱点（如：审计机制缺陷、访问控制策略缺陷、数据完整性措施缺陷、密码保护漏洞、鉴别机制缺陷、程序后门等）、管理相关的弱点（如：与应用管理制度、应用维护人员配置、法规符合性、使用收费等方面的弱点等）。

4.4.4.2 评估步骤

根据风险计算基本原理知，对于任意一项资产，可存在多项脆弱点；对于每一项脆弱点，又面临多项可能利用该脆弱点的威胁，该脆弱点被任何一项威胁所成功利用时都导致安全事件发生，从而影响资产价值。显然，评估 SaaS 风险时所需的计算量较大，手工计算方式难以满足现实需要。这里自行编制 Java 程序进行计算。

不失一般性，这里仅以 SaaS 客体资源为例说明计算过程。

设客体资源 $A = (a_1, a_2, a_3, a_4, a_5, a_6)$，分别表示"应用服务器"、"存储设备"、"备份设备"、"互联设备"、"系统软件"、"CRM 在线软件"。构造资产价值评语组 $Y_\pi = (y_1^\pi, y_2^\pi, y_3^\pi, y_4^\pi, y_5^\pi)$，威胁出现频率评语组 $Y_f = (y_1^f, y_2^f, y_3^f, y_4^f, y_5^f)$，脆弱性严重程度评语组 $Y_d = (y_1^d, y_2^d, y_3^d, y_4^d, y_5^d)$，相应于各评语组各评语的分值向量分别为 $W_\pi = (5, 4, 3, 2, 1)$，$W_f = (5, 4, 3, 2, 1)$，$W_d = (5, 4, 3, 2, 1)$，各评语组的评语等级含义见表 4.7 – 4.9。

（1）计算资产价值。

专家针对各客体资源，基于资产价值评语组 Y_π 中的价值描述对资产打分。对打分结果进行整理，得到隶属度矩阵 E_π，结果见表4.12 。

表 4.12 隶属度矩阵 E_π 赋值

	y_1^π	y_2^π	y_3^π	y_4^π	y_5^π
a_1	0.1	0.4	0.35	0.15	0
a_2	0.15	0.4	0.3	0.15	0
a_3	0	0.3	0.6	0.1	0
a_4	0.2	0.4	0.4	0	0
a_5	0.25	0.45	0.2	0.1	0
a_6	0.2	0.55	0.25	0	0

由式(4.4)及式(4.5)得相应于客体资源 A 的权向量：

$$W_A = (w_1^A, w_2^A, w_3^A, w_4^A, w_5^A, w_6^A)$$
$$= (0.124, 0.108, 0.245, 0.191, 0.121, 0.211)$$

由式(4.6)及式(4.7)，得客体资源价值估值：

$$\Pi_A = (0.429, 0.382, 0.784, 0.726, 0.466, 0.833)$$

（2）评估安全事件造成的损失。

任取 A 中的一个分量 a_i，计算其风险值。不失一般性，以资产 a_1 为例进行计算。

假设 a_1 存在 5 个脆弱点，用 $V_1 = (v_{11}, v_{12}, v_{13}, v_{14}, v_{15})$ 表示，专家针对这 5 个脆弱点，基于脆弱性严重程度评语组 Y_d 中的描述进行打分。对打分结果进行整理，得到隶属度矩阵 E_1^d，结果见表4.13 。

表 4.13 隶属度矩阵 E_1^d 赋值

	y_1^d	y_2^d	y_3^d	y_4^d	y_5^d
v_{11}	0.35	0.25	0.3	0.1	0
v_{12}	0.45	0.3	0.2	0.05	0
v_{13}	0.4	0.3	0.25	0.05	0
v_{14}	0.25	0.45	0.2	0.1	0
v_{15}	0.6	0.25	0.15	0	0

由式(4.4)及式(4.5)可得相应于脆弱点 $v_{11}, v_{12}, \cdots, v_{15}$ 的权向量：

$$W_{V_1} = (w_1^{V_1}, w_2^{V_1}, w_3^{V_1}, w_4^{V_1}, w_5^{V_1})$$
$$= (0.143, 0.196, 0.181, 0.165, 0.315)$$

由式(4.8)及式(4.9)，可得相应于 a_1 的脆弱点 V_1 的损失估值：

$$L_1 = (0.485, 0.590, 0.560, 0.522, 0.776)$$

对于资产 a_2, a_3, a_4, a_5, a_6，这里取脆弱点数量皆为 2 个，相应的隶属度矩阵 E_2^d，E_3^d，E_4^d，E_5^d，E_6^d 的取值见表4.14。

表 4.14　隶属度矩阵 $E_2^d - E_6^d$ 赋值

	y_1^d	y_2^d	y_3^d	y_4^d	y_5^d		y_1^d	y_2^d	y_3^d	y_4^d	y_5^d
v_{21}	0.22	0.35	0.2	0.13	0.1	v_{42}	0.45	0.25	0.25	0.05	0
v_{22}	0.4	0.2	0.25	0.05	0.1	v_{51}	0.4	0.5	0.06	0.04	0
v_{31}	0.32	0.33	0.1	0.05	0.2	v_{52}	0.35	0.25	0.3	0.1	0
v_{32}	0.5	0.3	0.1	0.1	0	v_{61}	0.6	0.3	0.1	0	0
v_{41}	0.6	0.25	0.1	0.05	0	v_{62}	0.55	0.25	0.15	0.05	0

经计算得：$W_{V_2} = (0.320, 0.680)$，$L_2 = (0.651, 0.987)$，$W_{V_3} = (0.286, 0.713)$，$L_3 = (0.889, 1.533)$，$W_{V_4} = (0.586, 0.414)$，$L_4 = (1.368, 1.110)$，$W_{V_5} = (0.663, 0.337)$，$L_5 = (1.148, 0.777)$，$W_{V_6} = (0.587, 0.413)$，$L_6 = (1.484, 1.216)$。

（3）评估安全事件发生的可能性。

对于任一资产 $a_i \in A$，其第 j 项脆弱点 v_{ij}，可利用 v_{ij} 的潜在威胁项数为 $\tau = \tau(i,j)$，任何一项威胁 $t_{ijk}, (k = 1, 2, \cdots, \tau)$ 都可能演变为安全事件。为评估 t_{ijk} 相关的安全事件发生可能性 P_{ijk}，这里采用模拟数据。取 v_{ij} 的威胁数量为 [1,10] 之间的随机整数，t_{ijk} 在威胁出现频率评语 Y_d 上的评语值向量 e_{ijk}^f 的任一分量 e_{ijkl}^f 取值为在 [0,1] 上的随机数，这里 $l = 1, 2, \cdots, m$，m 为评语等级个数，满足 $\sum_{l=1}^{m} e_{ijkl}^f = 1$。

根据式(4.11) – 式(4.13)，得一组相应于各资产的安全事件可能性值，分别为：

$P_1 = (1.076, 1.401, 1.199, 1.166, 1.798)$，$P_2 = (1.908, 1.229)$，$P_3 = (1.123, 1.688)$，$P_4 = (2.204, 1.453)$，$P_5 = (2.474, 0.895)$，$P_6 = (1.829, 1.289)$。

（4）合成风险值。

根据式(4.14)，计算得 $R_1 = 2.006$，$R_2 = 1.567$，$R_3 = 1.498$，$R_4 = 2.152$，$R_5 = 1.880$，$R_6 = 2.069$。进一步，根据式(4.15)，对资产 a_1-a_6 的风险进行合成，得综合风险值为 0.169。

对照表4.11，可知：SaaS 资产风险等级为 1，这说明整体来看风险很低，风险事件一旦发生造成的影响几乎不存在，通过简单的措施就能弥补。

（5）选择目标 SaaS 厂商。

采用如上评估步骤及方法，就待评估的一组 SaaS 资源，分别对各候选 SaaS 厂商的风险进行评估，得到相应于各 SaaS 厂商的一组综合风险，选取综合风险值最小的厂商作为目标签约对象。

第 5 章　SaaS 风险决策

5.1　引　言

对任何企业而言, 价格是唯一一个能直接产生收益的营销变量, 对产品和服务定价是最重要的管理决策之一[141]。成功的定价管理是企业竞争优势, 而定价失误则可能导致重大损失[119]。

从行业分类来看, 由于 SaaS 厂商既要编制、运行及升级软件, 又要保障订阅客户正常访问在线软件而提供数据存储、计算、监控及咨询服务, 可见 SaaS 行业兼有软件业和计算机服务业的特征: 其一, SaaS 具有软件业的典型特点, 如: 研发成本高昂且主要表现为沉没成本、软件再复制成本近乎为零、可通过持续升级来提高软件产品质量、强调升级兼容性、网络外部性明显等[83]; 其二, SaaS 具有服务业的典型特点, 如: 服务能力不可存储、服务具有无形性、服务提供成本通常不可忽略、强调用户参与及服务体验等。另外, SaaS 也具有显著区别于传统软件业的一些独特特点, 如: 基于互联网远程访问、所有订阅客户共享使用、数据集中存储、通常基于使用计费等。SaaS 也与常见的一般服务业 (如餐饮、交通、金融等) 存在明显不同。因此, 现有针对传统软件模式及一般服务业的定价研究成果不能简单照搬到 SaaS 模式中来。

综上得出, 如何对 SaaS 进行科学定价这一问题具有复杂性, 定价中应考虑 SaaS 特点以及各类不确定性因素, 有必要对 SaaS 定价相关问题开展研究。

本章基于 SaaS 厂商视角进行探讨①, 内容安排如下:

第 5.2 节基于定价战略基本原理针对 SaaS 模式的客户经济价值驱动要素进行分析, 提出一种基于客户经济价值估算的 SaaS 订阅价格决策方法, 并用蒙特卡洛模拟给出订阅价格确定算例, 回答了 SaaS 厂商如何确定订阅服务价值这一问题。

第 5.3 节针对 SaaS 厂商与潜在订阅客户之间在价格沟通中存在的客户搜寻成本高、决策周期长、沟通效率低等问题, 提出一种基于多属性双向拍卖的在线应用服务选择方法, 构建了一个由买方、卖方以及拍卖中介组成的双向拍卖系统模型, 设计了拍卖机制, 论证了该机制是事后有效的并满足个体理性及激励相容约束, 并通过仿真实验对该机制的可行性

---

① 本节内容整理自我们的已有成果: (1) 吴士亮, 孙树垒, 仲琴. 基于客户经济价值估算的 SaaS 软件服务定价方法 [J]. 统计与决策, 2013(6); (2) 吴士亮, 仲琴, 张庆民, 孙树垒. 一种基于多属性双向拍卖的在线应用服务选择方法 [J]. 管理工程学报, 2018(2)。

及应用效果进行检验。该方法可为 SaaS 厂设计定价格沟通机制提供借鉴。

5.2 基于经济价值的 SaaS 服务价值估算

5.2.1 基本思想

定价战略理论认为[119]，有效定价战略的核心是营销人员所称的客户经济价值，该价值主要取决于客户的替代品选择。一个产品对于客户的总经济价值是一个充分了解市场信息并试图取得最佳价值的"聪明购物者"愿意支付的最大价值，该价值由两部分构成：一是参考价值，即最优替代品的价值；二是差异化价值，即该产品区别于最优替代品的客户价值驱动因素的经济价值。最优替代品指市场上现存的替代供应来源，即"下一个最好的竞争性替代品"。在 SaaS 模式下，客户根据自身需要订阅相关的软件服务，这需要 SaaS 厂商需要把软件服务的客户经济价值转换为对软件服务的订阅价格。

5.2.2 价格估算过程

基于客户经济价值的 SaaS 服务定价过程大致分四步[119]：（1）选取最优替代品，估算最优替代品价值；（2）确定客户价值驱动因素集合，估算差异化价值；（3）计算总经济价值，转换为对 SaaS 服务的订阅价格；（4）价格调整与价格实施。

5.2.2.1 选择最优替代品，估算最优替代品价值

当选取以传统方式交付的软件产品为最优替代品，此时可依据软件厂商的收益来源来估算最优替代品的价值。以 ERP 软件为例，基于传统交付方式的 ERP 软件厂商，其收益来源主要有三个方面[11]：一是软件许可证销售收入。通常，客户购买的应用软件越复杂，授权的软件用户数越多，软件厂商的收益越高。二是软件维护收入，软件厂商通常与客户签订软件维护协议，厂商负责提供软件版本升级及技术支持，客户按协议向厂商支付软件维护费用，维护费用通常按客户所购软件产品许可证费用的一定比例（约 15%–25%）按年收取。三是客户服务收入，指软件厂商为客户提供软件安装、用户培训、产品定制与系统集成等服务而获得的收入，该收入通常是一次性的。通过把这三部分收益进行相加，作为最优替代品估算价值（或称参考价值），该价值可表示为：$V_{ref} = V_l + \sum_{i=1}^{n} V_{m_i} + V_s$。其中：$V_l$ 为软件许可证收入，V_{m_i} 为第 i 年软件维护收入，V_s 为客户服务收入，n 为选区的定价时区（单位：年）。定价时区是为估算客户价值额度而选取的时段，定价时区长度影响对最优替代品价值及差异化价值的估算结果。

当最优替代品为同类型 SaaS 服务时，最优替代品价值可直接采用所参照的 SaaS 服务的订阅价格，在此基础上结合所选取的定价时区计算出其价值，此时最优替代品估算价值可表示为：$V_{ref} = p_{ref} * 12 * n$。其中：$p_{ref}$ 为所参照的 SaaS 服务的订阅价格（单位：元/月）。

5.2.2.2　确定客户价值驱动因素集合，估算差异化价值

客户价值驱动因素集合，即一组可区分的产品或服务特征，该特征用于评估当前产品和服务对客户的价值。客户价值驱动因素可以是正向的也可以是负向的[119]，正向的价值驱动因素指对客户有价值的特征，负向的价值驱动因素是对客户不利的特征，因而，负向的驱动因素是需要软件厂商重点关注的。

可从两个维度对 SaaS 服务的客户价值驱动因素进行识别：从时间维度，企业采纳 SaaS 服务的过程可大致分为实施准备、服务实施和运行维护三个阶段；从内容维度，企业采纳 SaaS 服务涉及到 SaaS 应用服务、IT 基础设施和人力资源保障三个部分，其中，应用服务是企业实现管理信息化的核心，企业通过运行应用功能实现预定的业务目标，IT 基础设施和人力资源保障是企业为正常访问应用服务而必须具备的条件。以传统的软件模式为参照，我们在对 SaaS 模式特征深入分析基础上，提炼出一组针对 SaaS 模式的客户价值驱动因素，见表 5.1。

表 5.1　SaaS 客户价值驱动因素

编号	客户价值驱动因素描述	内容维			时间维		
		应用软件	基础设施	人力资源	实施准备	服务实施	运行维护
F01	允许购买前在线试用，降低选型风险	✓			✓		
F02	实施周期显著缩短	✓		✓		✓	
F03	客户按需订阅软件服务，适应动态成长	✓					✓
F04	应用自动升级，客户无需额外付费	✓		✓			✓
F05	有限的应用可定制性降低客户价值（▼）	✓			✓	✓	✓
F06	有限的外部系统集成能力（▼）	✓			✓	✓	✓
F07	业务数据安全保障水平依赖厂商（▼）	✓			✓	✓	✓
F08	应用性能保障依赖于厂商技术方案（▼）	✓			✓	✓	✓
F09	客户减少 IT 基础设施投资		✓		✓	✓	✓
F10	客户方维护要求降低，节约 IT 人力			✓			✓

注：表中带（▼）的条目为负向的价值驱动因素；✓ 表示该价值驱动因素与当前维度的当前单元存在较大关联。

以选取的最优替代品为参照，以表 5.1 中客户价值驱动因素集合为参考，结合对目标市场客户价值的理解，依据一定的估算规则与方法对当前 SaaS 服务的客户价值相对于最优替代品价值之间的差异进行估计，并用货币量来表达该价值差异。由于价值驱动因素可以是正向的或负向的，因此差异化价值可以为正值或负值。把各个价值驱动因素的价值差异值相加，结果作为总的差异化价值。总的差异化价值为：$V_{dif} = \sum_{i=1}^{n} \sum_{j=1}^{k} v_{dif}(j,i)$。其中：$v_{dif}(j,i)$ 为 SaaS 服务的客户价值驱动因素 j 在年份 i 的差异化价值。

5.2.2.3 计算总经济价值，转换为对 SaaS 服务的订阅价格

对最优替代品价值与差异化价值求和，作为 SaaS 服务对于客户的总经济价值。进而把该总经济价值在定价时区内按月平均分配，形成初步的订阅价格，该价格（单位：元/月）可表示为：$p_{month} = (V_{ref} + V_{dif})/(n * 12)$。

5.2.2.4 价格调整与价格实施

SaaS 服务的价值在不同细分市场的客户中通常是有差异的，而且，实际定价中还可能涉及其他因素。因此，在前阶段形成的订阅价格基础上，需要进一步综合考虑客户激励、客户市场细分、市场竞争策略等因素，对订阅价格进行相应修订以支持软件厂商的特定目标（如利润最大化）。价格调整的结果是形成最终的价格方案。

5.2.3 价格估算算例

在基于客户经济价值的 SaaS 服务价格决策过程中，无论是针对最优替代品价值还是差异化价值，在估算时都会面临很多不确定性。蒙特卡洛模拟方法是一种不确定性分析的重要工具。该模拟方法可通过产生一组概率因素的随机数，针对原始问题的随机性进行模拟，进而从模拟的随机数变化中推断出针对原始问题的解决方法。基于蒙特卡洛进行模拟的过程简单描述为：首先是建立用以模拟实际问题的分析模型，其次是根据主观经验或历史数据，对模型中每个不确定因子建立概率分布，根据这些因子的概率分布情况，随机产生不同的样本输出，然后用于确定模型的实验结果。重复进行采样过程，可得到实验结果频数分布、均值、方差等结果，这些结果可作为决策的依据[142]。由于 MS Excel 提供了随机数发生函数 RAND，同时也提供了一组统计函数，如：利用 NORMSINV 函数产生随机正态离差，这里选用 MS Excel 对 SaaS 服务定价进行蒙特卡洛模拟。

5.2.3.1 相关假设

假设某 SaaS 厂商面向中小型制造企业提供全面管理解决方案，选取以传统方式交付的某厂商的 ERP 软件产品为最优替代品，定价时区 $n = 4$ 年。假设模拟中涉及的概率分布见表 5.2。

5.2.3.2 模拟结果

蒙特卡洛模拟的结果见图 5.1 。当模拟大约进行到 400 次后，软件服务订阅价格的累计平均值图形已较稳定，因此可认为 1000 次试验是足够的。

厂商可以订阅价格均值为参考点，结合客户企业的注册用户规模、投资回收预期、客户增长策略等因素，确定差别化定价方案，如：针对注册用户数规模在 500 以上的企业，订

表 5.2　概率分布描述

项目	描述
V_l	最优替代品的软件许可证价格（单位：元）符合正态分布，$V_l \sim N(300000, 50000)$
V_{m_i}	最优替代品第 i 年软件维护收入，按许可证价格的 15% – 25% 估计，其中：收入为 15% 许可证价格的可能性为 30%，20% 许可证价格的可能性为 40%，25% 许可证价格的可能性为 30%
V_s	最优替代品的客户服务收入，其均值按软件许可证收入的 50% 估计，符合正态分布，$V_s \sim N(150000, 20000)$
F01	软件选择风险降低使客户收益，服从均匀分布，$V_{dif(1,*)} \sim U[15000, 30000]$
F02	该因素带给客户一次性收益，服从正态分布，$V_{dif(2,*)} \sim N(45000, 10000)$
F03	假设调整服务的客户收益等于替代品客户服务收入的 10%；若 $x = 1$ 表示客户调整服务订阅，$x = 0$ 表示不调整，假设 $P\{X = 1\} = P\{X = 0\} = 0.5$
F04	$V_{dif(4,*)} \sim N(\mu, \sigma)$，$\mu$ 取值为 10% 的替代品维护费用，σ 取 $\mu/5$
F05	$V_{dif(5,*)} \sim N(\mu, \sigma)$，$\mu$ 取值为 10% 的替代品许可证价格，σ 取 $\mu/5$
F06	$V_{dif(6,*)} \sim N(\mu, \sigma)$，$\mu$ 取值为 10% 的替代品许可证价格，σ 取 $\mu/5$
F07	客户要求的数据安全保障水平为中低的可能性为 0.85，此时客户没有收益及损失；为高的可能性为 0.15，此时客户损失为 5% 的替代品许可证价格
F08	按 F07 项目的概率分布处理
F09	服从均匀分布，$V_{dif(9,*)} \sim U[a, b]$，其中：$a, b$ 按替代品许可证价格的 4% 和 6% 计算
F10	服从均匀分布，$V_{dif(10,*)} \sim U[a, b]$，其中：$a, b$ 按替代品维护费用的 30% 和 50% 计算

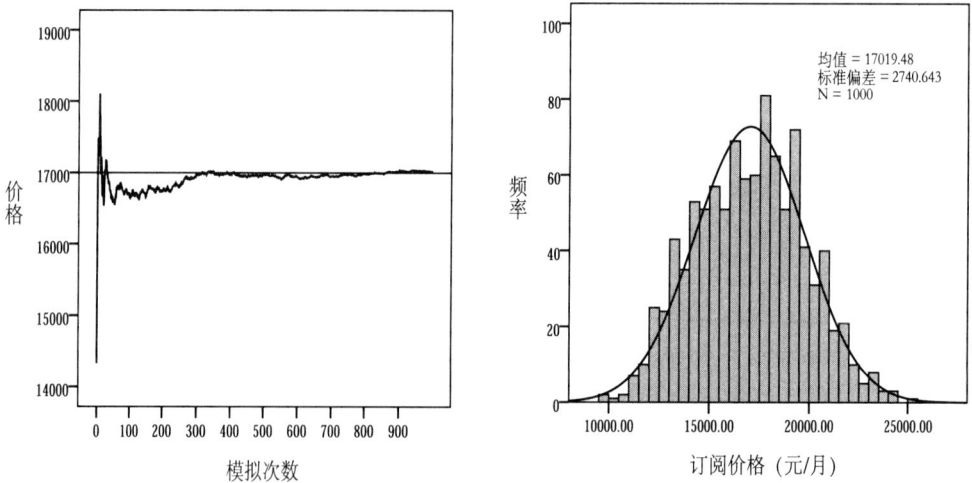

图 5.1　模拟结果

阅价格为 6 万元/月, 不限用户数; 用户数规模在 200 至 500 时, 订阅价格为 150 元/月/用户; 用户数小于 100 时, 订阅价格为 180 元/月/用户。

5.3 基于双向拍卖的 SaaS 服务定价机制

5.3.1 当前 SaaS 定价实践中静态定价策略的不适应性

基于对大量 SaaS 厂商定价实践的观察, 我们发现目前普遍采用一种基于客户细分的静态定价策略, 即: 对应用功能分组, 进而与提供服务的质量等级组合, 在此基础上制定一组差异化价格水平, 以尽可能满足细分市场需求。由于不同客户在市场定位、经营能力、应用需求等方面存在个性差异, 即使针对同一类型的应用软件, 不同客户在应用属性及服务质量水平选择上存在差异, 不同 SaaS 厂商在服务运营成本及客户价值认知等方面也普遍存在差异。客户选择应用服务时希望在满足需求前提下实现成本最小化, 而 SaaS 厂商目标是实现收益最大化。显然, 静态定价策略无法满足交易双方动态的价值沟通需要。另外, 目前 SaaS 厂商主要通过网站向客户传达在线应用软件及价格信息, 客户从众多 SaaS 厂商中作出选择时, 存在搜寻成本高、决策效率低等问题。

通过引入拍卖这一普适的、灵活有效的资源配置和价格决定市场机制, 结合互联网特有的低成本、大规模、快速聚合客户及 SaaS 厂商的能力, 通过设计合理的拍卖规则, 可有效实现买卖双方价值共赢。这里运用拍卖机制解决 SaaS 服务选择中面临的上述问题。

5.3.2 拍卖机制应用于 SaaS 服务定价的可行性

5.3.2.1 拍卖相关研究

拍卖理论的早期研究仅以价格来确定中标者或拍品的配置[143], 现实中仅以价格作为唯一准则常常不能满足需要。以在线应用服务选择为例, 客户在作出订阅决策时除关心价格外, 通常还关心应用功能范围、功能运行稳定性、提供商承诺的服务水平等。除价格外还考虑其他属性的拍卖称多属性拍卖或多维拍卖。由于多属性拍卖在投标策略和机制设计等方面不同于传统的单一价格拍卖, 相关问题已引起众多学者关注。从研究方法角度, 现有针对多属性拍卖的研究主要分两大类。一类是基于不完全信息博弈的分析视角, 其中: Che (1993) 为多属性拍卖研究建立了一种分析框架, 在投标者生产成本相互独立的假设下, 针对价格和质量两个属性设计得分规则和效用函数, 为卖方获得更好收益[144]; Branco (1997) 在 Che (1993) 基础上考虑投标者成本相关情形, 基于社会福利最大化为目标设计最优拍卖机制[145]; David 等 (2006) 将多属性拍卖推广到三属性和任意多属性的情形[146], Pla 等 (2014) 将属性进一步分为可证实的、不可证实的以及由拍卖商提供的三个类别, 并给出一个多属性逆向升价拍卖机制[147]; 针对 David 等 (2006) 研究中关于买方效用和卖方成本为较为特殊的线性或拟线性函数从而限制了模型应用这一问题, 姚升保等 (2013)[148] 研究了多属性拍卖中买方效用及卖方成本均为一般幂效用函数的情形，分析了英式拍卖协议下卖方投标策略及买方收益；孙亚辉等（2010）[149] 及金泽等（2006，2006a)[150;151] 研究了多属性密封拍卖机制下投标人最优投标策略及拍卖方法；针对已有多属性拍卖研究（Che, 1993；Branco, 1997；David, 2006）中线性评分函数适用性问题，王明喜等（2014）给出一种基于简单加权法的多属性采购拍卖模型[152]；杨锋等（2015）等研究了多属性逆向拍卖中最优投标方选择问题[153]，田剑等（2014）在多属性逆向拍卖利润分配问题研究中还考虑了参与主体风险规避的情形[154]；Satayapiwat 等（2008）针对网络计算资源分配问题提出一种服务效用最大化为目标的双向拍卖方法，考虑了用户方作业需求和服务方资源约束[155]；陶杰等（2013）针对云计算中服务提供商与用户匹配问题给出两种带赔偿的逆向一级密封拍卖机制[156]；翁楚良等（2006）提出一个基于双向拍卖的网格资源分配方法，其中拍卖系统由买方、卖方和计算资源经纪人组成，考虑了资源数量和单价两种属性[157]。多属性拍卖的另一类研究则是基于实验经济学的视角，其中：Bichler（2000）[158] 和 Chen-Ritzo 等（2005）[159] 分别基于实验得出多属性拍卖能同时提高买卖双方效用这一结论，Pla 等（2015）则是基于实验研究多属性拍卖在资源分配中的公平问题[160]，Nassiri-Mofakham 等（2015）通过开发测试平台来研究多属性组合双向拍卖中拍品组合及买卖方投标策略[161]。

总的来看，现有相关研究多是关于单向拍卖的（如：Che，1993[144]；Branco，1997[145]；David，2006[146]；姚升保，2013[148]；孙亚辉，2010[149]；金泽，2006，2006a[150;151]；王明喜，2014[152]；杨锋，2015[153]；田剑，2014[154]；陶杰，2013[156]），针对双向拍卖的成果较少且主要针对单件物品（如：Satayapiwat et al.，2008[155]；翁楚良，2006[157]；Nassiri et al.，2015[161]）。从市场结构上看，单向拍卖中，一个买方对应多个卖方或一个卖方对应多个买方，其中某方由于掌握垄断资源而形成一定垄断优势；双向拍卖中，允许存在多个买方与多个卖方，买卖双方地位平等，基于各自报价由拍卖师（中介）依据具体策略进行匹配，由匹配双方实施交易。相对单向拍卖，双向拍卖可提高资源配置效率，降低交易成本，有效解决拍卖中易滋生的串谋及恶意报价等问题，特别适合网络环境下众多买卖方的交易[157]。

5.3.2.2　拍卖应用于 SaaS 服务定价的可行性

SaaS 模式下的在线应用服务市场，买方（客户）及卖方（SaaS 厂商）数量众多，地位平等，卖方旨在通过提供灵活的应用服务组合及计费方式来吸引更多客户以最大化收益，买方则希望扩大应用服务搜索范围、订阅到能满足个性化需要的高性价比的应用服务，可见，双向拍卖较之单向拍卖更适应 SaaS 模式市场需求。

如上双向拍卖文献（Satayapiwat et al.，2008[155]；翁楚良，2006[157]）针对网络资源分配及定价问题，属于基础计算资源层面，不能满足应用层面的服务选择需要。如何有效利用互联网在线拍卖具有的交易费用低、受众范围广、拍卖机制执行灵活等特点，考虑 SaaS 厂商及应用服务订阅客户间的供需情况，动态确定应用服务订阅价格，这方面研究十分缺乏。鉴于此，这里运用多属性双向拍卖探讨在线应用服务选择问题，提出一种基于多属性双向拍卖的应用服务选择方法，通过考虑买卖双方的价格属性及出价信息，在一次拍卖中可实现多个买卖方的应用服务选择，有效支持 SaaS 厂商与应用服务订阅客户间的价值双赢。

5.3.3 一种基于双向拍卖的 SaaS 服务定价机制设计

5.3.3.1 问题描述

SaaS 市场中，买方（应用服务需求方）向卖方（SaaS 厂商）订阅所需的在线应用服务，买方一旦订阅，将按约定周期（如按月）向卖方付费。买方在订阅决策时考虑多类因素，如：应用功能情况、预期使用情况、实施期间工作量、卖方信誉等，对这些因素的不同取值将影响其支付意愿。对卖方而言，买方在这些因素的取值差异将影响其应用服务的运营及维护成本，从而影响其出价。

这里把影响订阅价格的因素（这里称价格属性）归纳为四组：产品属性、使用属性、支持属性和其他属性。产品属性指在线应用服务作为软件产品的一组特性，包括功能性和非功能性两组：前者直接体现业务价值，典型属性包括功能模块类别、模块涵盖的功能点等；后者体现应用服务质量，典型属性包括安全性、易用性、可集成性等。使用属性指与买方在服务使用需求方面相关的特性，典型属性包括用户数、用户类型、交易执行频率及计算能力、数据存储容量和传输带宽需求等。支持属性指卖方为保证买方正常使用订阅的应用服务需提供的支持类别（如：用户培训、系统集成、客服支持等）及支持水平（如：客服响应时间）。其他属性指影响价格选择的其他方面（如：支付方式及支付频率、市场竞争策略）。这四组属性中，产品属性、使用属性、支持属性的取值直接反映买方将从应用服务订阅中获取的预期价值，是买卖方价格协商的重要依据。

卖方为向买方兑现所承诺的在线应用功能及支持质量，需持续投入资源来运营及升级在线应用，这部分可变成本不可忽视[83]。为获得规模经济优势，卖方针对应用服务的不同价格属性组合制订多套价格方案以尽可能吸引差异化需求的潜在买方。

5.3.3.2 拍卖模型

基于多属性双向拍卖的在线应用服务选择基本思路为：由买方、卖方以及拍卖中介共同组建双向拍卖系统，中介负责提供基于互联网的拍卖支撑平台、发布拍卖规则及相关公共信息，买卖双方在拍卖平台进行注册并按要求提交各自出价，中介汇集买卖双方出价并根据拍卖机制对买方和卖方进行匹配及确定成交价，最后由匹配的买卖方完成实际交易。

假设拍卖中只针对一类在线应用服务（如在线 CRM），不同卖方提供的应用服务在同类型功能模块上无显著差异，应用服务可支持的买方无数量限制，应用服务的价格属性列表及各属性取值约定对买卖双方是公共知识。拍卖中介知道买方在各价格属性上的取值及相应出价，以及卖方针对各价格属性取值组合的成本及相应出价，但这部分信息对买卖双方而言为私有信息，任一对买方之间、卖方之间以及买方与卖方之间不存在共谋，买卖方出价只针对一个订阅周期。

在线应用服务选择模型是一个六元组 $MA = <B, S, A, GB, GS, Res>$，其中：

$B = \{b_1, b_2, \cdots, b_m\}$ 表示 m 个买方，$m > 2$，$S = \{s_1, s_2, \cdots, s_n\}$ 表示 n 个卖方，$n > 2$，B 和 S 为有限集。A 为价格属性空间，$A = A_1 \times A_2 \times \cdots \times A_k$，共有 k 个价格属性 $a_1, a_2, \cdots, a_k$，各属性取值空间分别为 $A_1, A_2, \cdots, A_k$。$a = (a_1, a_2, \cdots, a_k)$ 为属性向量，$a \in A$。GB 为买方出价策略空间，$GB = GB_1 \times GB_2 \times \cdots \times GB_m$，其中 GB_i 为 b_i 的出价策略空间。任一买方 $b \in B$ 的一个出价策略可表示为 $gb_b = (a_b, V_b, bid_b)$，其中 $a_b \in A$ 为相应于 b 的属性向量，$V_b : A \rightarrow \mathbb{R}^+$ 为 b 的属性价值函数（$\mathbb{R}^+$ 为非负实数），$V_b(a) \in \mathbb{R}^+$，b 为基于该函数估计从使用特定水平属性 a_b 的在线应用服务中预期获得的业务价值（反映 b 的最高支付意愿），bid_b 为 b 相应于 a_b 的出价。GS 为卖方出价策略空间，$GS = GS_1 \times GS_2 \times \cdots \times GS_n$，其中 GS_j 为 s_j 的出价策略空间。在一轮出价中，每个卖方可向拍卖中介报出一组出价策略，其中每个策略针对属性向量的一个取值。不失一般性，令 (C_s, a_s, bid_s) 表示 s（$s \in S$）的一个策略，其中：$a_s \in A$ 为 s 的一个属性向量值，$C_s : A \rightarrow \mathbb{R}^+$ 为 s 的属性成本函数，$C_s(a_s) \in \mathbb{R}^+$，$s$ 基于该函数估计相应于水平属性 a_s 的在线应用服务提供成本（反映 s 的保留价），bid_s 为 s 相应于 a_s 的出价。Res 为拍卖中介根据拍卖机制对买卖方策略进行匹配的结果，当结果非空时，任取一元素 $r = (b, s, a_b, a_s, p) \in Res$，其中：$b, s$ 表示一对匹配的买方和卖方，a_b, a_s 分别为一对可匹配的属性向量值，p 为拍卖中介根据拍卖机制确定的成交价。

5.3.3.3　拍卖机制

（1）拍卖机制。

根据机制设计思想，拍卖就是确定一组规则与过程，用以决定拍卖的赢家和各参与者收益。在拍卖设计中，效用是一个重要问题。从买卖方看，常用各自获取的收益来衡量。各方都试图使自身效用最大化。从全局看，待售物品最终应由出价最高的竞买者拍得，理想的拍卖设计应实现买卖方的总效用最大。确定成交价是拍卖设计中的一个重要方面，直接关系到拍卖效用。已有研究表明：当考虑买卖双方第二价格均值作为成交价时，双方都将会理性地选择出价以期与合适的交易者进行交易[162]。运行效率是拍卖设计中的另一个重要问题，关系到资源能否快速分配，通常用整个拍卖过程的时间复杂度或拍卖轮数来衡量[157]。一般来说，相对公开竞价的升价或降价拍卖而言，密封拍卖只需一轮，时间复杂度较低。基于现有观点，这里采用密封拍卖，考虑在线应用服务选择的多价格属性特征，由买卖方分别出价，拍卖中介对买卖方各出价策略进行匹配，选择出价最高的买方及出价最低的卖方作为候选交易方，在综合买方次高出价及卖方次低出价的基础上确定成交价。

先给出一个相关定义：

设 x 和 y 是某在线应用服务的两个价格属性向量，$x = (x_1, x_2, \cdots, x_k) \in A$，$y = (y_1, y_2, \cdots, y_k) \in A$，若满足 $x_j \leqslant y_j$，其中 $j = 1, 2, \cdots, k$，则称 x 与 y 相容，记为 $x \leqslant y$。若 $x \leqslant y$ 且 $y \leqslant x$，称 x 与 y 相等，记为 $x = y$。

对拍卖机制描述如下：

一轮拍卖中，所有买方出价策略表示为 $Gb = \{Gb_1, Gb_2, \cdots, Gb_m\}$，其中 $Gb_i \in GB_i$。

设 x 为买方的一个价格属性向量，用 $gb.a$ 表示对买方策略 gb（$gb \in Gb$）中价格属性向量 a 的引用，则 Gb 中价格属性向量等于 x 的策略为：

$$L_B(x) = \sigma_{gb.a=x} Gb \tag{5.1}$$

所有卖方出价表示为 $Gs = \{Gs_1, Gs_2, \cdots, Gs_n\}$，其中 $Gs_j \in GS_j$，用 $gs.a$ 表示对卖方策略 gs（$gs \in Gs$）中价格属性向量 a 的引用。现实中，买方将愿意接受相容的价格属性向量取值，Gs 中价格属性向量与 x 相容的策略为：

$$L_S(x) = \sigma_{x \leqslant gs.a} Gs \tag{5.2}$$

对 $L_B(x)$ 在 bid 上投影，记为 $PR_B = \pi_{bid} L_B(x)$，则相应于 x 的买方次高出价 $p_B(x)$ 为：当 $|PR_B| = 1$，取 PR_B 中唯一元素的值；当 $|PR_B| \geqslant 2$，取 PR_B 中次大值。类似地，对 $L_S(x)$ 在 bid 上投影，得：$PR_S = \pi_{bid} L_S(x)$，则与 x 相容的卖方次低出价 $p_S(x)$ 为：当 $|PR_S| = 1$，取 PR_S 中唯一元素的值；当 $|PR_S| \geqslant 2$，取 PR_S 中次低值；其他情形，取 $+\infty$。当 $p_B(x) \geqslant p_S(x)$ 时，相应于 x 的成交价 $p(x)$ 选取如下：

$$p(x) = \alpha\, p_B(x) + \beta\, p_S(x) \tag{5.3}$$

式(5.3) 中，$\alpha, \beta \in [0,1]$，$\alpha + \beta = 1$。当 $p_B(x) < p_S(x)$ 时，意味着买卖方相应于 x 没有成交可能，此时上式 $p(x)$ 可取 $+\infty$。当买卖方存在成交可能时，由式 (5.1) 进一步确定相应于 x 的出价最高的买方，表示为：

$$T_B(x) = L_B(x) - \pi_{I.*}(\sigma_{I.bid < II.bid}(\rho_I(L_B(x)) \times \rho_{II}(L_B(x)))) \tag{5.4}$$

类似地，由式(5.2) 进一步可得相应于价格属性 x 的出价最低的卖方，表示为：

$$T_S(x) = L_S(x) - \pi_{I.*}(\sigma_{I.bid > II.bid}(\rho_I(L_S(x)) \times \rho_{II}(L_S(x)))) \tag{5.5}$$

在式(5.4)及式(5.5)中，$\rho_I(*)$ 表示把 $(*)$ 中对象重新命名 I。在一轮拍卖中，针对同一价格属性向量实例，多个买方同时给出最低出价，多个卖方同时给出最高出价，这种情形是正常的，符合在线应用产品由众多订阅客户共享使用这一特点。

综上可知，对于应用服务选择模型中的匹配结果集 Res，$\forall = (b, s, a_b, a_s, p) \in Res$，其中：$b, a_b$ 来自式(5.4)，s, a_s 来自式(5.5)，p 来自式(5.3)，$a_b \leqslant a_s$，$p = p(a_b)$。

（2）性质。

根据机制设计理论，委托人（博弈中不拥有私人信息的参与人，这里为拍卖中介）在设计机制时要考虑两个约束：个体理性和激励相容[163]。个体理性约束指一个理性的代理人（博弈中拥有私人信息的参与人，这里指买方和卖方）有兴趣接受委托人设计的机制时，代理人在该机制下得到的期望效用必须不小于他不接受这个机制时得到的最大期望收益。激励相容约束指代理人在所设计的机制下，必须有积极性地选择委托人希望他选择的行动。满足这两个约束的机制称为是可行的可实施机制。结合这里给出的拍卖机制，可知：若所制定的拍卖规则能使得交易的买卖双方各自所获得收益为非负，则该机制是个体理性的；若能使得买卖双方向拍卖中介如实报告各自预期业务价值或服务提供成本（即：讲真话）是各自的优势策略，则该机制是激励相容的。

性质 1. 在应用服务的价格属性列表及各属性取值空间为公共知识，卖方的属性成本函数及买方属性价值函数为各自的私有信息，并且各买方之间、卖方之间以及买卖双方之间出价彼此独立的前提下，这里的拍卖设计满足激励相容和个体理性约束。

首先，论证该机制满足激励相容。

在给定前提下，任一对可交易的出价都是拍卖中介基于已提交的独立出价按拍卖规则进行匹配的结果，且在匹配结果发布前不被任一买方或卖方所知，因此，一方在出价时不需考虑另一方情况。从买方角度，考虑某买方，如 b，其属性向量 a_b，相应于 a_b 的业务价值及出价分别为 $V_b(a_b)$ 和 bid_b，并设 $p_{\bar{b}} = max_{c \neq b}(bid_c, a_b)$ 是相应于 a_b、除 b 之外的买方的最高出价。通过出价 $V_b(a_b)$，若 $V_b(a_b) \geqslant p_{\bar{b}}$，那么 b 最可能基于 a_b 赢得匹配，反之，如果 $V_b(a_b) < p_{\bar{b}}$，则他没有机会匹配。然而，如果出价 $z < V_b(a_b)$，若 $V_b(a_b) > z \geqslant p_{\bar{b}}$，则他仍最可能赢得匹配，当赢得匹配时其预期收益不变，为 $V_b(a_b) - p = V_b(a_b) - a\, p_{\bar{b}} - \beta\, p_{\bar{s}}$，其中 $p_{\bar{s}}$ 是独立于买方的某卖方出价；若 $p_{\bar{b}} \geqslant V_b(a_b) > z$，或者 $V_b(a_b) \geqslant p_{\bar{b}} > z$，他根本没有机会匹配，然而他若出价 $V_b(a_b)$，他原本最可能赢得匹配并获得非负的预期收益。因此，出价低于 $V_b(a_b)$ 永远不会增加其收益，在某些情形还会减少其收益。类似的论证表明，出价高于 $V_b(a_b)$ 也是不利的。因此，买方向拍卖中介如实报告预期业务价值为其优势策略。类似可论证得出：对于给定的属性向量值，卖方向拍卖中介如实报告相应的服务提供成本为其优势策略。

其次，论证该机制满足个体理性。

对于 $\forall b \in B$ 和 $\forall s \in S$，若参与拍卖并成功匹配，匹配结果 $r = (b, s, a_b, a_s, p) \in Res$，由拍卖机制知 a_b 与 a_s 相容，即 $a_b \leq a_s$，此时 b 的收益：

$$
\begin{aligned}
U_b &= V_b(a_b) - p \\
&= V_b(a_b) - (\alpha\, p_B(a_b) + \beta\, p_S(a_b)) \\
&\geqslant V_b(a_b) - p_B(a_b) \geqslant 0
\end{aligned}
$$

s 的收益：

$$
\begin{aligned}
U_s &= p - C_s(a_s) \\
&= \alpha\, p_B(a_b) + \beta\, p_S(a_b) - C_s(a_s) \\
&\geqslant \alpha\, (p_B(a_b) - p_S(a_b)) + p_S(a_b) - C_s(a_s)
\end{aligned}
$$

其中：$C_s(a_s)$ 为中介选择的匹配卖方相应于 a_s 的成本，$a_b \leqslant a_s$。

机制规定出价最低的卖方为候选交易方，$p_B(a_b) \geqslant p_S(a_b)$，且已论证卖方如实报告服务提供成本为其优势策略，由成交价确定规则知 $p_S(a_b) \geqslant C_s(a_s)$，故 $U_s \geqslant 0$。

若 b 和 s 没有成功匹配，双方各自收益为 0。另外，对于不接受该机制的买方和卖方，由于不存在交易可能，故各自收益为 0。

性质 2. 在应用服务的价格属性列表及各属性取值空间为公共知识，卖方的属性成本函数及买方属性价值函数为各自的私有信息，并且各买方之间、卖方之间以及买卖双方之间出价彼此独立的前提下，本章拍卖设计是事后有效的。这是因为：就某一价格属性向量而言，从买方角度，拍卖赢者一定是相应预期业务价值最高的，从卖方角度，拍卖赢者一定是相应服务提供成本最低的，理性买方和卖方出价策略的结果是各自实现了效用最大化，也即实现了整个拍卖系统的总效用最大化。

5.3.3.4 实验结果分析

（1）实验设计。

为验证模型可行性，自行编制程序进行实验，采用如下拍卖算法：

输入：在一轮拍卖中，买方出价策略集 $Gb = \{gb_1, gb_2, \cdots, gb_m\}$，其中 $gb_i = (a_i, V_i, bid_i)$ 为买方 i 的出价策略。卖方出价策略集 $Gs = \{Gs_1, Gs_2, \cdots, Gs_n\}$，$Gs_j = \{gs_{j1}, gs_{j2}, \cdots, gs_{jl_j}\}$ 为卖方 j 的一组策略，其中 l_j 表示本轮拍卖中 j 的出价策略数，卖方 j 的某个出价策略，如第 k 个出价 $gs_{jk} = (C_j, a_{jk}, bid_{jk})$。

输出：策略匹配结果 $R = \{r = (b, s, a_b, a_s, p) \mid r \in Res\}$。

处理：

① 置匹配结果 $R = NULL$；

② 若 Gb 非空，任取一策略 $gb = (a, V, bid) \in Gb$，根据拍卖规则确定成交价 $p(a)$；

③ 若 $p(a) \neq +\infty$ 时，根据式(5.4)-式(5.5)确定相应于价格属性向量 a 的匹配的买方 $T_B(a)$ 和卖方 $T_S(a)$，进行如下处理：a) 若 $T_B(a)$ 非空，则从中取一元素，相应买方策略为 tb，从 $T_S(a)$ 中随机取一卖方策略 ts，从 tb、ts 中提取相关信息并添加到匹配结果 R 中；b) 从 $T_B(a)$ 中删除当前元素，继续 a)；

④ 从 Gb 中删除所有价格属性向量等于 a 的出价策略；

⑤ 继续②，直到 Gb 为空。

实验中考虑 5 个公共价格属性，各价格属性取离散值，买方属性价值及卖方属性成本为各价格属性的线性函数。用 $a = (a_1, a_2, \cdots, a_5)$ 表示价格属性向量，各属性取值为 0 到 9 区间的整数，买方 b 的属性价值函数为 $V_b(a) = \sum_{i=1}^{5} v_{bi} a_i$，$v_{bi}$ 为对应于 a_i 分量的价值权重，卖方 s 的属性成本函数为 $C_s(a) = \sum_{i=1}^{5} c_{si} a_i$，$c_{si}$ 为对应于 a_i 分量的成本权重。在一次拍卖中各买方价值权重 v_{bi} 及各卖方成本权重 c_{si} 取值服从均匀分布，$v_{bi} \sim U_B(v_0, v_1)$，$c_{si} \sim U_S(c_0, c_1)$。买卖方出价时讲真话。

　　为衡量拍卖结果引入二组参数：① 交易成功率，包括：买方交易成功率，为一轮拍卖中成功匹配的买方数与买方总数之比；卖方交易成功率，为一轮拍卖中成功匹配（成功匹配次数大于或等于 1）的卖方数（多次成功匹配的同一卖方只统计一次）与卖方总数之比。② 平均收益，包括：成功买方的平均收益，为一轮拍卖中成功匹配的买方总效用与成功匹配的买方总数之比；成功卖方的平均收益，为一轮拍卖中成功匹配的卖方总效用与成功匹配的卖方总数（多次成功匹配的同一卖方只统计一次）之比。

　　为考察卖方属性成本与买方属性价值的不同分布情形对拍卖结果的影响，实验中取卖方属性成本分布为 $U_S(20,60)$ ，买方属性价值分布取三种情形：$U_B(0,40)$、$U_B(20,60)$ 和 $U_B(40,80)$ 。针对买方数量 m 和卖方数量 n 的两类情形进行实验：1)$m = n$ 且二者取值依次为 10,20,50,100,200,400,600,800,1000；2)$m \neq n$ ，取 $n = 100$，m 取值与 $m = n$ 情形相同。针对每种情形各实验 100 次。

　　（2）结果分析。

　　实验结果见图 5.2 至图 5.5 。图中虚线和实线分别对应实验设计中买方和卖方数量的两类情形。

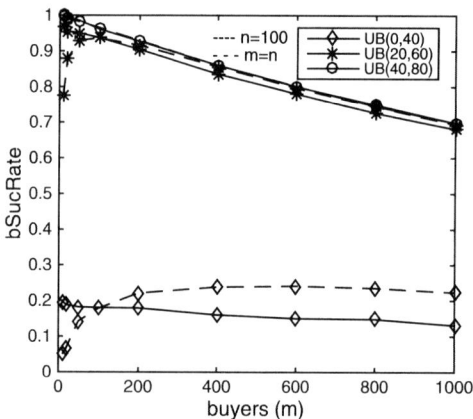

图 5.2　买方交易成功率　　　　　　　　　　图 5.3　卖方交易成功率

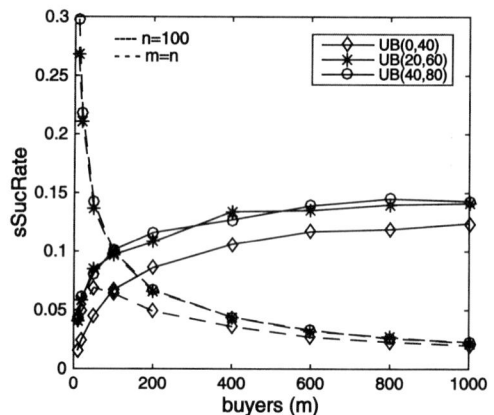

　　图5.2 表明：(a) 当卖方属性成本分布相对于买方属性价值分布（对应于 $U_B(0,40)$ 情形）偏高时，买方交易成功率总体上较低，然而，买方交易成功率随卖方数量增加将趋向于一个稳定水平；(b) 随着买方属性价值（对应于 $U_B(20,60)$、$U_B(40,80)$ 情形）预期取值相对于卖方属性成本的增加，买方交易成功率将增加，然而，买方交易成功率随买方数量增加呈下降趋势。原因在于：对于 (a)，此时相对于理性卖方的出价而言，理性买方的出价水平偏低，因此买方交易成功率偏低；对于 (b)，此时买方出价相对卖方出价而言有较高的可能性增加，从而成交概率变大，然而，随着买方数量增加，针对同一价格属性向量取值的买方竞争对手数量将增加，这意味着对单个买方而言其胜出概率将下降，使得总体上买方交易成功率下降。

　　图 5.3 表明：(a) 当卖方数量不变时，随买方数量增加，卖方交易成功率增加并将趋于

稳定；(b) 当卖方数量与买方数量皆增加时，卖方交易成功率下降并将趋于稳定。原因在于：买方数量增加意味着买方策略总量增加及策略差异化分布范围增加，增加了双方策略匹配的机会，其次，相应于价格属性向量的任一取值而言，买方策略增加导致更可能出现更高的出价，这有助于提高成交价水平，从而有助于提高卖方交易成功率；另一方面，针对价格属性向量的任一取值，根据强大数定律可知，买方（卖方）数趋于无穷时出现最高价买方（最低价卖方）的概率收敛于 1，结合拍卖机制及实验设计可知卖方交易成功率将趋于稳定。

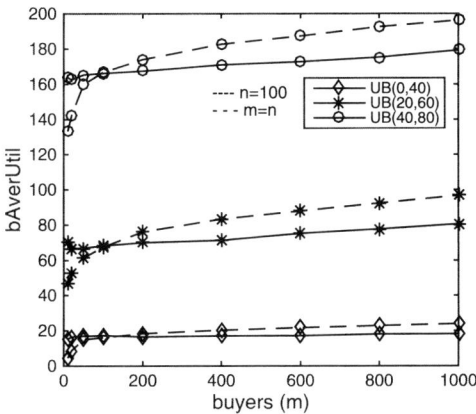

图 5.4　成功买方的平均收益

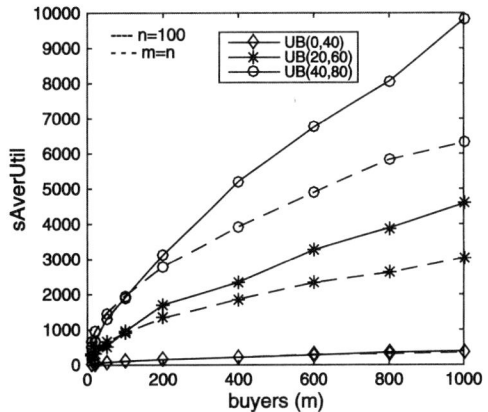

图 5.5　成功卖方的平均收益

图 5.4 表明：一方面，当买方属性价值的预期取值较大时，成功买方的平均收益增加；另一方面，当卖方数量增加时，成功买方的平均收益将增加。原因在于：根据拍卖机制，由于成交价中兼顾卖方最低出价，从而相对于卖方属性成本分布，当买方属性价值分布的取值区间较大时，有益于成功买方收益增加；其次，卖方数量增加进一步降低了成交价从而更有利于提高成功买方的收益。

图 5.5 表明：一方面，当买方属性价值的预期取值较大时，成功卖方的平均收益增加；另一方面，随着卖方数量增加，成功卖方的平均收益将下降。这是因为：拍卖机制中选取成交价时兼顾了买卖双方出价情况，当买方属性价值取值越大、卖方属性成本取值越小时，对成功卖方而言收益越大；另外就任一价格属性向量值而言，随着卖方数量持续增加，出现多个可匹配卖方的概率增加，根据前述算法此时随机挑选可匹配卖方，这增加了成功卖方数量，从而其平均收益将下降。

（3）进一步讨论。

基于实验结果，现归纳出三方面管理启示，并给出相应管理建议：

第一，对在线应用服务买方而言，通过选择具有较大业务价值贡献的服务属性的合理取值，并基于该服务属性取值组合及真实的业务价值参与竞拍，可最大化其收益及交易成功率。若多次参与拍卖仍未获成功，则表明相应服务属性取值组合的业务价值贡献与买方群体相比存在进一步提升空间。此时，可通过调整服务属性取值（如降低服务水平要求、增减订阅用户数量等)、改变相关服务属性对自身的业务价值贡献(如:当不限服务使用次数时通过努力增加使用服务频数以获取更大业务价值),这有助于在后续拍卖中获得成功。

第二,对在线应用服务卖方而言,通过选择具有较低提供成本的服务属性的合理取值,并基于该服务属性取值组合及真实的服务提供成本参与竞拍,可最大化其收益及交易成功率。若多次参与拍卖仍未获成功,则表明相应服务属性取值组合的服务提供成本与卖方群体相比存在进一步改善空间。此时,可通过调整服务属性取值、改变与特定服务属性有关的提供成本(如:通过技术创新),这有助于在后续拍卖中获得成功。

第三,对拍卖中介(平台提供方)而言,若平台中聚集了更多的买卖方,一方面有利于买方发现满足自身个性化需求的、低成本的服务提供方,另一方面有利于卖方通过提供个性化服务组合实现客户市场细分而获益,这可进一步增加对买卖方吸引力;然而,卖方交易成功率随卖方数量增加而下降,最终将由少数卖方获得高额收益。因此,拍卖中介在早期阶段应尽可能吸引更多买方及卖方使用拍卖平台,在稳定运营阶段应对少量关键卖方给予重点关注,并可考虑从交易成功的买卖方收取一定数额的交易费来实现获益。

5.3.3.5　与已有工作的比较

表5.3 从模型、效用、策略、效率 4 个方面将本工作与相关多属性拍卖研究进行比较。

表 5.3　与已有多属性拍卖方法的比较

相关研究	买卖方个数	属性个数	卖方成本函数	买方估价函数	总效用最大	买方最优策略	卖方最优策略	拍卖速度
Che(1993),Branco(1997)	1:n	受限	受限	受限	保证	未讨论	存在	保证
David(2006)	1:n	受限	受限	受限	保证	未讨论	存在	慢
姚升保等(2013)	1:n	不限	受限	受限	不保证	未讨论	存在	慢
孙亚辉等(2010)	1:n	不限	受限	受限	不保证	未讨论	存在	快
金泽等(2006)	1:n	不限	不限	不限	保证	Bayes最优	存在且占优	快
王明喜等(2014),杨锋等(2015)	1:n	受限	受限	不限	保证	Bayes最优	存在且占优	快
田剑等(2014)	1:n	不限	受限	不限	保证	未讨论	存在	快
翁楚良等(2006)	m:n	受限	未讨论	未讨论	保证	存在且占优	存在且占优	快
本工作	m:n	不限	不限	不限	保证	存在且占优	存在且占优	快

(1)模型。本章模型在属性个数、买卖方个数、卖方成本函数和买方估价函数上都不做限制,模型适用性更强。我们的工作既适合于属性数量不多、属性取值为离散值且取值组合不是很多的情形;也适合于属性值较多、各属性取值为实数且具有无限组合的情形,此时卖方需要向拍卖中介报告其成本函数。理论上讲,卖方成本函数形式的不限定,将导致

卖方在报告成本函数时，存在函数表示问题，这要求卖方成本函数必须能用某种不太复杂的方式表示，从这个角度讲，这里并非对卖方成本函数的形式没有任何限制，好在实际中卖方成本函数的形式并不复杂，很多情形下可用初等函数表示。

（2）效用。根据我们的拍卖机制，理性的买卖方采取坦诚出价策略，此时可保证买卖方总效用最大。而多属性英式拍卖[148] 和多属性密封最高叫价拍卖[149] 不能保证。

（3）策略。满足激励相容约束是本章拍卖机制的一个重要性质，也是能够快速高效匹配在线服务的关键，英式拍卖和最高叫价拍卖都不具有这一特性。

（4）效率。本章拍卖是一种单轮暗标叫价拍卖，因而拍卖速度高于多轮英式拍卖。

第 6 章　SaaS 服务等级协议

6.1　引　言

服务等级协议（service level agreement，SLA），也称服务水平协议，是服务提供商和服务消费者之间经过协商而制定的关于服务质量等级的协议或合同，旨在就所提供服务的范围、内容、响应优先权、双方责任与义务等方面达成共识。SLA 是云服务提供商和云消费者之间的关系纽带，它明确规定了服务双方的经济关系、量化了服务赔偿机制，是保障云服务服务质量的合法保障，对云服务提供商和云消费者双方而言都是不可或缺的[164]。

SaaS 模式下，SaaS 厂商提供计算基础设施，负责在线应用软件的运营、维护、升级，集中存储订阅客户的各种数据，对软件使用情况进行计量、监控，向订阅客户交付高质量的访问服务。从订阅客户角度看，十分必要对 SaaS 厂商行为及承诺服务等进行规范。从 SaaS 厂商角度，有必要借助某种媒介，来明确其责权利，以及对服务绩效评估、披露、改进。SaaS 模式的诸多特点（如：基于 Internet 访问服务、更彻底的 IT 资源及 IT 专业服务外包、订阅客户共享应用并按需使用等），客观上要求无论是 SaaS 厂商，还是订阅客户都必须给予 SLA 足够重视[165]，这对于保障双方权益、降低服务提供及服务使用相关风险具有重要现实意义。随着 SaaS 模式的巨大市场潜力快速释放，迫切需要针对 SaaS SLA 开展相关研究。

本章在客观把握 SaaS SLA 概念、作用及基本内容基础上，基于管理视角，对 SaaS SLA 模型、内容及关键的评估指标进行研究。本章内容安排：第 6.2 节回顾了 SLA 发展历程，梳理 SLA 研究及应用概况并对 SLA 的概念及作用进行概括；第 6.3 节介绍了 SLA 通用元模型，阐述了该模型中的各要素及其关系，对 SLA 的内容部件及参数类别进行归纳，本节还介绍了 SLA 生命周期及相关学术观点；第 6.4 节在对 SaaS SLA 需求进行分析的基础上分别针对 SaaS 核心服务和支持服务提炼出一组评估指标。

6.2 SLA 概述

6.2.1 SLA 起源及发展

SLA 最早出现于电信业[84]。随着运营商之间竞争的日益加剧，一些大客户要求运营商提供一些服务保证，如及时安装、平均修理时间间隔及低故障率承诺等，这种服务保证后来演变为 SLA，由运营商（电信服务提供商）与客户双方签订，运营商必须承诺遵守某些指标以达到满意的客户体验，如果运营商不满足协议条款，则必须退回客户的部分付款。1998 年帧中继论坛①发布了服务等级实施协议，其中规定了延迟、帧传输率、数据传输率及服务的可获得性等 4 方面的评价指标及评价方法，并给出了 SLA 框架。Lewis 等（1999）[166] 认为现有的针对 SLA 管理的方法过于片面化、不够系统化，开发了一个服务等级管理（service level management，SLM）通用框架，并将 SLM 定义为："发生在服务提供商和用户之间的关于 SLA 的协商、明晰、检查、平衡和评估的过程，这种服务等级能够有效支持用户的商业活动。" 2001 年，电信管理论坛（telemanagement forum，TMF）②建立了 SLA 参数框架。TMF 在 SLA 管理手册中对 SLA 做了进一步讨论，具体包括 SLA 服务可用性参数和性能报告内容，同时对服务协议管理进行了一定规划，但没有涉及 SLA 表示方法。TMF 的这些研究主要针对电信业，不能照搬到 SaaS 模式。

继 TMF 组织提出 SLA 的管理方法之后，互联网工程任务组（The internet engineering task force，IETF）③在其草案中认为：SLA 表示方法对于用户和服务提供商之间的协商也很重要，但并未针对 SLA 表示方法、SLA 违例处理等给出具体规定。Gerard(2008) 基于第三版信息技术基础架构库 (information technology infrastructure library, ITIL)④给出一个服务等级协议指南[167]，描述了服务等级管理实施过程，给出一组模板和评估建议。

在计算机产业中，早在 20 世纪 60 年代 IBM 推行大型主机时就出现了 SLA 的实际应用，如对故障解决时间、服务超时等的保证。早期应用 SLA 的初衷是保障客户权利，让客户享受到优质服务。进入 PC 时代，出现了专门生产硬件的硬件厂商以及专门编写计算机软件的软件厂商，软件逐渐从硬件中独立出来并发展成一个相对独立的产业，出现了一大批著名的软件厂商，推动软件市场走向繁荣。该阶段，计算机软件被视为一种可打包销售的产品。另外，软件厂商也常常提供某种形式的售后服务支持（如人工现场服务、人工电话服务、软件升级服务等），但总的来说，软件厂商与客户之间的联系是相对松散的。由于联系松散，软件厂商很少使用 SLA，SLA 无论对软件厂商还是软件客户而言都是一个相对较新的话题。

---

① 帧中继论坛（frame relay forum），制定帧中继标准的国际组织之一。目前制定帧中继标准的国际组织主要有三个：ITU-T、ANSI 和帧中继论坛。

② 这是一个专注于通信行业运营支持和管理问题的全球性非营利性社团联盟，官方网址：www.tmforum.org。

③ 这是一个最具权威的全球互联网技术标准化组织，成立于 1985 年底，主要任务是负责互联网相关技术规范的研发和制定，当前绝大多数国际互联网技术标准出自 IETF。草案文本见http://ietfreport.isoc.org/all-ids/draft-tequila-sls-02.txt。

④ ITIL 是由英国 CCTA(central computing and telecommunications agency) 在 20 世纪 80 年代开发的一套 IT 服务标准库。它把英国在 IT 管理方面的方法归纳成一套规范，为企业提供一套从计划、研发、实施到运维的标准方法。

21 世纪以来，我们进入了一个以互联、移动、大数据等为鲜明特征的新时代，各类计算资源（存储能力、处理能力、数据、应用程序等）重新被集中起来，厂商之间、厂商与客户之间以及客户与客户之间围绕计算资源、以多种可能的连接渠道，建立了前所未有的、紧密的联系。从信息处理角度，云计算服务中包含了从信息存储、传输、处理、展现、利用等多个内容各异的信息环节。从服务层级角度，云计算服务中涉及到基础设施资源、开发与运营平台到在线应用软件等多个服务层级，云计算服务的稳定性和安全性问题日益得到广泛关注，对云计算服务提供商的行为进行规范以保障用户数据权益的云 SLA 受到关注。从云计算用户角度看，云 SLA 主要解决用户在使用云计算在线业务时关于云计算服务安全和服务质量的后顾之忧。通过与云计算服务提供商签订 SLA，云计算用户可以清楚地了解服务提供商提供在线服务的能力等情况以及发生服务中断或违约时的赔偿等。而对于云计算服务提供商来说，可以便于向用户明确说明所能提供的在线服务的质量等级、成本以及收费等具体情况。可见，云计算应用深化促进了云 SLA 的应用及发展。

6.2.2   SLA 研究及应用概况

6.2.2.1   研究概况

这里仅考察与 SLA 相关的中文文献情况。针对中国知网的期刊论文（发表时间从 2000 年 – 2015 年），基于关键字组合进行检索。选取专业检索方式，检索表达式为：(KY='服务等级协议' OR KY='服务水平协议' OR KY='service level agreement') AND (KY='云计算' OR KY='软件即服务' OR KY='SaaS')，命中 53 篇文献，其中核心期刊文献为 15 篇。研究主要集中在 4 个学科，分别是：互联网技术（28 篇）、计算机软件及计算机应用（11 篇）、计算机硬件技术（8 篇）、图书情报与数字图书馆（2 篇）。文献发表年度分布情况见图 6.1。

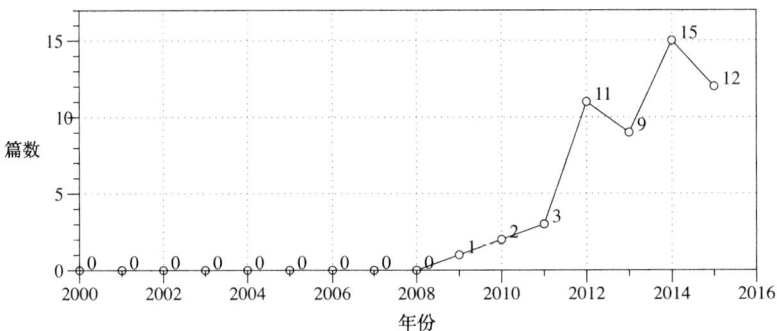

图 6.1   53 篇文献的发表年度分布

把文献检索的条件放宽到不局限于云计算的情形，其他条件不变，命中 424 篇（含核心期刊文献 188 篇），主要集中在 7 个学科，分别是：互联网技术（114 篇）、计算机软件及计算机应用（87 篇）、工业经济（81 篇）、电信技术（60 篇）、企业经济（49 篇）、信息经济与邮政经济（39 篇）、计算机硬件技术（25 篇）。这 424 篇文献的发表年度分布见图 6.2。

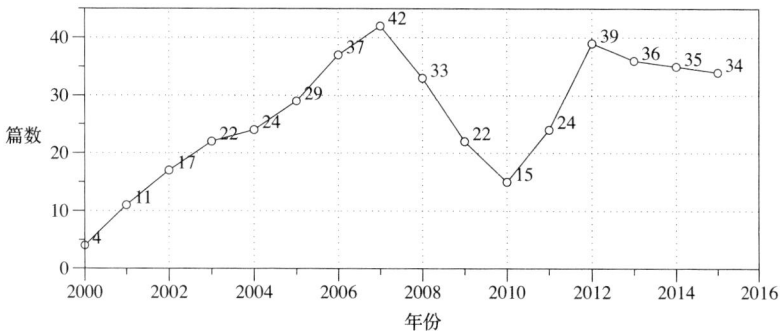

图 6.2   424 篇文献的发表年度分布

根据如上结果，可知：国内对 SLA 的早期研究始于 2000 年左右，之后研究成果稳步增加，到 2007 年左右达到一个高峰，2010 年之后，对 SLA 的研究兴趣又逐渐升温。针对云 SLA 的研究大致起始于 2008 年左右，自 2012 年以来研究成果开始逐渐增多，但数量上仍十分不足，相关成果主要集中在互联网技术、计算机软硬件技术及其应用方面。综合起来，一方面，针对 SLA 的研究已有相当数量的学术成果；另一方面，针对云计算服务尤其是 SaaS 服务的 SLA 研究，是当前研究的一个热点，有很多工作值得开展。下面对研究情况进行梳理：

张若英等（2003）在对电信服务进行研究后发现，由于业务提供商的情况各不相同，所提供的服务千差万别，对 SLA 中的各个条款的定义也不尽相同[168]。钱琼芬等（2012）综述了云计算 SLA 指标分类、资源监测、违例管理以及参数映射技术的研究现状[169]。赵又霖等（2013）研究了云 SLA 生命周期管理问题，把云 SLA 生命周期分为 6 个阶段[170]，依次是：开发、协商、实现、执行与监控、评估、退出，阐述了各阶段的主要任务和工作流程。

SLA 开发：张若英等（2003）提出一种通用的 SLA 表示方法，认为规范的 SLA 表示方法包括 8 大特征（符合现有标准、循环性、完备性、可扩展性、可实现性、可操作性、可理解性、可管理性）[168]。之后，张若英等（2006）还研究了 SLA 通用表示模板、违例处理和指标评价三种关键技术[171]。但张若英等（2003，2006）的研究主要针对电信服务。张健（2012）针对云计算服务的关键服务质量参数进行了分类阐述[172]。

SLA 协商：胡春华等（2012）提出面向供应链实体的服务可信协商及访问控制策略，该策略首先依据系统信任规则来表达服务实体的可信程度，然后通过求解供应链实体的直接和间接信任推理空间建立信任证据的举证方法，采用 SLA 构建交互双方的协商机制，最后综合信任传递与迭代计算策略确定服务交互的 SLA 等级[173]。马福满与王梅（2015）引入可信的第三方平台，云服务商通过注册及提交自身评估报告后由第三方进行评估得到系统信任，进而综合直接信任和间接信任计算出云服务商的综合信任度，云服务用户根据云服务提供商提供的服务和综合信任度与服务提供商进行协商[174]。

SLA 实现：孙文辉等（2006）研究了面向运营支撑系统的 SLA 实现框架[175]。陈刚等（2007）研究了 SLA 参数表示及参数映射问题，建立了 SLA 业务管理数据模型[176]。这两项研究都侧重技术实现。刘春勇等（2011）提出一种基于 SLA 的动态云体系结构，该体系结构采用 WS-Agreement 规约语言描述 SLA，分析 SLA 的协商生成过程，动态监控 SLA 的执行，并根据案例推理理论采取响应动作，避免 SLA 违约[177]。

SLA 执行：李淑芝与何兰兰（2015）针对云计算环境提出一种基于 SLA 的动态云资源分配策略，针对计算力、网络带宽、数据存储等属性进行优化，构造服务请求与资源映射模型，设计粒子群算法[178]；灵清滢等（2014）[179]、吴海双等（2013）[180]、雷洁等（2014）[181]针对 IaaS 环境研究了基于 SLA 的资源调度问题；兰文姗等（2014）提出了基于时间序列的负载预测算法和基于 SLA 的虚拟机均衡迁移机制[182]；叶世阳等（2015）[183] 及冯国富等（2014）[184] 从云服务提供者收益最大化角度，应用排队论模型研究基于 SLA 的资源分配及调度问题；于珊珊等（2014）研究了基于 SLA 的多数据中心任务调度机制，设计了保证云服务商利益最大化的任务调度算法[185]。严建援等（2014）研究了云计算 SLA 中三种补偿策略（分别是基于服务失败数量、基于长服务中断数量和基于累积中断时间），通过在 SLA 中约定客户容忍阈值，针对服务失败等级对客户进行分级补偿[186]。

SLA 评估：张涛等（2014）分析了 SaaS 服务伸缩性需求和特点，提出评估模型并给出度量指标（包括：资源利用率、资源生产率、收敛性）[187]。梁昌勇等（2013）采用 SERVQUAL 模型的服务质量差距思想，提出一种基于 SLA 的 SaaS 服务提供商服务质量评价方法[188]，为 SaaS 市场运营中软件服务提供商的服务质量评价提供参考。高云璐等（2012）通过分析云服务提供商的 SLA 确认其承诺的服务质量，根据用户的评价确定云服务提供商对 SLA 的履行情况，在此基础上计算云服务的可信度[189]。

针对具体领域探讨 SLA 应用的现有成果很少，相关成果如：梨春兰和邓仲华（2013）针对图书馆云服务 SLA 的研究[190]。

6.2.2.2   应用概况

一些云计算技术的先行者和推动者，已在云服务方面进行了大量投入，他们所提供的云服务种类也非常丰富，通过与用户签订 SLA①，为云计算用户提供服务保证和承诺。云计算服务尚未形成统一标准，不同云服务提供商在云服务理念、价值和战略等方面存在差异，它们的云服务等级协议各有偏重[191]。主流的 SLA 合同都是基于自然语言进行表示的，主要聚焦于可用性和响应时间这两类 QoS 参数，对于其他重要参数大多没有涉及[192]。

综合云计算 SLA 研究及应用情况，得出：现有相关研究多针对 SLA 实现与执行，侧重技术方面；针对云计算 SLA 的研究大多定位于 IaaS 层面，针对 SaaS 模式 SLA 的研究成

---

① 如：Amazon 在其简单存储服务 S3 的 SLA 条款中，涉及有效日期、服务功能项（如数据保护、定价、大数据量传输、资源、设计需求、用途限制）、服务承诺、服务信用、信贷申请/付款程序、例外情况等；Microsoft 在其云计算服务 Microsoft Windows Azure 的 SLA 中，规定了服务等级以及适用于所有服务等级的标准条款，给出了服务费用折抵补偿要求、服务费用折抵方法、例外情况等；Google 在其 Apps SLA 中，涉及服务失败补救、服务器正常运行时间、持久性存储、网络性能、负载平衡、云存储、服务器重启、支持响应时间、域名服务、物理安全、现场安全、信用要求与限制。

果还十分缺乏；国内外众多的云服务提供商已给出各自 SLA，然而，由于在所处行业、应用定位、厂商服务能力等方面的差异，不同厂商 SLA 在指标完整性、可操作性等方面存在较多差异，在应用 SLA 方面也还有很多值得探索之处。

6.2.3 SLA 的概念及作用

6.2.3.1 SLA 的概念

一般意义上看，SLA 是关于服务提供方与客户方期望及义务的明确陈述，在不同领域中得到广泛使用 SLA 的具体定义随使用领域及情境有关。ITU-T[①] 认为，SLA 是两个或多个参与方通过谈判、协商而签订的一份正式协议，其中规定了各参与方的责任、服务要素、服务等级等内容。

TMF 认为，SLA 是服务提供商和客户之间正式协商所达成的一个协定，是存在于双方之间的一个合约。

Internet NG（2001）认为：SLA 是服务交付的法律保障，涉及服务交付的所有相关方。从服务消费者角度，SLA 明确了服务提供商已承诺交付服务的约束性描述；从服务提供商角度，SLA 明确了将要交付服务的约束性描述。

Patel(2009) 等针对云服务情境，将 SLA 定义为云服务提供商与云消费者在为平衡双方需求及利益的情况下，经过协商之后所达成的协议[193]。

张健（2012）认为：SLA 是服务提供商和用户之间经过正式或非正式协商而得到的一系列适当的程序和目标，其目的是为了达到和维持特定的服务质量[172]。SLA 涵盖服务范围、功能、性能、计费和提供等多个方面，SLA 主要目的是就服务等级在服务提供商和用户之间达成协议。SLA 是一种法律文本，服务提供商可以依据 SLA 来提供消费者所需服务，一旦违约则需支付相应违约金；消费者可依据 SLA 来确保能够享受到服务提供商所承诺的服务质量和水平，保障自身权益。

如上定义，虽然表述上有所差异，但都将服务、服务目标和服务约定作为 SLA 定义的核心要素。本书综合上述相关观点，给出如下概念：

SLA 是厂商和消费服务的客户之间经协商而签订的一个正式协议（或合同），具有法律效力。该协议中，厂商和订阅服务的客户把各自的责权利进行明确界定，通过条文明确规定厂商所提供应用服务的类型、等级参数、相关保证措施、客户所需付费情况，以及厂商与订阅客户违反相关条款的惩罚措施等，以便一旦出现相应的违约情况可以做到有章可循，从而有效保障厂商及订阅客户的双方权益。

6.2.3.2 SLA 的作用

SLA 的重要作用体现在以下几个方面：

---

① ITU-T（international telecommunication union for telecommunication standardization sector，国际电信远程通信标准化组织），是国际电信联盟管理下的专门制定远程通信相关国际标准的组织，其网址为 www.itu.int 。

（1）SaaS 厂商与客户之间进行交流的依据。

SaaS 厂商与客户之间在建立关系的早期阶段，通常先由 SaaS 厂商提供一份服务目录，客户根据自身实际选择所需的服务内容，双方就每项服务（或服务组合）需要达到的级别进行协商。一份明确定义的、清晰的 SLA，有助于 SaaS 厂商与订阅客户就关键服务参数进行有效沟通，增强关于客户的具体需求、厂商的服务内容、厂商的服务能力（如支撑在线应用的基础设施关键指标：可用性、延迟、吞吐率等）、服务约定（如优先级、人工服务响应时间、服务升级）、违约补偿等问题的相互理解。一方面有助于提高客户满意水平，另一方面为 SaaS 厂商指明了进一步改善服务的方向。另外，SLA 中的服务内容、服务级别都与服务提供成本有关，这关系到服务提供价格，可见，SLA 也是 SaaS 厂商与客户进行价格沟通的重要工具。

（2）SaaS 厂商配置服务资源及核算服务成本的依据。

经过充分沟通，SaaS 厂商获得对客户需求的准确理解，在此基础上与客户签订 SLA，进而根据服务目录和服务级别要求，指导服务团队开展工作，进行配置技术资源、人力资源以及结算付款等。随着 SaaS 厂商管理水平的进一步提升，当客户规模及业务实践达到一定水平时，还可以根据提供服务的历史信息，进一步优化成本计算模型，提升资源配置效率。

（3）服务提供者与客户维护自身服务权益的依据。

SLA 具有法律约束作用，基于一套预先定义的规范，一方面对 SaaS 厂商与客户的权益提供保障，另一方面对 SaaS 厂商的服务交付及客户的服务消费进行约束。从 SaaS 厂商角度，通过 SLA，可就预期保障的服务水准向目标客户作出明确承诺，阐明应该承担的责任与义务，以及当未尽义务时对客户进行合理补偿的途径。从客户角度，SLA 中的服务等级规范为监督、评价 SaaS 厂商绩效提供依据，及时监控 SaaS 厂商履行服务承诺的情况，一旦发现问题可及时处理（如：补救、补偿等）。

（4）激励 SaaS 厂商开发新技术，进一步提高服务质量。

SLA 具有激励作用，促使提供商不断创新，及时开发及利用新技术，改进服务及提高服务水平，提高资源利用率，更好地参与市场竞争。

一般说，在市场处于成长阶段，SaaS 厂商可通过提供差异化产品、免费试用、产品基本功能免费等营销手段来吸引用户和抢占市场；在市场比较成熟时，SaaS 厂商可通过持续优化产品及服务体验、提供增值服务等来扩大市场。如果没有实施 SLA，就不能激励 SaaS 厂商主动发现不足以及不断创新来提高服务质量。另外，对 SaaS 厂商而言，高质量的服务保障能力也是构筑差异化战略的一种重要途径。

6.3 SLA 模型、内容及生命周期

6.3.1 SLA 通用模型

ITU-T（2002）给出了一个面向通信领域 SLA 的通用元模型，该元模型用 UML[①] 表示为图 6.3。在该模型中，一个 SLA 由三个部分构成，即：参与方、服务定义和权责。

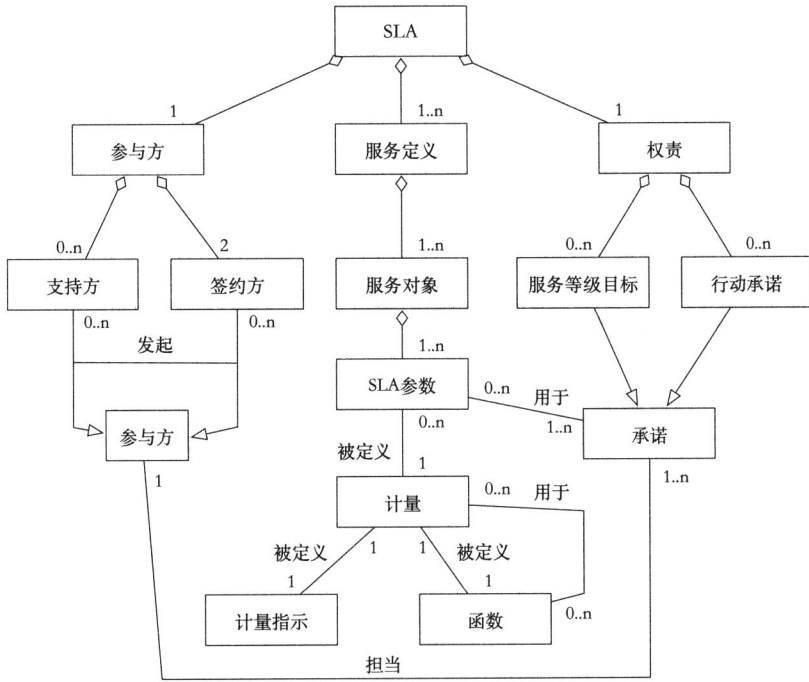

图 6.3 SLA 通用模型

（1）参与方。

包括：0 个或多个支持方，2 个签约方（即：服务提供方、服务消费方）。签约方是签署 SLA 的各方授权代表及相应角色，签约方关注服务及其服务质量实现。支持方是为签约方提供支持的一方，主要是支持检测服务质量的实施情况。

（2）服务定义。

每份 SLA 协议中定义 1 个或多个服务对象[②]，针对每个服务对象可定义 1 个或多个服务参数，每一项 SLA 参数由计量进行定义。

服务参数用于刻画相应于某个服务对象的绩效特性，一项服务参数由"计量"进行定义，指示服务参数是如何被测量的，"计量"通常表现为一个函数。通常区分两类计量：①

---

① UML（unified modeling language，统一建模语言），是面向对象软件的标准化建模语言，目前已成为可视化建模语言的工业标准。

② 此处"服务对象（service object）"，相当于 TMF 发布的 SLA Management Handbook (version 1.5, 2001) 中的"服务要素（service elements）"。

资源型（或直接型），指直接套用 SaaS 厂商对计算资源（如服务器、网络、应用系统）的指标，无须进一步处理，例如：系统正常运行时间、执行事务的次数、网络中断时间、网络延时、丢包率等；② 复合型，指对多个资源指标进行组合、运用特定算法经计算得出，例如：每小时事务数（综合考虑了执行事务的次数、系统运行时间这两个方面）、平均可用性、最大响应时间、最小吞吐量等。也有学者（如：Keller and Ludwig, 2003）[194] 在研究中涉及了商务相关的 SLA 参数。

（3）权责。

描述签约双方的权责，包括服务等级目标和行动承诺两方面。服务等级目标和行动承诺二者都属于承诺的泛化，承诺与服务参数之间存在关联关系，每一项承诺对应到某一责任方。

SaaS 厂商针对所提供的服务，合理选用服务参数，通过约束服务参数的取值（如规定阈值、容差等）形成不同的服务等级，如：针对某项服务对象，其中的一个服务参数为"平均可用性"，相应于某服务时间段定义三个服务等级，这三个等级分别对应于不同的取值区间（如：平均可用性值 <95%，低；平均可用性值 >99%，高；平均可用性值介于 95%–99% 之间，中）。当针对具体客户制定 SLA 合同时，SaaS 厂商在与客户充分协商基础上，对取值直接选用或做适当调整。

在 SLA 合同执行中，对服务参数值进行监测。当不能达到所承诺的服务等级目标时，就发生了服务降级。如果服务降级是由提供方的原因造成的，客户可根据服务降级的程度获得不同程度的赔偿，通常以服务费用或服务折抵的形式体现出来。这可通过行动承诺进行刻画，通常用 IF-THEN 规则进行表示，如："IF 在一个月内平均服务可用性低于 95% THEN SaaS 厂商必须折抵 20% 的服务费用"。

下面结合梨春兰和邓仲华（2015）[195] 针对图书馆云服务 SLA 应用示例（即：OCLC WMS SLA ①）对 SLA 通用模型相关概念做进一步说明：

（1）参与方，即图书馆云服务的签约方，包括图书馆服务提供商及客户。图书馆云服务的目标客户可以是一个中介、机构或机构的图书馆，面向的是读者群或用户群，而不是体验其服务质量的单个的最终用户。

（2）服务定义，描述图书馆提供的服务范围、服务介绍、服务质量水平、性能目标等，如：图书馆专员服务、数字馆藏服务、咨询服务、借阅服务、远程读者支持、客户反馈服务等。服务参数用于说明服务质量水平及性能目标，如对于数字馆藏服务，可定义参数"正常运行时间"。服务计量，如："每月正常运行时间"，测量办法为：正常运行时间百分比 $=(T-P-D)/(T-P)*100\%$，其中：T 为该月总的分钟数；P 为计划性的中断时间（每个月不超过 4 小时）、由第三方引起的通信或电源中断时间、OCLC 可控范围之外的原因引起的中断时间；D 为该月非计划性的宕机总分钟数。

（3）权责：承诺每月正常运行时间百分比为 99.8%，每天 24 小时监测异常事件或超荷

---

① OCLC（Online Computer Library Center,Inc.），即联机计算机图书馆中心，是世界上最大的提供文献信息服务的机构之一，总部设在美国俄亥俄州，其 WMS（WorldShare Management Services）是一个集成的、基于云的图书馆管理应用套件。该机构网址为：http://www.oclc.org。

的利用率或性能阈值。针对服务降级的赔偿表示为服务折抵形式。如果服务没有发生降级，服务费用将按标准价格收取；若发生降级，相应的服务折抵办法见表 6.1 。

表 6.1 OCLC 的服务等级赔偿办法

每月实际运行时间百分比	服务折抵
97% – 99%	15%
94% – 96.9%	25%
92% – 93.9%	50%
90% – 91.9%	75%
低于 90%	100%

6.3.2 SLA 内容部件

针对具体的 SLA 合同，虽然在具体条款上常存在明显差别，然而宏观上看，不同 SLA 合同在部件构成上具有相似性，如：都包括相关责任方、合同有效期、服务定义、服务质量 QoS 定义、服务等级承诺及违约处罚规则等[192]。

Paschke 等 (2006)[192] 把 SLA 的典型部件分为三类：（1）技术部件，典型内容如：服务描述、服务对象、SLA/QoS 参数、计量、行动等；（2）组织部件，典型内容如：可靠性及其限制、服务升级、维护和服务期、监控与报告、变化管理等；（3）法律部件，典型内容如：法律义务、知识产权、付款及票据方式等。

张若英等（2003）[168] 把 SLA 的内容分为服务、技术、商务和质量报告等 4 个部分，见表 6.2，与 Paschke 等 (2006)[192] 的研究对比，可看出：这里的服务部分、技术部分大致相当于后者分类中的技术部件，商务部分、质量报告大致相当于后者分类中的组织部分。

邓仲华等（2009）认为[196]，一份标准的 SLA 应至少包括三方面，即服务等级目标、违约处理方案，以及规则例外，对这三个方面的解释见表6.3 。

Eliadis 和 Rand（2007）[165] 在白皮书中阐述了 SLA 对 SaaS 提供商和订阅客户的重要性，他们认为一份 SaaS SLA 中通常包括 7 个部分，相关说明见表6.4。

6.3.3 SLA 参数类别

定义良好的一组 SLA 参数对有效地监测、评估、保证及改进服务质量具有重要意义。在云计算服务市场的商务实践中，很多厂商都结合自身实际选择各自的 SLA 参数，如：Amazon EC2 提供 "可用性" 并承诺在全年正常运行时间内的可用性不低于 99.95％ 的服务保证；GoGrid 的 SLA 中关于服务可用性的参数有服务器正常运行时间、存储可用性和主要 DNS 服务的可用性，以及一组与网络性能相关的指标如延时、分组丢失率等[84]。目前专门针对 SLA 参数的研究文献不多，尤其是针对 SaaS SLA 参数的文献尚十分缺乏。下面结合相关文献对 SLA 参数进行介绍：

表 6.2　SLA 的表示内容

SLA 部件	说明
服务部分	包括信息标识、服务范围、服务等级、服务计费。其中：信息标识是对客户、服务提供商和服务基本信息的描述；服务范围说明服务提供商在向客户承诺服务水平时明确界定所服务的网络范围，以便选取相应的服务参数并确定承诺的网络设备、线路和使用者的情况等；服务等级是客户选择的服务的级别，不同级别对应不同的服务质量和服务费用；服务计费指根据一定计费原则和服务级别确定服务费用水平
技术部分	包括服务质量指标集合、网络拓扑信息和性能监测。服务质量指标集合是对所有质量相关指标的汇总，包括服务指标集、业务指标集和技术指标集；网络拓扑信息是对网络的一种直观抽象；性能监测指对服务质量相关的数据的监测，以便及时进行服务升级或降级
商务部分	包括违例处理和不可抗拒因素说明，前者说明违例条件和违例时采取的行为和步骤，后者是对人为的无法保障或实现情况的说明，指明哪些 SLA 违例属于例外，可以免除服务提供者的赔偿
质量报告	提供给客户和提供者的分类服务质量报告，从服务部分、技术部分和商业部分中获取数据，通过报告形式把 SLA 中规定的服务质量数据和统计结果作为服务质量评定的重要依据

表 6.3　SLA 至少包括的三个方面

SLA 主要部件	说明
服务等级目标	主要涉及可用性、响应时间、安全保障、退出条款四个方面。其中：1）可用性。服务提供商使用服务目录明确服务范围、各服务的可用性、服务收费情况等。服务目录之外的内容不受 SLA 限制，报价时可不予考虑。常见的可用性指标，如：可用率 $= \frac{AST-DT}{AST} \times 100\%$，其中：AST（agreed service time）表示约定的服务时间，即服务日历；DT（Actual downtime）为约定服务时间内的停机时间。2）响应时间，又称延迟，指数据包从一个地点到另一个地点，然后返回出发点，这一个来回所花费的时间（通常以毫秒计）。该指标具有较强的技术性。3）安全保障。客户数据异地存储在云上，云服务提供商必须保证客户对数据存取的权限和一定范围的独享性。如果客户无法享有相应的权限控制，或者因服务提供商造成客户数据泄露，应立即采取必要措施，有权申请赔偿或者终止服务。4）退出条款。当服务提供商不能圆满解决经常发生的可用性、可靠性和安全性问题，或者其他使得客户不能接受的因素，使得客户不愿继续使用服务提供商提供的服务，此时，客户应有终止协议的权利
违约处理方案	SLA 应当极其详细地包含出现故障时服务提供者和客户应采取的步骤。如果经过指定的一段时期后服务提供者无法达到所定义的服务品质，客户可以要求获得相应赔偿及相关权利。以 Amazon 的 AWS 服务为例，如果达不到 SLA 的承诺，Amazon 会提供服务补偿。如果达不到 99.9％的服务水平，那么 Amazon 将减免下个月 10％的费用。如果可用性下降到 99％以下，那么 Amazon 将减免 25％的费用
规则例外	大致可分为四类例外：一是故障，如硬件故障、远程通信故障、软件错误/缺陷、监视/测量系统故障；二是不受服务提供商直接控制的网络问题；三是拒绝服务，如客户疏忽、黑客攻击、不可抗力等；四是预定的维护，如硬件/软件升级等

表 6.4　SLA 部件（Eliadis and Rand，2007）

SLA 部件	说明
简介	包括协议简短陈述、协议的参与方、服务范围、各服务的简单描述、各参与方义务、签名、订立日期等
服务时间	包括正常可用的服务时间—清晰地区分工作（working）时间和非工作（non-working）时间，针对服务扩展请求的安排，服务日历，特殊时间（special hours）
可用性	服务的可用性目标，通常表示为百分比形式
可靠性	通常表示为总的服务间断次数，或在两次服务失效间服务间断的平均次数
支持	包括：支持时间、针对服务扩展请求的安排、特殊日期（special dates）
绩效计量	典型包括：1）事务绩效，即完成一项事务的标准。2）业务过程绩效，即完成一项预定义的端到端工作流的标准。3）可用性绩效，如系统及时响应请求的情况、导致生产中断的事件的发生次数等。4）访问性绩效，客户经由各类通道（接触点）连接及利用业务系统服务的能力，包括对安全问题（认证及授权）的考虑。5）扩展性绩效，系统能伴随业务规模变化而变化的能力。6）与响应和修复时间相关的承诺，即服务提供商通常针对不同情形赋予不同优先级，针对不同优先级给出响应时间承诺。如：当关键基础设施部件失效或故障并对运营产生重大影响时，对应的优先级为关键，按协议中约定的 MTTR（mean time To repair，平均恢复时间）执行；当非关键的网络部件或服务故障、对运营带来一定影响时，对应的优先级为紧急，约定在正常经营时间给予响应；当发生短暂的网络部件或服务不可用、对运营影响很小，延迟维护可以接受，对应的优先级为低时，约定在正常经营时间给予响应。7）事件分类相关标准，如：按紧急程度、升级路线及预定义过程等
惩罚	定义服务报告以及赔偿的机制，以及例外情形

　　TMF 在《SLA 管理手册》中针对电信行业阐述了 SLA 参数框架，认为影响用户服务质量感知的主要因素有 4 类，每一类因素可通过一组参数来刻画（见图6.4）。这 4 类因素分别为：支持绩效（support performance）、服务性绩效（serveability performance）、操作性绩效（operability performance）和完整性绩效（integrity performance），其中：服务性绩效进一步分为 4 类网络绩效，即：通行性（trafficability）、可用性（availability）、可靠性（reliability）和传播性（propagation）绩效，完整性绩效则依赖于网络的传输表现。

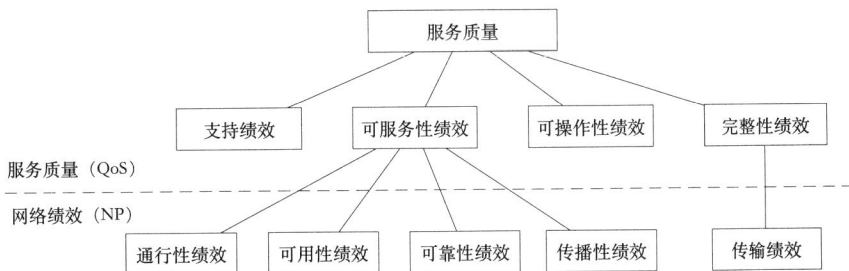

图 6.4　服务质量（QoS）和网络绩效

电信管理论坛认为需要按某种一致的方式对 SLA 中的服务质量（quality of service，

QoS）参数进行分类、定义和测量。通常包括两个视角：一是管理视角，主要从客户角度评估 QoS 参数（如易用性）；二是技术视角，主要从服务提供商角度评估网络绩效。QoS 是面向用户的，聚焦用户可感知的服务效果，落实于用户服务访问点的 QoS 实际表现；网络绩效（NP）是面向服务提供商的，聚焦网络规划、设计开发及运营维护，落实于端到端的网络连接要素能力保障。基于用户的 QoS 需求，可导出端到端连接的 NP 目标。NP 针对网络支持层服务，相应参数多呈现明显的技术相关性。Paschke 等 (2006) 对多个行业（包括 IT 外包、ASP、硬件托管等）的 50 多份 SLA 进行分析，结合对 30 多个 IT 服务提供商的访谈，给出了一个三维度的 SLA 参数分类框架[192]，见图6.5 。

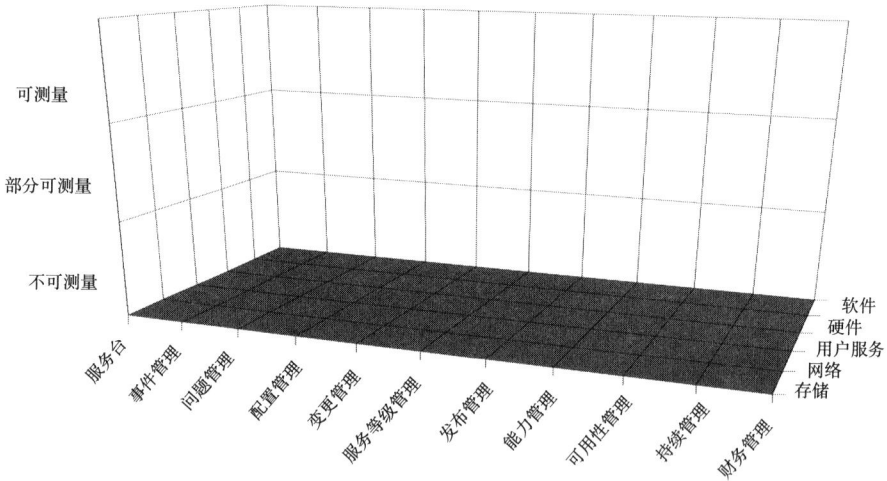

图 6.5   SLA 参数分类框架

对该框架的各维度简介如下：

（1）服务对象，用于对基本服务对象进行区分，概括为 5 种基本服务对象，即：硬件（含各种计算资源实体，如服务器、工作站、处理器等）、软件（含各类应用及应用管理服务）、网络（提供分布式计算环境所需的技术基础设施）、存储和用户服务（ITIL 中也称服务台、帮助台，通常指呼叫中心或客户服务中心）。对各类服务对象给出了一组典型的 SLA 参数，见表 6.5 。

（2）ITIL，由 10 项 ITIL 服务流程和 1 项服务职能（即：服务台）构成，用于明确服务提供商的责任、过程及度量，以揭示各类流程进一步优化的空间。该维度的 11 项过程及对应 SLA 参数的简要描述见表 6.6 。

表 6.5 服务对象类型及典型参数

服务对象类型	典型参数
硬件	可用性、最大不可用时间、故障频率、响应时间、服务次数、操作周期、问题发生时是否可访问、备份次数、每秒执行指令数★、工作站数量
软件	服务次数、响应时间、可用性、求解时间、许可数
网络	WAN/LAN 操作周期、WAN/LAN 服务次数、WAN/LAN 可用性★、能否跨防火墙进行访问、延迟时间等
存储	可用性、最大不可用时间、故障频率、响应时间、服务次数、问题发生时是否可访问、备份次数、存取速度★、容量★
用户服务	一次性自助解决问题百分比★、服务次数、可用性、响应时间、语言多样性等

注：★ 指示该参数十分重要。

表 6.6 云计算 SLA 参数类别及说明

编号	过程	过程说明	度量参数
1	服务台	IT 服务管理职能：服务专业人员接收问询、解决问题；服务台常与事件管理紧密结合，连接其他的服务管理流程。	客户满意情况
2	事件管理	管理突发事件，避免业务中断，确保最佳的服务可用性级别。	处置时间
3	问题管理	识别问题原因、找出解决方案、改进资源使用，减少事件数量或消除事件再次发生。	问题重复发生数
4	配置管理	识别及定义硬件和软件等配置项资源，记录和报告配置状态和变更请求，检验配置项的正确性和完整性。	在配置管理数据库中添加配置项目的间隔时间
5	变更管理	确保 IT 服务变动能够有标准的处理方法，降低或消除因变动所造成的问题。	未处理变化的数量
6	服务等级管理	指定义、协商、订约、检测和评审提供给客户的服务质量等级的流程。	SLA 合同数量
7	发布管理	指对经过测试后导入实际应用的新增或修改后的配置项进行分发的流程，确保只有经过完整测试的正确版本得到授权进入正式运行环境。	发布间隔时间
8	能力管理	指在成本和业务需求的约束下，通过配置合理的服务能力来确保服务的持续提供和 IT 资源的正确管理。	在一个固定时间，能力计划的完成数
9	可用性管理	指在正确使用资源、方法和技术的前提下保障 IT 服务的可用性要求，确保 IT 服务的设计服务和业务所需的可用性等级。	在一个固定时间，可用计划的完成数
10	持续管理	指为了确保发生灾难后有足够的技术、财务和管理资源来确保 IT 能持续服务的管理流程。	固定时间内服务持续计划的完成数

编号	过程	过程说明	度量参数
11	财务管理	帮助 IT 部门在提供服务的同时加强成本效益核算，以合理利用 IT 资源，提高效益及财务资源的有效性。	至最后期限的成本概括

（3）自动化级别，该维度揭示参数的可测量性级别，有助于识别出：① 宜采用自动化方式进行测量的参数，例如：可用性、响应时间；② 需要人工进行主观评定的参数，如：客户满意；③不容易测量的参数，如：员工素质等。

2012 年，ENISA[①] 发布了《云计算合同安全服务水平检测指南》，给出了如下的 8 类别参数，分别为：服务可用性、事件响应、服务弹性和负载容限、数据生命周期管理、技术合规性和漏洞管理、变更管理、数据隔离、日志管理及取证，相关说明见表 6.7 。

表 6.7　云计算 SLA 参数类别及说明

参数类型	说明
服务可用性	给定时间段（如月、年）内可正常运营或响应请求的目标值（常用百分比表示）。具体定义与服务功能、服务范围、样本（如请求数量、时间段长度）等有关。常见参数如：恢复时间目标（recovery time objective，RTO）和平均故障间隔时间（mean time between failures，MTBF）
事件响应	此处事件指除服务正常运营之外的、可能导致服务质量下降或服务中断的任何事件。该类参数用于刻画服务提供商对事件的响应及服务恢复方式。由于事件和报告阈值使用其他参数进行定义，因此事件响应与其他参数是并列的。触发事件情形，如：在 1 个月内对 90％用户而言其服务可用性低于 99.99％时，或当检测到一个严重漏洞时，此时应触发一个事件。触发事件的依据如：严重性等级、响应时间（从事件通知或报警到实施补救的时间）、恢复时间（事件发生后应尽快补救）等
服务弹性和负载容限	该类参数与可用性有关，反映资源保障如何随需而变。通过监控需求相关的可用性满足情况，有效应对负载的未来变化，从而当服务需求增加（减少）时，确保服务可用性保持不变或保持在一个可接受范围内。在 SLA 中，对能力增加进行合理限制有时是必要的，如阻止对付费资源的盗用，或用于满足用户预算约束。度量服务弹性的一种方法是：在一个约定时段内，未满足的资源请求数占总的资源请求数的比率
数据生命周期管理	该类参数对服务提供者的数据处理的效能进行测量，包括数据备份系统、数据导出能力、数据防泄密（data loss prevention, DLP）系统等。相关参数包括：备份测试频率、数据恢复速度、备份成败情况、数据恢复点设置情况、导出测试结果、针对数据导出请求的预期响应百分比、DLP 系统日志及系统测试情况、数据删除失败情况、数据依法披露情况等
技术合规性和漏洞管理	该类参数度量一项服务对于特定技术安全策略的合规能力，包括可用控制措施及漏洞处理。相关技术安全基准要素如：与安全相关的配置及可选项，系统部件（如网络部件），软件更新相关信息（如补丁、补丁频度、相关系统），漏洞发现、报告及补救的原则及过程等。服务提供商检测漏洞，向客户披露偏离规定的安全基准情况，及时采取修复行动，有助于客户建立对提供商的系统以及与之集成的其他系统的信任

---

① ENISA(The European Network and Information Security Agency, 欧洲网络及信息安全局)，该机构成立的目的在于加强网络和信息安全领域的合作与信息交流，对欧盟内部市场提供支持，其网址为：https://www.enisa.europa.eu。

续表

参数类型	说明
变化管理	变化管理指针对系统（及配置）的安全属性，该类参数监测及管理其中的关键变化。该类参数包括：测试频率及测试结果的变化管理过程；向客户报告变化的间隔时间；需要报告给客户的变化类别（如：服务提供商证书状态变化、可能影响运营的补丁或重大的系统变化、安全控制及过程的重大变化）；对客户关键安全请求的处理时间
数据隔离	该类参数涵盖由合法用户、出于合法目的、对共享资源池的访问的隔离。数据隔离保证用户数据的机密、完整和可用，阻止未授权的第三方访问。典型隔离包括：内存数据的隔离，磁盘或数据库数据的隔离，传输数据的隔离、数据的安全删除问题（如：一用户释放某虚拟磁盘后，其他用户访问该区域能否看到前者的数据）
日志管理和取证	该类参数主要针对已分配给客户的各类计算资源的使用历史数据。出于内部控制、审计、法律监管需求，从中获得数据使用的相关信息（如：谁使用，涉及哪些数据，何时、何地、以何种方式使用等），如：对于 SLA 合同中规定的任何日志的可用性、可信任第三方日志记录系统的可用性、日志准确性等

6.3.4 SLA 生命周期

从服务提供商角度，开发产品/服务是为了满足市场需要，为方便客户沟通，有必要整理服务目录，与客户充分协商，就服务时间、服务内容、服务规范等关键问题达成一致，签订双方认可的 SLA。SLA 生效后，通过必要的实施措施，交付客户需要的产品、激活服务实例，客户通过正常使用获得使用价值，在 SLA 有效期间监控服务执行，评估服务质量达成及客户满意情况，并根据市场及客户需求变化对 SLA 分析改进，如此反复，不断提升 SLA 管理水平。可见，对 SLA 的管理是一个涵盖多阶段的过程。

电信管理论坛 TMF 于 2001 年发布的《SLA 管理手册》中给出一个较完整的 SLA 生命周期框架（见图6.6），该框架把 SLA 生命周期划分为 5 个阶段，分别是：产品/服务开发、协商和销售、实施、执行、评估，对各阶段简介如下：

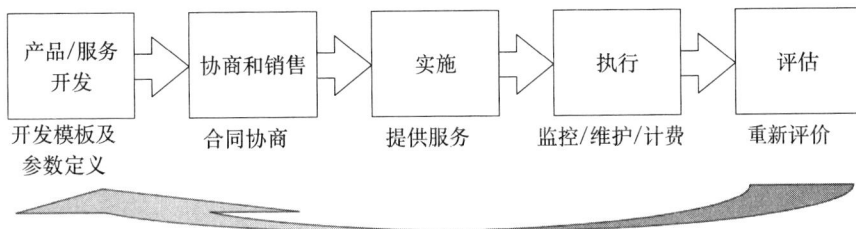

图 6.6 SLA 生命周期中的各阶段

（1）产品/服务开发该阶段的典型活动有：识别客户需要、识别所需服务的特征（如：涉及的服务参数、服务等级、服务价值）、识别服务所需的资源、开发 SLA 标准模板等。

SLA 模板是服务提供商针对其所提供的服务所开发的，用于对服务等级目标进行规范化定义，内容上主要包括服务描述、服务参数、责任义务、纠纷处理、例外情况等。SLA

模板充当形成 SLA 合同的蓝图，方便服务提供商与具体客户就各项服务进行协商，显著提升 SLA 商务谈判效率。SLA 模板的一个宏观描述见图6.7 。

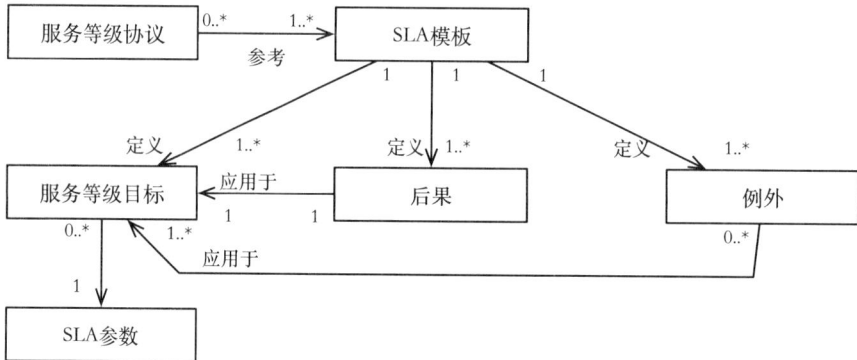

图 6.7   SLA 模板描述

该阶段结束标志：针对新服务的 SLA 模板完成。

（2）协商和销售。该阶段明确服务提供商与客户间的权责，典型活动有：选择适合于特定服务实例的 SLA 参数，明确其价值；确定与待签署 SLA 客户相关的服务成本；确定当违反 SLA 合约中特定项目时服务提供商相关的成本；定义与服务相关的报告。该阶段结束标志：完成 SLA 合同签署。

（3）实施。该阶段服务提供商提供一些必需的实施活动，使客户可正常使用提供商提供的服务，典型活动有：网络配置、服务配置、服务实例激活。该阶段结束标志：创建服务实例、服务测试并得到确认。

（4）执行。该阶段开启与客户 SLA 相关的各类运营维护过程。典型活动包括：服务执行及监测、报告服务及服务质量有效性检验、执行违例处理及补救措施。

（5）评估。涉及两类评估：一是单客户 SLA 有效期内的评估，针对客户服务质量；二是全局的内部业务评估，针对提供商总质量目标、具体目标及风险管理。针对单客户 SLA 有效期内的典型评估活动有：客户服务质量评估、客户对服务的满意情况评估、服务提升空间评估、客户需求变化评估。针对全局的内部业务的典型评估活动有：针对所有客户的全局服务质量评估、服务目标再定位、服务运营再定位、服务支持问题鉴别、创建不同的 SLA 服务等级。

对于 SLA 生命周期这一课题，国内也有一些相关成果，如：王小鹏等（2012）把 SLA 的生命周期分为 5 个阶段[197]，分别是协议定义、发布和发现、协商、运营、退出，对各阶段简介如下：

（1）协议定义。服务提供商提供服务目录，定义 SLA 标准模板。

（2）发布和发现。服务提供商通过媒体渠道发布服务信息，方便客户搜索、发现服务提供商。

（3）协商。客户发现服务提供商，双方在签署 SLA 协议前就相关条款和条件进行协商。

（4）运营。服务提供商和客户达成一致意见后签订 SLA，进入 SLA 的运营阶段。SLA 运营包括 SLA 监控、SLA 审计和 SLA 保证。SLA 监控包括测量参数数值并计算 SLA 中定义的各类度量基准以确定是否有偏离。一旦发现有偏移，相关方将被及时通知到。SLA 审计包括捕获并记录 SLA 的遵循情况。SLA 保证包括当检测到一个 SLA 失效时所需采取的相应行动（如：及时通知相关方、计算罚款等）。

（5）退出。服务提供商和客户解除服务关系，执行服务终止相关的活动，终止服务。

基于如上对 SLA 通用模型、内容部件、参数类别和生命周期的阐述，得出如下结论：

（1）关于 SLA 通用模型：该模型在较宏观层次，对 SLA 的构成要素及要素间逻辑联系进行抽象，模型严谨而简洁。虽然该模型在提出时主要面向通信领域，但由于较好体现了 SLA 的根本思想，对其他领域（如 SaaS）亦具有很高借鉴价值。然而，该模型本质上是一个元模型，是基于现实世界中大量具体 SLA 实例的抽象，不表现 SLA 实例的具体内容，只是一个指导建立 SLA 实例的框架。

（2）关于 SLA 内容要素设置：现有研究基本上没有超出 SLA 通用模型范围，如：张若英（2003）把 SLA 表示内容分为服务、技术、商务和质量报告四个部分，其中服务及技术部分在逻辑上可归属到 SLA 通用模型中的服务定义部分，商务部分可归属到 SLA 通用模型的权责部分，而质量报告只是报告前三项（服务、技术、商务）内容，主要用于参与方的管理与沟通需要，并没有增加新内容；邓仲华（2009）关于 SLA 中至少包括的三方面（即：服务等级目标、违约处理方案以及规则例外），在逻辑上可归属到 SLA 通用模型中的权责部分；对于 Wu 和 Buyya（2010）以及 Eliadis 和 Rand（2007）的研究，我们认为只是对 SLA 基本部件示例的罗列。

基于现有研究，可得出：从内容构成上看，一份较完整的 SLA 协议文档中应包括协议概况、服务描述、服务参数、服务保证、需求变更、附录等部分，其中：协议概况，描述 SLA 相关方、SLA 生效时间及有效期、对 SLA 需求和服务的简要描述等；服务描述，描述涉及到的服务，相关内容包括：服务概述、异常处理、服务采样和报告等；服务参数，通常包括固定参数（如不可更改的服务性能参数，客户只需接受）和可定制参数（如针对个性化客户需要，提供区间范围或其他定制选项）；服务保证，描述达成共识的服务等级、服务计量（含计费）、监控方式、限制与例外、服务报告（含报告周期和报告细节指示）、违约责任、纠纷解决与升级途径等；需求变更，描述 SLA 需求变更有关的处理指示（如：流程、频率、类别、费用等）；附录，相关内容如：不可抗力描述、服务终止（提前终止、正常结束、续签等）、相关法律、保密要求等。

（3）关于 SLA 参数：出于管理需要，SLA 对客户的感性服务体验映射到一套可计量的服务参数上，而现实中客户需求具有多样化、客户服务体验具有感性化特点，体现在服务等级目标上具有多维性及复杂性特点，可见，针对具体客户的 SLA 合同在选取的服务参数类别、参数取值以及具体条款设立上应该是个性化的，不存在一个统一的、普遍适用的 SLA 实例。

（4）关于 SLA 生命周期：已有相关典型文献中，电信管理论坛 TMF 较早提出了相对完整的 SLA 生命周期管理框架，但该框架主要针对电信服务业。而 SaaS 模式针对在线应用提供及访问服务，与电信服务业的基础服务（如：公共网络基础设施、公共数据传送和基本话音通信服务）具有很大区别，反映到 SLA 上主要表现在两方面：① SLA 参数设置，电信服务业中，客户服务界面相对简单，重在保障服务可用性，参数可测量性要求较高。在 SaaS 模式下，客户通过操作应用界面获得价值，对应用功能范围、应用服务的可用性、应用服务及支持服务的响应性等都非常关注，SLA 参数类型相对丰富，参数可测量性上也有一些差异化要求；② SLA 管理弹性，电信服务业中，电信运营商负责几乎所有的服务保障细节，SLA 管理相对简单和流程化，SaaS 模式下，由于客户是直接在线方式使用应用服务，多样而可变的客户需求客观上要求 SLA 管理上允许较强的弹性（如动态协商、指标可变等）。可见，当运用 TMF 的 SLA 生命周期法用于指导 SaaS SLA 管理时，需要结合 SaaS 模式特点及 SLA 管理需求做一些研究。

6.4　SaaS SLA 评估

6.4.1　需求分析

SaaS 模式把"应用"视为"服务"，"应用"反映技术的一面，包括硬件与软件，从 SaaS 厂商角度看，包括购买、安装、配置、运行、维护的硬件设施以及各类软件；从客户角度看，主要关心应用软件的功能性及使用体验，不关心具体技术细节。"服务"有两层含义，一是厂商通过网络向客户交付的应用访问服务，保障应用访问中的数据传输安全、可靠、可信；二是针对客户需求特点及动态的访问需要及时满足客户服务请求、预防失效、故障恢复等。结合 SaaS 模式的服务托管、全面外包、在线访问、版本单一、订阅使用、按使用量计费等特性，基于现有相关文献，总结出如下的 SaaS SLA 典型需求：

（1）可用性。SaaS 模式下应用软件被视为通过 Internet 远程访问的在线服务，显然，可用应当被作为最重要的衡量指标。

（2）可配置性。SaaS 模式下，最新版本的应用实例由所有订阅客户共享使用。由于不同客户存在需求差异，反映为对应用系统级功能、共享的服务组件以及存储等方面配置的差异性。因此，需要允许客户针对所订阅的应用服务、根据自身需要进行灵活配置。另外，从服务提供商角度看，服务可配置性水平影响到适配客户需求的能力，良好可配置型对规模经济性具有重要作用。

（3）可扩展性。可配置性与可扩展性这二者间常常存在一些联系。SaaS 模式下，在线应用具有良好的可配置性，常意味着支撑应用运行所需的 IT 基础设施及应用体系架构应具有较好的可扩展性，从而允许计算能力能够随客户需求变化而灵活地进行伸缩。

（4）可测量性及管理性。SaaS 模式下，服务提供商为计费需要，需要选取某种（些）合适的计量单位，对各类订阅客户使用服务（包括在线应用访问服务以及人工支持服务）的情况进行测量。服务的可测量性用于刻画能否方便地针对不同类别客户使用服务的具体情况进行灵活地计量，以满足提供商收费的实际需要。另外，服务的可测量性也是服务提供商优化资源配置的有效手段。服务只有可测量，才能谈得上对服务的管理与评价。

（5）数据安全性。数据安全和隐私数据保护是困扰云计算用户的重要问题。TechTarget于 2012 年就中国企业对云计算安全问题的认知情况进行调查[1]，结果见图6.8，这表明中国企业对 SaaS 数据相关的安全（如：数据访问、数据治理、数据备份/恢复、数据隔离）比较关注，这也印证了 SaaS 模式下对数据安全问题的重视。

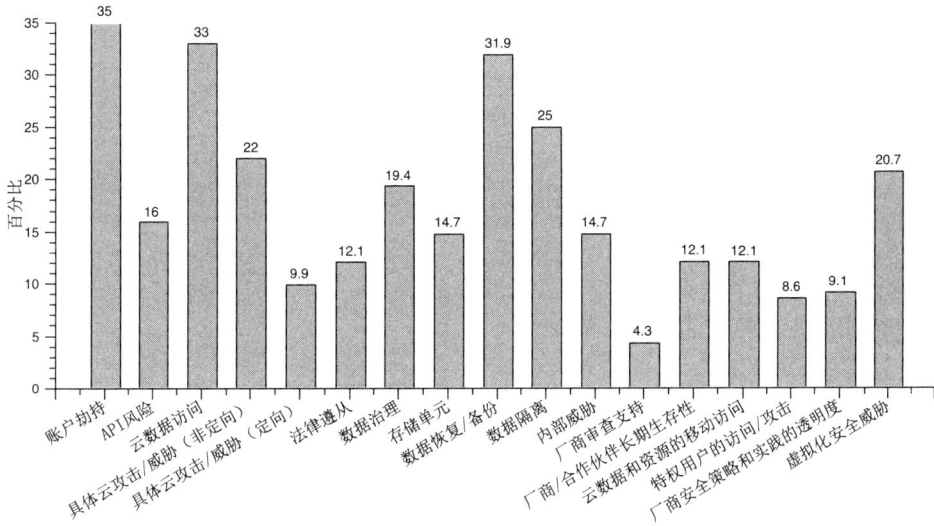

图 6.8 对 SaaS 安全问题的关注情况分布

（6）人工支持。人工支持服务在 SaaS 模式下非常重要。SaaS 模式下，SaaS 厂商与订阅客户的联系非常紧密，一方面，出于同行竞争以及客户动态变化的需要，厂商通常会及时地吸收最新的技术进步成果，积极增强、创新应用软件，对订阅客户而言，意味着 IT 支撑的业务解决方案将会处于一个不断调整的进程中，不可避免地需要来自 SaaS 厂商的专业的支持；另一方面，订阅客户在使用应用服务的过程中也会碰到一些技术上的、管理上的疑惑或问题，也需要寻求 SaaS 厂商的及时帮助。

在如上分析基础上，这里把 SaaS 模式中的服务划分为核心服务和支持服务，其中：核心服务指 SaaS 厂商提供的、能满足客户期望的最基本的应用访问服务，支持服务是推动或增强核心服务的服务。核心服务质量，直接决定客户价值能否实现；支持服务质量，影响客户使用体验，对客户价值实现起到一定（通常不是关键）的影响。

---

[1] 见：2012 年云计算安全调查中国区调查分析报告 [EB/OL]. http://www.searchcloudcomputing.com.cn/whitepaper/content_1687.htm, 2012-08-01。

6.4.2　评估核心服务

6.4.2.1　可用性

可用性的基本含义是：根据授权实体的请求可被访问与使用，即保证被授权实体或进程的正常请求能够及时、正确、安全地得到服务或回应。

对 SaaS 订阅客户而言，可用性意味着在线应用能否被正常访问，主要表现在应用功能可用性、SaaS 厂商故障处理情况、客户感知的计算性能等 3 个方面。

（1）应用功能可用性。

功能可用性一般用百分比来表达，即合同规定的应用功能在各自访问点可操作的时间比例。可操作的含义是在客户合同中所规定的使用程度，不可操作指的是发生故障导致了不可用，不可用持续的时间即不可用时长。

$$应用功能可用性 (\%) = \left(1 - \frac{\sum(故障时间)}{合同中约定时长} \right) \times 100\%$$

故障可能导致服务完全不可用，或部分不可用（即：质量下降但服务仍然可用），此时可引入下降因子（Service Degradation Factor，SDF），并约定当故障使得功能完全不可用时，SDF=1；当故障使得部分可用时，经双方协商根据不可用的程度定义相应的 SDF 取值，相应地，修正后的功能可用性为：

$$应用功能可用性 (\%) = \left(1 - \frac{\sum(故障时间 \times SDF)}{合同中约定时长} \right) \times 100\%$$

现实中，有些厂商对故障时间会另有约定，如：某厂商规定当业务故障的恢复正常时间在 5 分钟以下时，不计入不可用性计算，不可用时间指业务发生故障开始到恢复正常使用的时间，包括维护时间。

（2）SaaS 厂商故障处理情况。

从 SaaS 订阅客户视角，所订阅的在线应用必须具有健壮性[①]，这对保障企业业务连续运行至关重要，这要求 SaaS 厂商重视三方面：一是 IT 基础设施及应用软件自身的可靠性；二是保证 IT 基础设施和应用软件无故障运行的运营水平，如：订阅客户不能因为 SaaS 厂商执行备份任务而影响对应用的访问；三是灾难恢复能力，当灾难发生时能及时恢复数据并正常运行。这三个方面是相互关联的。一般情形下，大型的 SaaS 厂商可以在云中提供异地灾备，然而，订阅客户方主动考虑到业务保障是明智的，以便能对 SaaS 厂商能力作出客观评估，如：能否允许执行常规的数据提取和备份，或数据在客户方的局部存储及同步方案，从而允许当暂时不能通过 Internet 远程访问时，仍可不中断业务。相关指标如：

• 宕机时间，指故障停机时间；
• 恢复时间，指故障报告时间和服务恢复时间之间的最大时间间隔的平均值；

[①] 健壮性又称鲁棒性，指软件对于规范要求以外的输入情况的处理能力。健壮的应用系统对于规范要求以外的输入应能够有合理的处理方式。

- 修复时间，指修复已经失效的服务要花费的时间。

（3）客户感知的计算性能。

性能常常与云基础架构中的处理能力联系在一起，受限的带宽、磁盘空间、内存、CPU 处理周期和网络连接都会导致性能低下。有时，性能低下是因为应用架构不能将其处理有效地分布在可用的云资源中。评价性能时要综合考虑多个方面，典型的有：SaaS 厂商构建及维护的 IT 基础设施的性能、客户感知的网络性能、客户感知的应用性能。

① 在 IT 基础设施层面，评估客户感知计算性能的指标，如：

- 带宽，指数据中心网络带宽部署情况；

- 网络延迟，指报文在传输介质中传输所用的时间（毫秒），这是体现数据中心网络性能的重要参数，该参数对延迟非常敏感的订阅客户而言具有重要意义；

- 吞吐量，单位时间内能接受的用户请求规模（如：完成交易数，或者相应于某时段内能够上传/下载一定规模对象（如 10M 的文档）的耗时；

- 丢包率，指数据包丢失部分与所传数据包总数的比值，正常传输时网络丢包率应该控制在一定范围内。

- 扩展性，当出现针对应用系统的"海量"的访问请求时，能自动调整计算资源，保障处理性能，不牺牲或显著影响所承诺的服务质量。相关指标如：扩展方式，如：水平扩展，为同样的计算资源池加入更多资源（内存、磁盘或虚拟 CPU 等）；垂直扩展，向计算平台中加入更多机器或设备。从 SaaS 厂商角度，有时将所有订阅客户的数据集中放在一个地方不现实（如出于法律监管要求），此时采取地理扩展是必要的。

② 在应用层面，评估客户感知计算性能的指标，如：

- 应用易用性。典型表现如：是否提供简洁明了的使用手册、应用界面是否具有直观性、是否提供灵活及多样化的操作方式等①。

- 应用响应性。从客户端发出访问请求到完成访问所用的时间，例如，上午 9 点到下午 5 点的时间段内，95% 的客户响应时间不超过 2 秒。

- 应用可扩展性。在应用层面，指 SaaS 厂商能根据技术环境、企业管理理念变化以及对客户最佳管理实践的认知深化，能对在线应用持续改进（如增加、调整功能模块；持续优化业务流程；与来自第三方的互补在线应用进行集成等）。从 SaaS 厂商的角度，通常表现在通过采用合适的开发策略与相关技术，允许灵活地添加、删除、增强、重构、拓展、替换某些组件，实现应用拓展，满足订阅客户灵活多变的计算需要。评估指标有：应用所提供的可调整参数是否丰富、是否提供流程建模能力以及能力是否强大等。

- 应用集成性。分为三个层面：一是基础层面，解决系统运行网络层面，设备、软件互联互通；二是数据层面，建立全局的逻辑数据模型，利用数据库集中存放数据，极大减少数据冗余，数据在不同应用中分享；三是应用集成，数据（信息）在相关的业务

---

① 例如：通过网页使用 163 电子信箱服务中，当需要添加附件时，用户可选择"添加附件"然后从弹出的对话框中选择一个或多个文件进行添加；也可选择"从手机上传图片"添加图片；也可直接从电脑中拖拽文件进行添加。这些功能明显体现出该服务的易用性。其他，如苹果公司的 Apple Pay 服务，其易用性也非常突出。

部门得到分享、传递，有效提升业务协作效率，助力企业实现业务目标。从 SaaS 订阅客户的角度看，集成意味着利用数据规范、单一的数据采集入口、多相关部门分享，意味着数据在相关的应用功能模块间可共享、在业务流程环节间顺畅流转。因此，可从这几个方面进行评估。从技术角度，应用集成性与互操作性有一定关系。互操作性，又称互用性，是指不同的计算机系统、网络、操作系统和应用程序一起工作并共享信息的能力。互操作有不同的层面，如：语法层面的互操作性和语义层面的互操作性。如果一个系统能够进行通讯和交换数据，那么，它就具备语法协同工作能力。XML 或 SQL 标准提供的就是语法互操作性。一般地，数据交换至少要涉及两个计算机系统参与方，即：发送方和接收方。只有当参与方计算机系统之间所交换的数据能够得到对方正确处理和使用的情况下，才称为实现了语义协同工作能力。典型互操作类型有：虚拟化技术间的互操作（这是实现云计算资源之间互操作的基础）、云存储技术的互操作（旨在实现多个存储设备之间协同工作，以及方便数据管理的服务接口）、云平台间的互操作（这是因为 SaaS 厂商常常利用其他云计算厂商，如 Paas/IaaS 厂商，提供的云平台资源）以及与非云计算技术（如订阅客户的遗留资源）的互操作。鉴于标准化是解决云计算互操作的重要手段，因此，可利用对相关标准的采纳情况来评估 SaaS 厂商的互操作能力。

6.4.2.2 数据安全

安全意味着是指 SaaS 厂商所建立 IT 基础设施、应用软件及各类数据应受到良好的保护，不会因偶然的或恶意的原因而遭受到破坏、非法篡改、泄露，系统能连续、可靠、正常地运行，订阅客户能正常访问。在相关研究[198–201] 基础上，下面从如下方面对 SaaS 数据安全进行归纳：

（1）数据保密性。

保密性也称机密性，其基本含义是保证数据仅供已获授权的用户、实体或进程访问，而不被未授权的用户、实体或进程获知。数据即便被非法截获，其所表达的信息也不被其所理解。

SaaS 厂商可利用相关技术手段，如通过配置防火墙策略、白名单过滤机制等进行网络隔离，在数据库、数据表、数据字段等层面进行数据隔离，在应用访问层面进行访问隔离（如通过控制接口及对应资源、保证各类计算资源与订阅客户之间的认证及授权不受侵害），配合管理相关措施，如规范主机的安全防范工作、规避数据泄露和非法访问、完善监控措施与相关制度，防止内部的人为泄密以及来自外部的间谍软件、木马、病毒和黑客攻击而造成数据泄密，严密监控服务器（包括虚拟服务器）的运行状态等，这些措施都有助于提高数据的保密性。

数据保密性涉及对 SaaS 厂商的约束，如：可规定在无客户授权情况下，SaaS 厂商不能查看客户存储的数据、不能查看客户操作情况。

（2）数据完整性。

　　数据完整性的基本含义是：数据不被非授权篡改或破坏，从而使信息在传递过程中不会被偶然或故意破坏，保护信息的完整统一。SaaS 模式下，订阅客户的数据被集中存储，不同于传统的基于企业局域网的、近程的数据存储方式，传统的完整性检验方式不能满足需要。针对远程存储的数据完整性问题，国内外已展开相关研究，比较典型的有消息认证码 MACs 技术（message authentication codes）、可取回性证明 POR 模型（proofs of retrievability）和数据持有性证明 PDP 模型（provable data possession）。

　　（3）数据存储持久性。

　　特别是对存储型 SaaS 服务，数据能否永久、可靠地存储十分重要。如：某公司在云数据库服务中，承诺在合同期内每月用户申请实例的数据存储的持久性为 99.9996%，这意味着每月每 1000000 个用户实例的存储的文件，每月只有 4 个实例有数据丢失的可能性。

　　（4）数据可销毁性。

　　指订阅客户要求删除数据时，SaaS 厂商承诺采取技术手段从云中彻底删除相关数据。

　　（5）数据移植性。

　　可移植性意味着当条件变化时，软件程序无须做很多修改就可运行。狭义上讲，可移植软件应独立于计算机的硬件环境；广义上讲，可移植软件为高级的标准化软件，其功能与机器系统结构无关。

　　对 SaaS 厂商而言，客观上要求必须及时对软件维护、升级，对支撑应用软件运行的 IT 基础设施环境进行改造、升级或迁移到全新的技术环境，这意味着应用软件必须具有较好的可移植性。对 SaaS 订阅客户而言，数据可移植性表现为能否方便迁移数据，对诸如数据备份、日志以及可能因法律和合规原因被要求的信息的可移植性是十分必要的。

6.4.3　评估支持服务

　　评估支持服务时主要考虑如下 3 个方面：

　　（1）对业务资源调配的支持情况。

　　根据订阅客户所请求的计算资源调整要求（如存储容量扩容/缩容、接口扩容/缩容、应用性能升级/降级、用户数扩容/缩容等），SaaS 厂商对资源进行调配的有关承诺及支持能力。

　　如：某厂商承诺用户，当订阅客户申请计算资源扩容时，若要求所扩容资源小于现有资源的 50%，并且扩容实例资源小于 10 个，则承诺在 1 小时完成；当申请资源小于 30 个，24 小时内完成；多于 30 个，与厂商协商所需要的完成时间。

　　（2）对在线应用的自主管理支持情况。

　　随着 SaaS 服务日益深化，提供在线应用的 SaaS 厂商、提供开发与部署平台的 PaaS 厂商，以及提供基础设施的 IaaS 厂商之间的角色界限日益模糊，一些实力雄厚的 SaaS 厂商同时扮演着 PaaS/IaaS 厂商的角色，一些 SaaS 厂商专注于在线服务运营，也有 SaaS 厂商致力于面向生态网络充当资源整合的角色。从厂商角度，实现对各类资源的灵活管理，有助于 SaaS 厂商打造自身优势。从订阅客户角度，可管理性较好的在线应用有助于按需自助服务，提升管理灵活性和效率，比如：客户可以登录统一的管理平台，在权限范围内对计算资源进行各种操作，如进行个性化配置应用界面、调整业务流程执行路径、维护企业内注册用户的登录规则等。相关指标如：

- 账户可管理性支持情况，如：是否允许订阅客户在一定限度内对账户进行管理。常见的账户类型如：命名用户、并发用户；普通操作型用户、管理型用户；
- 对应用自主管理支持情况，如：对订阅客户自主调整应用逻辑（如基于元数据进行应用个性配置）的支持情况，提供应用拓展（如开放应用业务编程接口）的情况。

（3）服务台支持情况。

指 SaaS 厂商如何处理来自订阅客户的请求，以满足订阅客户正常开展业务的需要。相关指标如：

- 对订阅客户请求的响应时间、处理时间；
- 对各类故障的响应时间、处理时间、故障恢复时间；
- 支持等级，如提供专业团队 7×24 小时帮助维护，或者仅工作日帮助支持；提供在线形式的帮助、电话支持、Email 支持、现场支持等；
- 数据审查性方面的承诺，如：依据现有法律法规体系，出于配合政府监管部门的监管或安全取证调查等需要，在符合流程和手续完备的情况下，提供相关信息（例如：关键组件的运行日志、运维人员操作记录、用户操作记录等）。

参考文献

[1] 陈宝明. 发达国家再工业化政策影响及我国的对策 [J]. 中国产业, 2010(2): 2 − 5.

[2] 丁纯, 李君扬. 德国"工业 4.0": 内容、动因与前景及其启示 [J]. 德国研究, 2014(4): 49 − 66.

[3] 赵大伟. 互联网思维独孤九剑 [M]. 北京: 机械工业出版社, 2014.

[4] 阿里研究院. 互联网＋: 从 IT 到 DT[M]. 北京: 机械工业出版社, 2015.

[5] 中国电子新产业发展研究院. 中国信息化与工业化深度融合发展水平评估 (蓝皮书 2012)[M]. 北京: 中央文献出版社, 2013.

[6] 常州市经济和信息化委员会, 常州德辰信息管理咨询有限公司. 常州市"智慧企业"评价指标体系研究报告 [R]. 南京: 德辰信息管理咨询公司内部资料, 2012.

[7] HAAG S, CUMMINGS M. 信息时代的管理信息系统 [M]. 北京: 机械工业出版社, 2011.

[8] PORTER M E, MILLAR V E. How information gives you competitive advantage[J]. Harvard Business Review, 1985, 63(4): 149 − 160.

[9] CARR N G. IT doesn't matter[J]. Harvard Business Review, 2003, 81(5): 5 − 12.

[10] 朱涵钰, 吕廷杰. 大型企业用户 SaaS 服务采纳中面临的挑战研究 [J]. 北京邮电大学学报: 社会科学版, 2014, 16(5): 94 − 98.

[11] CUSUMANO M A. The changing labyrinth of software pricing[J]. Communications of the Acm, 2007, 50(7): 19 − 22.

[12] CAMPBELL KELLY M. Historical Reflections: The Rise, Fall, and Resurrection of Software as a Service[J]. Communications of the Acm, 2009, 52(5): 28 − 30.

[13] DAN M, SEIDMANN A. The pricing strategy analysis for the software-as-a-service business model[J]. Grid Economics and Business Models. 5th International Workshop, GECON 2008, 2008: 103 − 112.

[14] CUSUMANO M. Cloud Computing and SaaS as New Computing Platforms[J]. Communications of the Acm, 2010, 53(4): 27 − 29.

[15] CHEN C-W, SHIUE Y-C, SHIH P-Y. Why firms do not adopt SaaS[J]. African Journal of Business Management, 2011, 5(15): 6443 − 6449.

[16] BENLIAN A, HESS T, BUXMANN P. Drivers of SaaS-Adoption - An Empirical Study of Different Application Types[J]. Business & Information Systems Engineering, 2009, 1(5): 357 − 360.

[17] TOLLIVER-NIGRO H. SaaS 101: the basics of software as a service[J]. Seybold Report Analyzing Publishing Technologies, 2009, 9(15): 3 − 8.

[18] WU W-W. Developing an explorative model for SaaS adoption[J]. Expert Systems with Applications, 2011,

38(12)：15057 – 15064.

[19] WU W-W. Mining significant factors affecting the adoption of SaaS using the rough set approach[J]. Journal of Systems and Software, 2011, 84(3)：435 – 441.

[20] 殷秀功, 夏远强. 中小企业 SaaS 应用模式下的风险管控策略及顾客信任模型浅析 [J]. 价值工程, 2009(12)：125 – 128.

[21] 田维珍, 郭欢欢, 王连清. SaaS 安全技术研究 [J]. 信息通信, 2010(5)：48 – 50.

[22] 胡斌, 吴满琳. 中小企业 SaaS 模式下的风险及对策研究 [J]. 现代商业, 2009, 35：215 – 216.

[23] 陈亚楠, 王凌飞, 陈富节. SaaS 对 IT 管理的影响 [J]. 时代金融, 2009(12)：147 – 148.

[24] 韩元牧, 吴莉娟. SaaS 法律问题研究 [J]. 网络法律评论, 2009(00)：107 – 118.

[25] WARD B T, SIPIOR J C. The Internet Jurisdiction Risk of Cloud Computing[J]. Information Systems Management, 2010, 27(4)：334 – 339.

[26] CHOU D C. Cloud computing risk and audit issues[J]. Computer Standards & Interfaces, 2015, 42：137 – 142.

[27] 彭琳. 2014 年国际网络安全十大事件 [J]. 中国信息安全, 2015(01)：80 – 85.

[28] 李世兴. 2014 年全球网络空间安全十大事件 [J]. 信息安全与通信保密, 2015(01)：68 – 70.

[29] 李鑫. 2014 年国内网络安全十大事件 [J]. 中国信息安全, 2015(01)：74 – 79.

[30] 柒月. 2015 年度国际网络安全大事件：技术与政策并存，机遇与挑战齐飞 [J]. 信息安全与通信保密, 2016(02)：36 – 37.

[31] 冯登国, 张阳, 张玉清. 信息安全风险评估综述 [J]. 通信学报, 2004, 25(7)：10 – 18.

[32] 中华人民共和国国家质量监督检验检疫总局, 中华人民共和国国家标准化管理委员会. 信息安全技术 信息安全风险评估规范 [S]. 2007.

[33] FITó J O, GUITART J. Business-driven management of infrastructure-level risks in Cloud providers[J]. Future Generation Computer Systems, 2014, 32：41 – 53.

[34] BADR Y, HARIRI S, AL-NASHIF Y, et al. Resilient and Trustworthy Dynamic Data-driven Application Systems (DDDAS) Services for Crisis Management Environments[J]. Procedia Computer Science, 2015, 51：2623 – 2637.

[35] M. M R. Evaluating the software as a service business model: from cpu time-sharing to online innovation sharing.[C]. Portugal：IADIS Press, 2005：177 – 186.

[36] SUBASHINI S, KAVITHA V. A survey on security issues in service delivery models of cloud computing[J]. Journal of Network and Computer Applications, 2011, 34(1)：1 – 11.

[37] CATTEDDU D. Cloud Computing: Benefits, Risks and Recommendations for Information Security[M] // SERRÃO C, AGUILERA DÍAZ V, CERULLO F. Web Application Security: Iberic Web Application Security Conference, IBWAS 2009, Madrid, Spain, December 10-11, 2009. Revised Selected Papers. Berlin, Heidelberg：Springer Berlin Heidelberg, 2010：17 – 17.

[38] BENLIAN A, HESS T. Opportunities and risks of software-as-a-service: Findings from a survey of IT executives[J]. Decision Support Systems, 2011, 52(1)：232 – 246.

[39] IPLAND F F. An investigation to determine incremental risk to software as a service from a user's perspective[D]. Matieland：University of Stellenbosch, 2011.

[40] BERNARD L. A risk assessment framework for evaluating software-as-a-service(SaaS) cloud service before adoption[D]. United State : University of Maryland University College, 2011.

[41] LIMAM N, BOUTABA R. Assessing Software Service Quality and Trustworthiness at Selection Time[J]. Ieee Transactions on Software Engineering, 2010, 36(4) : 559 – 574.

[42] BRENDER N, MARKOV I. Risk perception and risk management in cloud computing: Results from a case study of Swiss companies[J]. International Journal of Information Management, 2013, 33(5) : 726 – 733.

[43] AUGUST T, NICULESCU M F, SHIN H. Cloud Implications on Software Network Structure and Security Risks[J]. Information Systems Research, 2014, 25(3) : 489 – 510.

[44] WU W-W, LAN L W, LEE Y-T. Exploring decisive factors affecting an organization's SaaS adoption: A case study[J]. International Journal of Information Management, 2011, 31(6) : 556 – 563.

[45] 曹帅, 王淑营. 产业链协同 SaaS 平台业务流程定制安全技术研究 [J]. 计算机科学, 2014(01) : 230 – 234.

[46] 王宇, 王淑营. 面向汽车产业链协同 SaaS 平台的 DaaS 技术研究 [J]. 计算机工程与设计, 2014(03) : 1081 – 1087.

[47] 袁志俊, 夏红霞. 基于 SaaS 模式在线软件系统开发方案的研究 [J]. 计算机工程与设计, 2009(11) : 2714 – 2717.

[48] 琚洁慧, 吴吉义, 章剑林, 等. SaaS 应用中的多租户与安全技术研究 [J]. 电信科学, 2010(10) : 41 – 46.

[49] 魏巍. SaaS 模式——中国软件企业面临的机遇和挑战 [J]. 工业技术经济, 2008, 27(7) : 48 – 49.

[50] 张丽, 严建援. 基于 SaaS 模式的 IT 服务供应链框架研究 [J]. 信息系统工程, 2010(12) : 37 – 40.

[51] 刘飞, 张立涛, 张志慧. SaaS 模式存在的安全隐患及对策研究 [J]. 信息系统工程, 2010(3) : 39 – 41.

[52] 张昌利, 闫茂德. 引入担保的云计算框架及担保方风险分析 [J]. 计算机工程与应用, 2010, 46(36) : 234 – 236.

[53] 郭健, 高巨山, 韩文秀. 在线软件服务 (SaaS) 收费模式探讨 [J]. 价格理论与实践, 2007(9) : 70 – 71.

[54] 肖琨. 基于 SaaS 模式的电子服务质量决定因素实证研究 [J]. 科技创业月刊, 2010(10) : 76 – 78.

[55] 时晨, 赵洪钢, 时和平. 信息安全风险评估标准与方法研究现状 [J]. 电信快报: 网络与通信, 2016(2) : 28 – 32.

[56] 王祯学. 信息系统安全风险估计与控制理论 [M]. 北京 : 科学出版社, 2011.

[57] ENSIA. Cloud computing - benefits, risks and recommendations for information security[R]. 2009.

[58] CSA. Security guidance for critical areas of focus in cloud computing (v3.0)[R]. 2011.

[59] NIST. Guidelines on security and privacy in public cloud computing[R]. 2011.

[60] CIOCOUNCIL. Proposed Security Assessment & Authorization for U.S. Government Cloud Computing[R]. 2010.

[61] 涂子沛. 大数据 [M]. 广西 : 广西师范大学出版社, 2012.

[62] 张亚勤, 沈寓实, 李雨航. 云计算 360 度——微软专家纵论产业变革 [M]. 北京 : 电子工业出版社, 2013.

[63] BUYYA R, BROBERG J, GOSCINSKI A. 云计算原理与范式 [M]. 北京 : 机械工业出版社, 2013.

[64] 何明, 郑翔, 赖海光, 等. 云计算技术发展及应用探讨 [J]. 电信科学, 2010, 26(5) : 42 – 46.

[65] 刘甜甜, 张清, 岳强, 等. 云计算产业发展现状和趋势分析 [J]. 广东通信技术, 2015, 35(1) : 6 – 12.

[66] BUYYA R, YEO C S, VENUGOPAL S, et al. Cloud computing and emerging IT platforms: Vision, hype,

and reality for delivering computing as the 5th utility[J]. Future Generation Computer Systems, 2009, 25(6) : 599 – 616.

[67] VAGUERO L. A break in the clouds: towards a cloud definition[J]. Acm Sigcomm Computer Communication Review, 2008, 39(1) : 50 – 55.

[68] GENDRON M S. Business Intelligence and the Cloud: Strategic Implementation Guide[J]. Journal De Physiologie, 2014, 53(1) : 375 – 381.

[69] 朱志良, 苑海涛, 宋杰, 等. SOA 与云计算: 竞争还是融合 [J]. 计算机科学, 2011, 38(12) : 6 – 11.

[70] 於鹏. 云计算和网格计算对比分析 [J]. 科技资讯, 2013(10) : 23 – 24.

[71] LAUDON K C, LAUDON J P. Management Information Systems: Manageming the Digitial Firm[M]. 11st ed. New York : Pearson Education, Inc, 2010.

[72] 陈靖, 黄聪会, 孙璐, 等. 应用虚拟化技术研究进展 [J]. 空军工程大学学报: 自然科学版, 2013(6) : 54 – 58.

[73] 文杰. 站在云端的 SaaS[M]. 北京 : 清华大学出版社, 2011.

[74] 严建援, 乔艳芬. 云生态系统形成动因的多视角分析: 以阿里云生态系统为例 [J]. 科学学与科学技术管理, 2015, 36(11) : 56 – 68.

[75] G T A. The use and abuse of vegetational terms and Concepts[J]. Ecology, 1935, 16(3) : 284 – 307.

[76] LENK A, KLEMS M, NIMIS J, et al. What's inside the Cloud? An architectural map of the Cloud landscape[C] // The Workshop on Software Engineering Challenges of Cloud Computing. 2009 : 23 – 31.

[77] RIMAL B P, CHOI E, LUMB I. A Taxonomy, Survey, and Issues of Cloud Computing Ecosystems[M]. London : Springer, 2010 : 21 – 46.

[78] 金帆. 价值生态系统: 云经济时代的价值创造机制 [J]. 中国工业经济, 2014(04) : 97 – 109.

[79] 王伟军, 刘凯, 鲍丽倩, 等. 云计算生态系统计量研究: 形成、群落结构及种群边界 [J]. 情报理论与实践, 2014, 37(9) : 11 – 15.

[80] SIIA. Software as a service : strategic backgrounder[R]. New York : software & information industry association, 2001.

[81] 张权, 张超, 杨洵. SaaS 商业模式构建及创新策略研究 [J]. 图书与情报, 2012(01) : 109 – 113+144.

[82] 刘尚亮, 沈惠璋, 李峰, 等. 服务科学研究综述 [J]. 科学学与科学技术管理, 2010, 31(6) : 85 – 89.

[83] LEHMANN S, BUXMANN P. Pricing Strategies of Software Vendors[J]. Business & Information Systems Engineering, 2009(6) : 452 – 461.

[84] 位静. 云服务水平协议的全生命周期管理研究 [D]. 南京 : 南京大学, 2013.

[85] 李卫, 张云勇, 郭志斌, 等. 电信运营商 SaaS 业务发展研究 [J]. 电信科学, 2012, 28(1) : 132 – 136.

[86] TIMMERS P. Business models for electronic markets[J]. Journal of Electronic Markets, 1998, 8(2) : 3 – 8.

[87] MAGRETTA J. Why Business Model Matters[J]. Harvard Business Review, 2002(80) : 86 – 92.

[88] RAPPA M A. The utility business model and the future of computing services[J]. IBM Systems Journal, 2004, 43(1) : 32 – 42.

[89] ALDEBEI M M, AVISON D. Developing a unified framework of the business model concept[J]. European Journal of Information Systems, 2010, 19(3) : 359 – 376.

[90] 罗小鹏, 刘莉. 互联网企业发展过程中商业模式的演变——基于腾讯的案例研究 [J]. 经济管理,

2012(2): 194 – 203.

[91] 王琴. 基于价值网络重构的企业商业模式创新 [J]. 中国工业经济, 2011(1): 79 – 88.

[92] 罗珉, 李亮宇. 互联网时代的商业模式创新: 价值创造视角 [J]. 中国工业经济, 2015(01): 95 – 107.

[93] SUSARLA A, BARUA A, WHINSTON A B. A transaction cost perspective of the software as a service business model[J]. Journal of Management Information Systems, 2009, 26(2): 205 – 240.

[94] 《信息技术与标准化》编辑部 (编译). SaaS 服务型软件的内涵 [J]. 信息技术与标准化, 2011(3): 35 – 38.

[95] 李璐. SaaS 应用全球持续升温中小企业成主力军 [J]. 通信世界, 2014(4): 44 – 45.

[96] 宋丽娜, 齐润州. 中国 SaaS 企业应用平台行业研究——在互联网风潮中稳步增长 [J]. 上海管理科学, 2015, 37(4): 96 – 102.

[97] 郭春明. 出入境检验检疫符合性条件筛选及其风险分析研究报告 [R]. 南京: 江苏检验检疫质量研究中心, 2008.

[98] MERNA T, ALTHANI F F. Corporate Risk Management: An Organisational Perspective[M]. New York: John Wiley & Sons Inc, 2005.

[99] ISO. Risk Management -Principles and Guidelines[S]. 2009.

[100] MEULBROEK L K. Integrated Risk Management for the Firm: A Senior Manager's Guide[J]. Ssrn Electronic Journal, 2002.

[101] SMITH N J. Engineering Procect management[M]. Oxford: Blackwell Science, 1995.

[102] 中国注册会计师协会. 公司战略与风险管理 [M]. 北京: 经济科学出版社, 2010.

[103] 项目管理协会. 项目管理知识体系指南 [M]. 北京: 电子工业出版社, 2013.

[104] 肖龙, 戴宗坤, 王祯学, 等. 信息系统资源分布模型研究 [J]. 四川大学学报: 自然科学版, 2004, 41(3): 560 – 564.

[105] FLANAGAN R, NORMAN G. Risk management and construction[J]. Risk Management & Construction, 1993.

[106] MATHEW M, NAIR S. Pricing SaaS models: perceptions of business service providers and clients[J]. Journal of Services Research, 2010, 10(1): 51 – 68.

[107] CATTEDDU D, HOGBEN G. Cloud Computing Security Risk Assessment[R]. 2009.

[108] 王伟. SaaS 风险及影响因素研究 [J]. 情报科学, 2011, 29(9): 1396 – 1400.

[109] 焦燕廷, 孙新召. SaaS 环境下的安全问题 [J]. 网络安全技术及应用, 2013(1): 10 – 13.

[110] 吴炎太, 林斌, 孙烨. 基于生命周期的信息系统内部控制风险管理研究 [J]. 审计研究, 2009(6): 87 – 92.

[111] BABB S. Using COBIT 5 for risk management[J]. COBIT Focus, 2013, 4: 3 – 3.

[112] LOKUCIEJEWSKI P, WILOP K, SYNDIKUS W. Using COBIT to support IT risk management[J]. COBIT Focus, 2011, 4: 14 – 16.

[113] PUTRI N R, MGANGA M C. Enhancing information security in cloud computing services using SLA based metrics[D]. Sweden: Blekinge Institute of Technology, 2011.

[114] PAQUETTE S, JAEGER P T, WILSON S C. Identifying the security risks associated with governmental use of cloud computing[J]. Government Information Quarterly, 2010, 27(3): 245 – 253.

[115] ISACA. COBIT 5: Enabling Processes[M]. 2012.

[116] 王会金. 高校管理信息系统审计及其风险控制问题研究——以 WSR 方法论与 COBIT 理论相结合为视角 [J]. 审计与经济研究, 2014(05)：23－30.

[117] 王会金. 中观信息系统审计风险控制体系研究——以 COBIT 框架与数据挖掘技术相结合为视角 [J]. 审计与经济研究, 2012(01)：16－23.

[118] 陈旭, 张艳芳. 基于 COBIT 的信息系统内部控制风险研究 [J]. 财会通讯, 2011(13)：128－129.

[119] 汤姆, 约瑟夫, 陈兆丰. 定价战略与战术, 通向利润增长之路 [M]. 北京：华夏出版社, 2012.

[120] SHAPIRO C, VARIAN H R. Versioning: The smart way to sell information[J]. Harvard Business Review, 1998, 76(6)：106－115.

[121] FOWLER N. The economics of software licensing[J]. Handbook of Business Strategy, 2003, 45(1)：334－345.

[122] ZHANG J, SEIDMANN A. Perpetual versus subscription licensing under quality uncertainty and network externality effects[J]. Journal of Management Information Systems, 2010, 27(1)：39－68.

[123] ANCARANI F. Pricing and the Internet: frictionless commerce or pricer＇s paradise?[J]. European Management Journal, 2002, 20(6)：680－687.

[124] ZEITHAML V A. Consumer perceptions of price quality and value: a means-end synthesis of evidence[J]. Journal of Marketing, 1988, 52(3)：2－22.

[125] ZEITHAML V A. Service quality, profitability, and the economic worth of customers: what we know and what we need to learn[J]. Journal of the Academy of Marketing Science, 2000, 28(1)：67－85.

[126] 白长虹. 西方的顾客价值研究及其实践启示 [J]. 南开管理评论, 2001(02)：51－55.

[127] LINDE F. Pricing information goods[J]. Journal of Product & Brand Management, 2009, 18(5)：379－384.

[128] IVEROTH E, WESTELIUS A, PETRI C-J, et al. How to differentiate by price: Proposal for a five-dimensional model[J]. European Management Journal, 2013, 31(2)：109－123.

[129] LAATIKAINEN G, OJALA A, MAZHELIS O. Cloud services pricing models[M]. Berlin Heidelberg: Springer, 2013：117－129.

[130] GERBER M, von SOLMS R. Management of risk in the information age[J]. Computers & Security, 2005, 24(1)：16－30.

[131] BERNARD R. Information lifecycle security risk assessment: a tool for closing security gaps[J]. Computers & Security, 2007, 26(1)：26－30.

[132] SUMNER M. Information security threats: a comparative analysis of impact, probability, and preparedness[J]. Information Systems Management, 2009, 26(1)：2－12.

[133] KARABACAK B, SOGUKPINAR I. ISRAM: information security risk analysis method[J]. Computers & Security, 2005, 24(2)：147－159.

[134] SUN L L, SRIVASTAVA R P, MOCK T J. An information systems security risk assessment model under the Dempster-Shafer theory of belief functions[J]. Journal of Management Information Systems, 2006, 22(4)：109－142.

[135] SOLIC K, OCEVCIC H, GOLUB M. The information systems' security level assessment model based on an ontology and evidential reasoning approach[J]. Computers & Security, 2015, 55：100－112.

[136] 宋艳, 陈冬华. 信息系统安全风险评估综述 [J]. 情报理论与实践, 2009, 32(5)：114－116.

[137] 罗佳, 杨世平. 基于熵权系数法的信息安全模糊风险评估 [J]. 计算机技术与发展, 2009, 19(10)：177 – 180.

[138] 付钰, 吴晓平, 叶清, 等. 基于模糊集与熵权理论的信息系统安全风险评估研究 [J]. 电子学报, 2010, 38(7)：1489 – 1494.

[139] 李鹤田, 刘云, 何德全. 信息系统安全风险评估研究综述 [J]. 中国安全科学学报, 2006, 16(1)：108 – 113.

[140] 张鉴, 范红. 信息安全风险分析技术与方法研究 [C] // 全国计算机安全学术交流会. 2007：14 – 19.

[141] B. 门罗. 定价：创造理论的决策 [M]. 第 3 版. 北京：中国财政经济出版社, 2005.

[142] SULLIVAN W G, WICKS E M, LUXHOJ J T. 工程经济学 [M]. 第 13 版. 北京：清华大学出版社, 2007.

[143] 刘树林, 王明喜. 多属性采购拍卖理论与应用评述 [J]. 中国管理科学, 2009(01)：183 – 192.

[144] CHE Y-K. Design competition through multidimensional auctions[J]. The RAND Journal of Economics, 1993, 24(4)：668 – 680.

[145] BRANCO F. The design of multidimensional auctions[J]. The RAND Journal of Economics, 1997, 28(1)：63 – 81.

[146] DAVID E, AZOULAY-SCHWARTZ R, KRAUS S. Bidding in sealed-bid and English multi-attribute auctions[J]. Decision Support Systems, 2006, 42(2)：527 – 556.

[147] PLA A, LóPEZ B, MURILLO J, et al. Multi-attribute auctions with different types of attributes: Enacting properties in multi-attribute auctions[J]. Expert Systems with Applications, 2014, 41(10)：4829 – 4843.

[148] 姚升保. 基于幂效用函数的多属性英式拍卖研究 [J]. 中国管理科学, 2013(06)：132 – 138.

[149] 孙亚辉, 冯玉强. 多属性密封拍卖模型及最优投标策略 [J]. 系统工程理论与实践, 2010(07)：1185 – 1189.

[150] 金淬, 石纯一. 一种暗标叫价的多属性拍卖方法 [J]. 计算机学报, 2006(01)：145 – 152.

[151] 金淬, 石纯一. 一种递增叫价的多属性拍卖方法 [J]. 计算机研究与发展, 2006(07)：1135 – 1141.

[152] 王明喜, 谢海滨, 胡毅. 基于简单加权法的多属性采购拍卖模型 [J]. 系统工程理论与实践, 2014, 34(11)：2772 – 2782.

[153] 杨锋, 何慕佳, 梁樑. 基于多属性逆向拍卖的节能服务公司选择研究 [J]. 中国管理科学, 2015, 23(5)：98 – 106.

[154] 出剑, 陈曲. 主体风险规避情形下多属性逆向拍卖利润分配研究 [J]. 中国管理科学, 2014, 22(9)：33 – 39.

[155] SATAYAPIWAT C, EGAWA R, TAKIZAWA H, et al. A utility-based double auction mechanism for efficient grid resource allocation[C] // Parallel and Distributed Processing with Applications, 2008. ISPA '08. International Symposium on. 2008：252 – 260.

[156] 陶杰, 顾永跟, 吴小红, 等. 带赔偿的云计算服务拍卖机制研究 [J]. 数学的实践与认识, 2013(04)：117 – 123.

[157] 翁楚良, 陆鑫达. 一种基于双向拍卖机制的计算网格资源分配方法 [J]. 计算机学报, 2006(06)：1004 – 1009.

[158] BICHLER M. An experimental analysis of multi-attribute auctions[J]. Decis. Support Syst., 2000, 29(3)：249 – 268.

[159] CHEN-RITZO C-H, HARRISON T P, KWASNICA A M, et al. Better, faster, cheaper: an experimental

analysis of a multiattribute reverse auction mechanism with restricted information feedback[J]. Management Science, 2005, 51(12): 1753 – 1762.

[160] PLA A, LóPEZ B, MURILLO J. Multi-dimensional fairness for auction-based resource allocation[J]. Knowledge-Based Systems, 2015, 73(3): 134 – 148.

[161] NASSIRI-MOFAKHAM F, ALI NEMATBAKHSH M, BARAANI-DASTJERDI A, et al. Bidding strategy for agents in multi-attribute combinatorial double auction[J]. Expert Systems with Applications, 2015, 42(6): 3268 – 3295.

[162] DESPOTOVIC Z, USUNIER J C, ABERER K. Towards peer-to-peer double auctioning[C] // Proceedings of the 37th Annual Hawaii International Conference on System Sciences. 2004: 1 – 8.

[163] 张维迎. 博弈论与信息经济学 [M]. 上海: 上海人民出版社, 1996.

[164] PATEL A, SEYFI A, YIQI T, et al. Comparative study and review of grid, cloud, utility computing and software as a service for use by libraries[J]. Library Hi Tech News, 2011, 28(3): 25 – 32.

[165] ELIADIS B H, RAND A. Setting expectations in SaaS: The importance of the service level agreement to SaaS providers and consumers[C] // Online, Software & Information Industry Association. 2010.

[166] LEWIS L, RAY P. Service level management definition, architecture, and research challenges[C] // Global Telecommunications Conference, 1999. GLOBECOM. 1999: 1974 – 1978 Vol.3.

[167] BLOKDIJK G, MENKEN I. The Service Level Agreement SLA Guide[M]. Queensland: Emereo Publishing, 2008.

[168] 张若英, 邱雪松, 孟洛明. SLA 的表示方法和应用 [J]. 北京邮电大学学报, 2003, 26(z2): 12 – 17.

[169] 钱琼芬, 李春林, 熊家军, 等. 云计算中的 SLA 管理技术研究 [J]. 电信科学, 2012, 28(10): 38 – 45.

[170] 赵又霖, 邓仲华, 黎春兰. 云服务等级协议的生命周期管理研究 [J]. 图书与情报, 2013(1): 51 – 57.

[171] 张若英, 徐志发, 鲁春丛. SLA 实现技术及其应用 [J]. 中兴通讯技术, 2006, 12(1): 12 – 16.

[172] 张健. 云计算服务等级协议（SLA）研究 [J]. 电信网技术, 2012(2): 7 – 10.

[173] 胡春华, 陈晓红, 吴敏, 等. 云计算中基于 SLA 的服务可信协商与访问控制策略 [J]. 中国科学信息科学, 2012, 42(3): 314 – 332.

[174] 马满福, 王梅. 云环境下基于服务等级协议的信任评估模型 [J]. 计算机应用, 2015, 35(6): 1567 – 1572.

[175] 孙文辉, 刘峰, 张晋豫, 等. 面向服务的服务等级协议实现框架的研究 [J]. 计算机应用, 2006, 26(6): 1260 – 1262.

[176] 陈刚, 周文安, 宋俊德. 基于 SLA 的业务建模和参数映射算法 [J]. 北京邮电大学学报, 2007, 30(4): 28 – 32.

[177] 刘春勇, 黄志球, 王进, 等. 基于 SLA 的动态云体系结构 [J]. 计算机工程, 2011(S1): 7 – 9.

[178] 李淑芝, 何兰兰. 云环境下基于 SLA 的优化资源分配研究 [J]. 计算机工程与应用, 2015, 51(11): 57 – 61.

[179] 林清滢, 陆锡聪, 徐林. 云计算中面向 SLA 的作业分层优先级调度策略 [J]. 计算机科学, 2014, 41(S1): 316 – 317.

[180] 吴海双, 张亮, 李杰辉. IaaS 环境中一种保证 SLA 的资源调度策略 [J]. 计算机工程, 2013, 39(7): 51 – 54.

[181] 雷洁, 鄂雪妮, 桂雁军. 基于 SLA 的云计算资源调度机制研究 [J]. 武汉理工大学学报: 信息与管理工

程版, 2014(2): 220–224.

[182] 兰文姗, 陈冬林, 李伟, 等. 基于 SLA 的云数据中心负载均衡理论研究 [J]. 武汉理工大学学报: 信息与管理工程版, 2014(3): 350–354.

[183] 叶世阳, 张文博, 钟华. 一种面向 SLA 的云计算环境下虚拟资源调度方法 [J]. 计算机应用与软件, 2015(4): 11–14.

[184] 冯国富, 唐明伟, 刘林源, 等. 基于服务级别协议的云资源分配 [J]. 计算机科学, 2014, 41(4): 36–39.

[185] 于珊珊, 陈冬林, 李伟, 等. 基于 SLA 的云计算多数据中心任务调度算法 [J]. 武汉理工大学学报: 信息与管理工程版, 2014(3): 345–349.

[186] 严建援, 鲁馨蔓, 甄杰. 云计算模式下 SLA 中的补偿策略及风险 [J]. 运筹与管理, 2014(02): 24–32.

[187] 张涛, 燕静, 徐照淼, 等. 云计算环境下 SaaS 服务可伸缩性评估方法研究 [J]. 西北工业大学学报, 2014(6): 998–1000.

[188] 梁昌勇, 江贵红, 陆文星. 基于 SLA 的 SaaSSP 服务质量评价研究 [J]. 计算机工程, 2013(10): 31–36.

[189] 高云璐, 沈备军, 孔华锋. 基于 SLA 与用户评价的云计算信任模型 [J]. 计算机工程, 2012, 38(7): 28–30.

[190] 黎春兰, 邓仲华, 张文萍. 云服务的定价策略分析 [J]. 图书与情报, 2013(01): 36–41.

[191] 邓卫红, 高其胜. 典型云服务等级协议内容及管理比较研究 [J]. 图书馆学研究, 2015(3): 28–35.

[192] PASCHKE A, SCHNAPPINGER-GERULL E. A categorization scheme for SLA metrics.[C] // Service oriented electronic commerce: proceedings zur konferenz im rahmen der multikonferenz wirtschaftsinformatik, 20-22 Februar 2006 in Passau. 2006: 25–40.

[193] PATEL P, RANABAHU A, SHETH A. Service level agreement in cloud computing[J]. Cloud SLA, 2009: 2–8.

[194] KELLER A, LUDWIG H. The WSLA framework: specifying and monitoring service level agreements for Web services[J]. Journal of Network & Systems Management, 2003, 11(1): 57–81.

[195] 黎春兰, 邓仲华. 面向图书馆的服务等级协议研究 [J]. 图书情报知识, 2015(2): 74–86.

[196] 邓仲华, 喻越. 云环境下的信息服务等级协议研究 [J]. 图书与情报, 2009(4): 57–60.

[197] 王小鹏, 张洪良, 石启良, 等. 云计算环境下的服务等级协议管理 [J]. 电信快报: 网络与通信, 2012(5): 19 23.

[198] 杭星. 云计算服务质量评估方法的研究 [J]. 电子质量, 2014(9): 43–46.

[199] 李凌. 云计算服务中数据安全的若干问题研究 [D]. 合肥: 中国科学技术大学, 2012.

[200] 蒋辉芹. 云计算数据保密与安全问题研究 [J]. 长沙大学学报, 2015(5): 47–49.

[201] 王健, 王翀, 李兵, 等. 云计算中面向服务的互操作性技术标准研究 [C] // 湖北省科学技术协会. 湖北科技论坛: 卷科技引领产业、支撑跨越发展——第六届湖北科技论坛论文集萃. 武汉: 湖北科学技术出版社, 2011.

附录 A Java 代码

A.1 风险评估算例中使用的 Java 代码

(1) Parameters.java

```
1    /**
2     * 接口类,集中设置模拟中所用的全局参数
3     */
4    public interface Parameters {
5        int paraGradeLevels = 5;      //评语等级数=5
6        double paraGradeWeights[ ] = {5, 4, 3, 2, 1};   //打分等级的分值分布
7        int maxThreats = 10;         //对每个脆弱点,威胁数<=10
8        int minThreats = 1;          //对每个脆弱点,威胁数>=1
9        long rndSeed = 1;            //随机数种子
10   }
```

(2)Tool

```
1    /**
2     * 工具类,熵权法计算指标权重, commentdata——隶属度矩阵, indexWeights——指标权重值
3     * 通过indexWeight传回计算后的权重值.
4     * rowCount指标的个数
5     */
6    public class Tool implements Parameters {
7        static double[ ] calcWeights(double fuzzyMatrix[ ][ ], int rowCount) {
8            double e[ ] = new double[rowCount];
9            double weights[ ] = new double[rowCount];
10           double sum;
11           double sum_ei = 0;
12           for (int i = 0; i < rowCount; i++) {
13               e[i] = 0;
14               sum = 0;
15               for (int j = 0; j < paraGradeLevels; j++) {
16                   if (Math.abs(fuzzyMatrix[i][j]) >= 0.000001)
17                       sum += fuzzyMatrix[i][j] * Math.log(fuzzyMatrix[i][j]);
18               }
```

```
19        e[i] = −sum / Math.log(paraGradeLevels);
20        sum_ei += e[i];
21      }
22      for (int i = 0; i < rowCount; i++) {
23        weights[i] = (1 − e[i]) / (rowCount − sum_ei);
24      }
25      return weights;
26    }
27  }
```

(3)Assets.java

```
1   /**
2    * 资产类,模拟待评估的SaaS资产集合
3    */
4
5   import java.util.ArrayList;
6
7   public class Assets implements Parameters {
8
9       private ArrayList<VulPoints> vPointsList;  //脆弱点列表
10      private int assetCount;  //资产数目,变化值,创建对象时初始化
11      private double[][] fuzzyMatrix;  //资产价值隶属度矩阵,创建对象时初始化
12      private double[] weights;  //资产权重,计算得出
13      private double[] assetsValues;  //资产价值评审结果,计算得出
14      private double[] assetsRisks;  //各项资产的合成风险,计算得出
15
16      Assets(double commentArray[][], int row) {
17
18          assetCount = row;
19          assetsValues = new double[row];
20          fuzzyMatrix = new double[row][paraGradeLevels];
21          weights = new double[row];
22          assetsRisks = new double[row];
23
24          for (int i = 0; i < row; i++) {
25              for (int j = 0; j < paraGradeLevels; j++) {
26                  fuzzyMatrix[i][j] = commentArray[i][j];
27              }
28          }
29          vPointsList = new ArrayList<VulPoints>(row);
30      }
31
32      public void addVulPoints(double vCommentData[][], int vpoints) {
33          vPointsList.add(new VulPoints(vCommentData, vpoints));
34      }
35
36
37      public void initThreats() {
```

```
38              for (int i = 0; i < assetCount; i++) {
39                  vPointsList.get(i).initThreats ();
40              }
41          }
42
43          //      计算各指标的评审结果
44      //  fuzzyMatrix * gradeWeights by row, then * weights[currentRow]
45      //       ———>assetsValues
46      public void calc () {
47
48          System.arraycopy(Tool.calcWeights(fuzzyMatrix, assetCount), 0, weights, 0, assetCount);
49
50          for (int i = 0; i < assetCount; i++) {
51              assetsValues [i] = 0;
52              for (int j = 0; j < paraGradeLevels; j++) {
53                  assetsValues [i] += fuzzyMatrix[i][j] * paraGradeWeights[j];
54              }
55              assetsValues [i] *= weights[i];
56              vPointsList.get(i).calc (assetsValues [i]);
57              assetsRisks [i] = 0;
58              double[] loss = vPointsList.get(i).getLosses ();
59              double[] poss = vPointsList.get(i). getEventsPossibilities ();
60              for (int j = 0; j < loss.length; j++) {
61                  assetsRisks [i] += loss[j] * poss[j];
62              }
63              assetsRisks [i] = Math.sqrt(assetsRisks [i]);
64          }
65      }
66
67      public void printDetails () {
68
69          String strTitle  = "Assets weights[n=" + assetCount + "] ";
70          System.out.printf ( strTitle );
71          for (int i = 0; i < assetCount; i++) {
72              System.out.printf ("%f\t", weights[i]);
73          }
74          System.out.print ("\n");
75
76          double sum = 0;
77          strTitle  = "\t Evalf-values \t";
78
79          System.out.printf ( strTitle );
80          for (int i = 0; i < assetCount; i++) {
81              System.out.printf ("%f\t", assetsValues [i]);
82          }
83          System.out.print ("\n----------------------------\n");
84
85          for (int i = 0; i < assetCount; i++) {
86
87              System.out.printf ("Asset[%d]->", i);
```

```
88
89        double[ ] vpWeights = vPointsList . get( i ). getWeights ();
90        System.out. printf ("[vpoints=%d-weights]\t ", vpWeights.length);
91        for (int j = 0; j < vpWeights.length ; j++) {
92            System.out. printf ("%f\t", vpWeights[j ]);
93        }
94        System.out. print ("\n");
95
96        double[ ] loss = vPointsList . get( i ). getLosses ();
97        System.out. printf ("\t\t [ %d vPnts->Losses ]\t ", loss.length);
98
99        for (int j = 0; j < loss . length ; j++) {
100           System.out. printf ("%f\t", loss [j ]);
101       }
102       System.out. println ();
103
104       double[ ] possibility = vPointsList . get( i ). getEventsPossibilities ();
105       System.out. printf ("\t\t [ %d max-probability]\t", possibility.length);
106
107       for (int j = 0; j < possibility . length ; j++) {
108           System.out. printf ("%f\t", possibility [j ]);
109       }
110       System.out. println ();
111   }
112   System.out. print ("\n----------------------------\n");
113
114   System.out. printf ("Risks [%d] \t", assetCount);
115
116   for (int i = 0; i < assetCount ; i++) {
117       System.out. printf ("%f\t", assetsRisks [ i ]);
118   }
119   System.out. println ();
120
121   //综合风险值
122   double temp = 0;
123   for (int i = 0; i < assetCount ; i++) {
124       temp += assetsRisks [ i ] * weights[ i ];
125   }
126   System.out. printf ("Total Risk[未归一化]= %f\t", temp);
127   System.out. println ();
128
129   //    风险值归一化,然后得出归一化后的风险值
130   double temp1 = 0;
131   for (int i = 0; i < assetCount ; i++) {
132       temp1 += assetsRisks [ i ];
133   }
134   System.out. printf ("Total Risk[归一化]=%f", temp / temp1);
135   System.out. println ();
136   }
137 }
```

(4)Vulpoints.java

```
1    /**
2     * 脆弱点类,表达一组脆弱点.
3     * 一项资产可有一组脆弱点
4     */
5
6    import java.util.ArrayList;
7    import java.util.Random;
8
9    public class VulPoints implements Parameters {
10
11       private ArrayList<Threats> threatsArrayList ;   //威胁列表
12       private int vPointsCount;   //脆弱点数目
13       private double fuzzyMatrix[ ][ ];   //隶属度矩阵,创建对象时初始化
14       private double weights[ ];   //脆弱点指标权重,由熵权法计算得出,每一脆弱点对应一个权重
15       private double vDegrees[ ];   //脆弱严重程度结果,计算得出
16       private double vLosses[ ];   //该组脆弱点的损失
17
18       VulPoints(double dataArray[ ][ ], int row) {
19           fuzzyMatrix = new double[row][paraGradeLevels];
20           vPointsCount = row;
21           for (int i = 0; i < row; i++) {
22               for (int j = 0; j < paraGradeLevels; j++) {
23                   fuzzyMatrix[i][j] = dataArray[i][j];
24               }
25           }
26           threatsArrayList  = new ArrayList<Threats>(vPointsCount);
27           weights = new double[row];
28           vDegrees = new double[row];
29           vLosses = new double[row];
30       }
31
32       //    模拟,初始化威胁,一个脆弱点可有多个(threatRows)威胁
33   //    每个脆弱点,相应威胁数量是随机的,威胁取值范围[minThreats, maxThreats)
34       public void initThreats () {
35           Random rnd = new Random();
36           for (int i = 0; i < vPointsCount; i++) {
37               int threatRows = rnd.nextInt (maxThreats);
38               while (threatRows < minThreats) {
39                   threatRows = rnd.nextInt (maxThreats);
40               }
41               threatsArrayList .add(new Threats(threatRows ));
42           }
43       }
44
45       //    计算脆弱点的权重、严重度、损失
46       public void calc(double anAssetValue) {
47
48           System.arraycopy(Tool.calcWeights(fuzzyMatrix, vPointsCount), 0, weights, 0, vPointsCount);
```

```
49
50          for (int i = 0; i < vPointsCount; i++) {
51              vDegrees[i] = 0;
52              for (int j = 0; j < paraGradeLevels; j++) {
53                  vDegrees[i] += fuzzyMatrix[i][j] * paraGradeWeights[j];
54              }
55              vDegrees[i] *= weights[i];
56
57              vLosses[i] = Math.sqrt(anAssetValue * vDegrees[i]);
58              threatsArrayList.get(i).calc(vDegrees[i]);
59          }
60
61      }
62
63      public double[] getWeights() {
64          return weights;
65      }
66
67      public double[] getLosses() {
68          return vLosses;
69      }
70
71      public double[] getEventsPossibilities() {
72          double grade[] = new double[vPointsCount];
73          for (int i = 0; i < vPointsCount; i++) {
74              grade[i] = threatsArrayList.get(i).getPossibility(vDegrees[i]);
75          }
76          return grade;
77      }
78  }
```

(5)Threats.java

```
1   /**
2    * 威胁类,建模一组威胁.
3    */
4
5   import java.util.Random;
6
7   public class Threats implements Parameters {
8       private int threatCount;        //威胁数目
9       private double fuzzyMatrix[][];    //隶属度矩阵,创建对象时初始化
10      private double weights[];       //威胁权重,由熵权法计算得出
11      private double occurs[];        //威胁发生频率,即文中f_ijk
12      private double possibility;     //威胁出现评估得分
13
14      // /模拟生成一个若干行的威胁隶属度矩阵
15      Threats(int rowCount) {
16          fuzzyMatrix = new double[rowCount][paraGradeLevels];
```

```
17              threatCount  = rowCount;
18              weights  = new double[rowCount];
19              occurs  = new double[rowCount];
20
21              fuzzyMatrix  = new double[rowCount][paraGradeLevels];
22
23              Random rnd = new Random();
24
25              for (int  i = 0;  i < rowCount; i++) {
26                  double varSum = 0;
27                  for (int  j = 0;  j < paraGradeLevels;  j++) {
28                      fuzzyMatrix[i][j] = rnd.nextDouble();
29                      varSum += fuzzyMatrix[i][j];
30                  }
31                  for (int  j = 0;  j < paraGradeLevels;  j++) {
32                      fuzzyMatrix[i][j]  /= varSum;
33                  }
34              }
35          }
36
37      public void  calc(double vDegree) {
38          System.arraycopy(Tool.calcWeights(fuzzyMatrix,  threatCount ),  0,  weights,  0,  threatCount );
39
40          for (int  i = 0;  i < threatCount ; i++) {
41              occurs[i] = 0;
42              for (int  j = 0;  j < paraGradeLevels;  j++) {
43                  occurs[i]  += fuzzyMatrix[i][j]  * paraGradeWeights[j];
44              }
45              occurs[i]  *= weights[i];
46          }
47          possibility  = 0;     // find max
48          for (int  i = 0;  i < threatCount ; i++) {
49              double temp = Math.sqrt(occurs[i]  * vDegree);
50              if ( possibility  < temp) possibility  = temp;
51          }
52      }
53
54      public double  getPossibility (double vDegree) {
55          return  possibility ;
56      }
57  }
```

(6)Test.java

```
1   /**
2    * SaaS风险评估测试代码.
3    */
4
5   public class  test implements Parameters {
```

```
6      public static void main(String[ ] args) {
7          new test (). runIt ();
8      }
9
10     private void runIt () {
11         double assets_comments[ ][ ] = {
12                 {0.1,  0.4,  0.35,  0.15,  0},
13                 {0.15, 0.4,  0.3,   0.15,  0},
14                 {0,    0.3,  0.6,   0.1,   0},
15                 {0.2,  0.4,  0.4,   0,     0},
16                 {0.25, 0.45, 0.2,   0.1,   0},
17                 {0.2,  0.55, 0.25,  0,     0}
18         };
19
20         Assets  assets  = new Assets(assets_comments, 6);
21
22         assets .addVulPoints(new double[ ][ ]{
23                 {0.35, 0.25, 0.3,  0.1,  0},
24                 {0.45, 0.3,  0.2,  0.05, 0},
25                 {0.4,  0.3,  0.25, 0.05, 0},
26                 {0.25, 0.45, 0.2,  0.1,  0},
27                 {0.6,  0.25, 0.15, 0,    0}}, 5);
28
29         assets .addVulPoints(new double[ ][ ]{
30                 {0.22, 0.35, 0.2,  0.13, 0.1},
31                 {0.4,  0.2,  0.25, 0.05, 0.1}}, 2);
32
33         assets .addVulPoints(new double[ ][ ]{
34                 {0.32, 0.33, 0.1, 0.05, 0.2}, {0.5, 0.3, 0.1, 0.1, 0}}, 2);
35
36         assets .addVulPoints(new double[ ][ ]{
37                 {0.6, 0.25, 0.1, 0.05, 0}, {0.45, 0.25, 0.25, 0.05, 0}}, 2);
38
39         assets .addVulPoints(new double[ ][ ]{
40                 {0.4, 0.5, 0.06, 0.04, 0}, {0.35, 0.25, 0.3, 0.1, 0}}, 2);
41
42         assets .addVulPoints(new double[ ][ ]{
43                 {0.6, 0.3, 0.1, 0, 0}, {0.55, 0.25, 0.15, 0.05, 0}}, 2);
44
45         assets . initThreats ();
46         assets . calc ();
47         assets . printDetails ();
48     }
49  }
```

A.2　定价机制研究中使用的 Java 代码

(1) CommAttrib.java

```
1    //Java接口类：用于表达拍卖中买卖方公共知识的数据结构
2    public interface CommAttrib {
3          //属性个数、属性取值范围
4          final int ATTRIB_NUM=5;
5          final int RANGE_LOW=0;
6          final int RANGE_UP=5;
7          final boolean isdebug=true;
8          final int Runs=100;
9    }
```

(2) Seller.java

```
1    //卖方类，用于对卖方建模
2    import java. util . Random;
3    public class Seller implements CommAttrib {
4          // 创建每一个seller对象
5          Seller ( int  sellerID ) {
6                  this . sellerID  = sellerID ;
7
8    /*卖方生成一个随机的成本权重向量,每个分量的权重范围在[bottom, up],
9       该向量在该卖方对象的所有出价策略中使用，卖方通过报告属性成本向量，
10      即等价于实现了出价        */
11                  if (bottom < 0 && top < 0) {
12                          System.out. println ("callsetCostweightRange() first!
13                                  exit from Seller.bid(). ");
14                          System. exit (0);
15                  }
16                  costWeights  = new float [CommAttrib.ATTRIB_NUM];
17                  Random rand = new Random();
18                  for ( int  i = 0;  i < CommAttrib.ATTRIB_NUM; i++) {
19                          costWeights[ i ] = bottom + rand. nextFloat () *  (top − bottom);
20                  }
21          }
22
23        Seller ( Seller  s) {
24                  this . sellerID  = s. sellerID ;
25                  costWeights  = new float [CommAttrib.ATTRIB_NUM];
26                  for ( int  i = 0;  i < CommAttrib.ATTRIB_NUM; i++)
27                          costWeights[ i ] = s. costWeights[ i ];
28          }
29
30        public int  getSellerID () {          return this . sellerID ;}
31
```

```
32        public float getBidPrice ( int [ ] attrArray ) {
33                // 给定一个属性列表，返回相应的出价，成本权重的线性组合
34                float result = 0;
35                for ( int i = 0; i < attrArray . length ; i++)
36                        result += costWeights[i] * attrArray [ i ];
37                return result ;
38        }
39
40        // 设置属性成本权重的分布范围，假设各属性成本均服从相同的均匀分布
41        public static void setCostWeightRange(float costBott , float costTop) {
42                bottom = costBott ;
43                top = costTop;
44        }
45        private static float bottom = −1; // 成本权重下界值
46        private static float top = −1; // 成本权重上界值
47        private float [ ] costWeights; // 成本权重向量
48        private int sellerID ; // sellerID
49 }
```

(3) Buyer.java

```
1    //买方类，用于仿真买方
2    import java . util . Random;
3    public class Buyer implements CommAttrib {
4            // 初始化一个对象
5            Buyer(int buyerID) {
6                    this . buyerID = buyerID;
7                    Random rand = new Random();
8                    // 创建专属的属性向量
9                    attributes = new int[CommAttrib.ATTRIB_NUM];
10                   for ( int i = 1; i < CommAttrib.ATTRIB_NUM; i++) {
11                           attributes [ i ] = RANGE_LOW + rand.nextInt(RANGE_UP
12                           − RANGE_LOW + 1);
13                   }
14                   // set up valueWeights
15                   valueWeights = new float[CommAttrib.ATTRIB_NUM];
16
17                   for ( int i = 0; i < CommAttrib.ATTRIB_NUM; i++) {
18                           valueWeights[i] = Buyer.bottom + rand . nextFloat ()
19                                   * (Buyer.top − Buyer.bottom);
20                   }
21                   /* 计算业务价值，依据: 属性价值范围的分布: 均匀分布;
22                   各属性的取值 加权值 每个买方对象只计算一次，因为只有一次出价 */
23                   float sum = 0;
24                   for ( int i = 0; i < CommAttrib.ATTRIB_NUM; i++) {
25                           sum += attributes [ i ] * valueWeights[i];
26                   }
27                   bidPrice = sum;
28           }
```

```
29
30          Buyer(Buyer o) {
31                  buyerID = o.buyerID;
32                   attributes   = new int[CommAttrib.ATTRIB_NUM];
33                  valueWeights = new float[CommAttrib.ATTRIB_NUM];
34                  for (int i = 0; i < CommAttrib.ATTRIB_NUM; i++) {
35                          attributes [i] = o. attributes [i];
36                          valueWeights[i] = o.valueWeights[i];
37                  }
38                  bidPrice = o. bidPrice ;
39          }
40
41          public int getBuyerID() {return this .buyerID; }
42
43      // 返回一个属性列表，里面存储了该买者在各属性上的取值
44          public int[ ] getAttrs () {return attributes ;}
45
46  // 返回属性向量对应的业务价值
47          public float getBidPrice () {return bidPrice ;}
48
49      // 设置属性价值权重的分布范围，假设各属性的价值均服从相同的均匀分布
50          public static void setValueWeightRange(float bottValue ,
51              float topValue) {
52                  bottom = bottValue ;
53                  top = topValue ;
54          }
55
56      // 生成一个随机的价值权重,范围在[bottom, up)
57          private static float bottom;  // 价值权重下界值
58          private static float top;  // 价值权重上界值
59          private float bidPrice = −1;
60          private int[ ] attributes ;  // 属性列表,存储属性向量
61          private float[ ] valueWeights;  // 价值权重向量
62          private int buyerID;  // buyerID
63  }
```

(4) Auction.java

//用于仿真拍卖过程

```
1  import java. util . ArrayList ;
2  import java. util .HashSet;
3  import java. util . Iterator ;
4  import java. util . LinkedList ;
5  import java. util .Random;
6
7  public class Auction implements CommAttrib {
8      Auction(int buyerNum, int sellerNum, float buyerVBott, float buyerVTop,
9                  float sellerCBott , float sellerCTop) {
```

```java
10              buyerNumInGame = buyerNum;
11                  sellerNumInGame = sellerNum;
12                  Buyer.setValueWeightRange(buyerVBott, buyerVTop);
13                  Seller .setCostWeightRange( sellerCBott , sellerCTop );
14                  buyerList  = new LinkedList<Buyer>();
15                  for ( int iBuyer = 0; iBuyer < buyerNum; iBuyer++) {
16                      buyerList .add(new Buyer(iBuyer));
17                  }
18                  sellerList  = new LinkedList< Seller >();
19                  for ( int iSeller = 0; iSeller < sellerNum; iSeller ++) {
20                      sellerList .add(new Seller ( iSeller ));
21                  }
22                  result  = new ArrayList<MatchRecord>(); // init  result  list ;
23          }
24
25      public void match() {
26              // match buyers and sellers
27              while (! buyerList .isEmpty()) {
28                  Buyer aBuyer = buyerList . getFirst ();
29                  float  dealPrice  = getDealPrice (aBuyer. getAttrs ());
30  /* 存在可成交情形，即：成交价合理,填充结果列表，
31  之后删除buyerlist具有属性attrs的买方元素，
32  否则，若针对当前节点属性而言,不存在成交可能，
33  则删除buyerlist具有属性attrs的买方元素 */
34          if (! Float . isInfinite ( dealPrice )) {
35                      fillResults (aBuyer. getAttrs (),  dealPrice );
36                      deleBuyers(aBuyer. getAttrs ());
37                  } else {
38                      deleBuyers(aBuyer. getAttrs ());
39                  }
40              }
41      }
42
43  /*  填充匹配成功的结果列表*针对属性attr,
44  寻找buyerList中出价最高的买方（集合）以及
45  sellerList 中出价最低的卖方（集合）,从卖方集合中随机挑选一个,
46  组合相关信息写入匹配结果集合中 */
47
48      private void  fillResults ( int [ ]  attrs ,  float  dealPrice ) {
49              // first , search  buyerlist ,keep the top price into  tPrice
50              Iterator <Buyer> itBuyer = buyerList . iterator ();
51              float  tPrice  = 0;
52              while ( itBuyer .hasNext()) {
53                  Buyer aBuyer = itBuyer . next ();
54                  if ( isAttrEqual (aBuyer. getAttrs (),  attrs )) {
55                      if (aBuyer. getBidPrice () > tPrice )
56                          tPrice  = aBuyer. getBidPrice ();
57                  }
58              }
59              // second, search  sellerlist , keep the bottom price into  bPrice
```

```
60                       float  bPrice  =  Float .POSITIVE_INFINITY;
61                       Iterator <Seller> itSeller  =  sellerList . iterator ();
62                       while ( itSeller .hasNext()) {
63                               float  sellerPrice  =  itSeller . next (). getBidPrice ( attrs );
64                               if ( sellerPrice  < bPrice )
65                                       bPrice  =  sellerPrice ;
66                       }
67
68                       // create  sellerList  to keep  sellers  with  bottom  price
69                       ArrayList<Seller> candidateSellers  =  new ArrayList< Seller >();
70                       itSeller  =  sellerList . iterator ();
71                       while ( itSeller .hasNext()) {
72                               Seller   aSeller  =  itSeller . next ();
73                               if (Math.abs( aSeller . getBidPrice ( attrs ) − bPrice) <= 0.001)
74        // 近似地表达相等的情形
75                                       candidateSellers .add(new Seller ( aSeller ));
76                       }
77
78                       /* 遍历 buyerList, 逐一挑选出价最高的买方,
79        并随机从出价最低的候选卖方选择其一, 记录相关信息到结果表*/
80                       itBuyer = buyerList . iterator ();
81                       while (itBuyer .hasNext()) {
82                               Buyer aBuyer = itBuyer . next ();
83                               if ( isAttrEqual (aBuyer. getAttrs (),  attrs )) {
84                               if (Math.abs(aBuyer. getBidPrice ()  − tPrice ) <= 0.001)
85        // 找到一个买方
86                               {
87        // MatchRecord(int buyerID, int sellerID , int [ ] attrs , float
88        // buyerPrice,
89        // float  sellerPrice , float  dealPrice)
90                               if (! candidateSellers .isEmpty()) {
91                               Random rnd = new Random();
92                               int rndIndex = rnd. nextInt ( candidateSellers . size ());
93                               Seller  aSeller = candidateSellers . get(rndIndex );
94                                       result .add(new MatchRecord(aBuyer.getBuyerID(), aSeller
95                                       getSellerID (),  attrs , aBuyer. getBidPrice (),
96                                       aSeller . getBidPrice ( attrs ),  dealPrice ));
97                                       }
98                               }
99                               }
100                       }
101        }
102
103        // 从 buyerlist 中删除与给定买方属性取值相同的所有买方
104        private void deleBuyers( int[ ] attr ) {
105               if (! buyerList .isEmpty()) {
106                       Iterator <Buyer> it = buyerList . iterator ();
107                       while ( it .hasNext()) {
108                       Buyer aBuyer = it . next ();
109                               if ( isAttrEqual (aBuyer. getAttrs (),  attr ))
```

```
110                                  it .remove();
111                          }
112                      }
113              }
114
115          // 基于某个属性向量,计算成交价
116          private float getDealPrice(int[ ] attr ) {
117                  ArrayList<Buyer> b2 = getTop2PriceBuyer( attr );
118                  ArrayList<Seller> s2 = getBott2PriceSeller ( attr );
119                  float ftop , fbott , dealPrice ;
120                  ftop = fbott = 0;
121                  dealPrice = Float .POSITIVE_INFINITY;
122                  // 买方最高出价大于等于卖方最低出价,可基于次高价与次低价的均值成交
123                  if (!b2.isEmpty() && !s2.isEmpty()) {
124                          ftop = b2.get (1). getBidPrice ();
125                          fbott = s2. get (1). getBidPrice ( attr );
126                          if ( ftop >= fbott )
127                                  dealPrice = ( ftop + fbott ) / 2;
128                  }
129                  return dealPrice ;
130          }
131
132          // bList :  first  elements  has  largest  price , sec  is  sec
133          private ArrayList<Buyer> getTop2PriceBuyer(int[ ] attr ) {
134                  ArrayList<Buyer> bList = new ArrayList<Buyer>();
135                  if ( buyerList .isEmpty())
136                          return bList;
137                  Iterator <Buyer> it = buyerList . iterator ();
138                  while ( it .hasNext()) {
139                          Buyer temp = it . next ();
140                          if ( isAttrEqual (temp. getAttrs (),  attr )) {
141                                  if ( bList .isEmpty()) {
142                                          bList .add(new Buyer(temp));
143                                          bList .add(new Buyer(temp));
144                                  } else {
145                                          float  price = temp.getBidPrice ();
146                                          if ( bList . get (0). getBidPrice () < price )
147                                                  bList . set (0, new Buyer(temp));
148                                          else if ( bList . get (1). getBidPrice () < price )
149                                                  bList . set (1, new Buyer(temp));
150                                  }
151                          }
152                  }
153                  return bList;
154          }
155
156          /* bList :  first  elements  has  smallest  price
157           as far as the given attr  is concerned */
158          private ArrayList<Seller> getBott2PriceSeller (int[ ] attr ) {
159                  ArrayList<Seller> sList = new ArrayList<Seller >();
```

```
160                    if  ( sellerList .isEmpty()) return sList ;
161                    Iterator <Seller> it  =  sellerList . iterator ();
162                    while ( it .hasNext()) {
163                            Seller  temp = it . next ();
164                            if  ( sList .isEmpty()) {
165                                    sList .add(new Seller(temp ));
166                                    sList .add(new Seller(temp ));
167                            } else {
168                                    float  price  = temp. getBidPrice ( attr );
169                                    if  ( price  < sList . get (0). getBidPrice ( attr ))
170                                            sList . set (0, new Seller(temp ));
171                                    else if  ( price < sList . get (1). getBidPrice ( attr ))
172                                            sList . set (1, new Seller(temp ));
173                            }
174                    }
175                    return sList ;
176            }
177
178        private boolean isAttrEqual ( int [ ] a1, int [ ] a2) {
179                boolean b = true;
180                for ( int  i = 0; i < a1. length  && b; i++) {
181                        if (a1[ i ] != a2[ i ])              b = false ;
182                }
183                return b;
184        }
185
186        public float  getBuyerSucRate()
187  // 买方成功率 result 中记录个数等于获得成功的买方数
188        { return ( float ) result . size ()  /  buyerNumInGame; }
189
190        public float  getSellerSucRate ()  // 卖方成功率 一个卖方可能对应多个买方
191        {
192    /* first , get how many sellers ( identical   sellers
193      should not be counted ),   use sellerID to make it */
194            HashSet<Integer> hs = new HashSet<Integer>();
195            if  (! result .isEmpty()) {
196                    Iterator <MatchRecord> it = result . iterator ();
197                    while ( it .hasNext()) {
198                    hs.add(new Integer( it .next (). getSellerID ()));
199                    }
200            }
201            return ( float ) hs. size ()  /  sellerNumInGame;
202        }
203
204        public float  getSucBuyerAverUtil()
205  // 成功买方的平均效用,为一轮拍卖中成功匹配的买方总效用与成功匹配的买方总数之比;
206        {
207                float  fReturn = 0;
208                if  (! result .isEmpty()) {
209                        Iterator <MatchRecord> it = result . iterator ();
```

```
210                      while ( it .hasNext()) {
211                              MatchRecord rec = it .next ();
212                              fReturn += rec . getBuyerUtil ();
213                      }
214                      fReturn /= result . size ();
215              }
216              return fReturn;
217      }
218
219      public float getSucSellerAverUtil ()
220      /* 成功卖方的平均收益,成功卖方的平均收益,
221       为一轮拍卖中成功匹配的卖方总效用与成功匹配的卖方总数
222       (多次成功匹配的同一卖方只计算一次)之比。*/
223      {
224              float fReturn = 0;
225              HashSet<Integer> hs = new HashSet<Integer>();
226              if (! result .isEmpty()) {
227                      Iterator <MatchRecord> it = result . iterator ();
228                      while ( it .hasNext()) {
229                              MatchRecord rec = it .next ();
230                              hs.add(new Integer(rec . getSellerID ()));
231                              fReturn += rec . getSellerUtil ();
232                      }
233                      fReturn /= hs. size ();
234              }
235              return fReturn;
236      }
237      private LinkedList<Buyer> buyerList;
238      private LinkedList<Seller> sellerList ;
239      private ArrayList<MatchRecord> result;
240      private int buyerNumInGame;
241      private int sellerNumInGame;
242 }
243
244 class MatchRecord implements CommAttrib {
245      MatchRecord(int buyerID, int sellerID , int[ ] attrs , float buyerPrice,
246                      float sellerPrice , float dealPrice ) {
247              this . sellerID = sellerID ;
248              this .buyerID = buyerID;
249              this . attrs = new int[CommAttrib.ATTRIB_NUM];
250              for (int i = 0; i < ATTRIB_NUM; i++)
251                      {this . attrs [i] = attrs [i];}
252              this . sellerPrice = sellerPrice ;
253              this .buyerPrice = buyerPrice;
254              this . dealPrice = dealPrice ;
255      }
256
257      public int getSellerID () {        return sellerID ;         }
258      public int getBuyerID() {        return buyerID; }
259      public float getSellerUtil () { // 卖方平均收益
```

```
260                    return dealPrice − sellerPrice ; }
261        public float getBuyerUtil () { // 买方收益
262                    return buyerPrice − dealPrice;  }
263        public int [ ] getAttrs () {        return attrs ;    }
264
265        private int  sellerID ;
266        private int  buyerID;
267        private int [ ] attrs ;
268        private float  sellerPrice ;
269        private float  buyerPrice ;
270        private float  dealPrice ;
271   }
```

(5) Test.java

```
1    //测试类，测试定价机制
2    public class Test implements CommAttrib {
3        public static void main(String [ ] args ) {
4            long timeBegin = System. currentTimeMillis ();
5            float [ ] sC = { 20, 60 }; // SellerCostWeight
6            float [ ][ ] bV = { { 0, 40 }, { 20, 60 }, { 40, 80 } };
7            // buyerValueWeight
8            int [ ] players = { 10, 20, 50, 100, 200, 400, 600, 800, 1000 };
9            int sNum = 100;
10           // for seller numbers for sellers not equal to buyers
11           int row = bV.length, col = players . length ;
12           float [ ][ ][ ] bRate = new float [2][ row][col ]; // 买方交易成功率
13           float [ ][ ][ ] sRate = new float [2][ row][col ]; // 卖方交易成功率
14           float [ ][ ][ ] bUtil = new float [2][ row][col ]; // 买方收益
15           float [ ][ ][ ] sUtil = new float [2][ row][col ]; // 卖方收益
16
17           for (int k = 0; k < 2; k++) {
18           // 针对买方和卖方数量相等和不等两种情形分别进行试验
19               for (int i = 0; i < row; i++) {
20                   for (int j = 0; j < col; j++) {
21                       bRate[k][ i][j ] = sRate[k][ i][ j]
22                           = bUtil[k][ i][j ] = sUtil [k][ i][j ] = 0;
23                   }
24               }
25           }
26           /*
27            * for hint purpose: Auction( int buyerNum, int sellerNum, float
28            * buyerVBott, float buyerVTop,
29            *float sellerCBott , float sellerCTop)
30            */
31           for (int k = 0; k < 2; k++) { // 针对bNum和sNum相等和不等两种情形
32           for (int i = 0; i < row; i++) { // 针对每种价值分布情形
33           for (int j = 0; j < col; j++) { // players [ ] index
34           for (int run = 0; run < CommAttrib.Runs; run++) {
```

```
35                    Auction auc;
36                    if (k == 0) { // for m=n
37                    auc = new Auction(players[j], players[j], bV[i][0],
38                                       bV[i][1], sC[0], sC[1]);
39                               } else {
40                    // for m<>n, when sellerNum: sNum=100
41                         auc = new Auction(players[j], sNum, bV[i][0],
42                                       bV[i][1], sC[0], sC[1]);
43                               }
44                    auc.match();
45                    bRate[k][i][j] += auc.getBuyerSucRate()/CommAttrib.Runs;
46                    sRate[k][i][j] += auc.getSellerSucRate ()/ CommAttrib.Runs;
47                    bUtil[k][i][j] += auc.getSucBuyerAverUtil()
48                                          / CommAttrib.Runs;
49                    sUtil[k][i][j] += auc. getSucSellerAverUtil ()
50                                          / CommAttrib.Runs;
51          }
52          }
53          }
54          }
55              // output final results
56              System.out. println ("m?n - [bVBot,bVTop] - [buyerNum]
57      - [bSucRate] - [sSucRate] - [bAverUtil] - [sAverUtil] ");
58
59          for (int k = 0; k < 2; k++) {// 针对bNum和sNum相等和不等两种情形
60          for (int i = 0; i < row; i++) { // 针对每种价值分布情形
61          for (int j = 0; j < col; j++) { // players [ ] index
62          if (k == 0) {
63              System.out. printf ("m=n \t [%d,%d] \t %d \t\t",
64                       (int) bV[i][0], (int) bV[i][1], players[j]);
65              System.out. printf ("%6.3f \t %6.3f \t %6.3f \t %6.3f\n",
66                       bRate[k][i][j], sRate[k][i][j], bUtil[k][i][j],
67                                   sUtil [k][i][j]);
68              } else {
69              System.out. printf ("n=100 \t [%d,%d] \t %d \t\t",
70                       (int) bV[i][0], (int) bV[i][1], players[j]);
71              System.out. printf ("%6.3f \t %6.3f \t %6.3f \t %6.3f\n",
72                       bRate[k][i][j], sRate[k][i][j], bUtil[k][i][j],
73                                   sUtil [k][i][j]);
74              }
75          }
76          }
77          }
78          System.out. printf ("total time elpased is %d second",
79                   (System. currentTimeMillis () — timeBegin) / 1000);
80      }
81  }
```

后　记

　　我第一次接触 SaaS 是在我攻读博士学位期间（2002 年 9 月–2005 年 7 月），当时对高声呐喊传统软件已死的"软件终结者"——Salesforce 公司感到新鲜和好奇，通过访问该公司网站了解到 SaaS 的一些基本思想。接下来几年，国内在企业管理信息化这一行业逐渐出现了针对 SaaS 的一些声音，感觉上大多持褒扬论调，然而 SaaS 在企业中的应用却是"叫好不叫座"，一直不温不火。当时 SaaS 市场中还主要以 CRM 以及工具型应用为主，目标客户主要定位在中小企业，加之当时我的研究主题基本上是博士阶段选题"行业版企业管理信息系统构建理论与方法"的延续，在较长一段期间内我一直未对 SaaS 给予较多关注。

　　博士毕业以来，通过跟踪国内外一些著名企业管理软件厂商的产品及应用趋势，我切实感受到众多管理软件厂商向 SaaS 模式转型的努力和所取得的显著进步，从而引发了对 SaaS 模式的进一步思考。观察一些耳熟能详的互联网厂商，无论是国内的 BAT，还是国外的 Facebook、Google、Microsoft，抑或 Uber、大众点评网等，一个共同点就是充分利用互联网向广大受众免费提供或按用量计费的在线应用访问服务，利用云计算技术聚集大数据，深入分析数据以持续提升服务质量及拓宽服务范围，用户方可按需访问这些在线应用，这体现了 SaaS 模式的典型特征。换一个角度看，云计算的三个基本服务模式中，无论基础设施层面还是计算平台层面，相对于应用软件层面来讲属于支撑层面，广大消费群体是直接访问在线应用软件的终端消费者，即订阅 SaaS 服务的最终客户。不难看出，事实上 SaaS 模式已渗透到企业运营和个人生活的方方面面。

　　我对 SaaS 模式的进一步认知主要受益于我在荷兰格罗宁根大学访学期间（2011 年 1 月–2012 年 1 月）的合作导师 Wortmann 先生，当时他正主持一个荷兰政府的 SaaS 平台项目。在他的指导下，我查阅了 SaaS 方面的有关资料，就基于 SaaS 模式的企业信息化风险管理这一主题进行探讨。在研究过程中，我尚未见到针对 SaaS 风险管理的相关著作，针对这一主题的相关学术论文也十分缺乏。为此，我萌生了撰写一本 SaaS 风险管理著作的想法，希望通过总结自己过去几年来对这一主题的探索心得，为 SaaS 采纳企业和 SaaS 厂商的风险管理实践提供一些参考。

　　本书从酝酿、动笔写作到完成初稿持续了约 2 年时间，期间经过多次修改。撰写过程中，我始终坚持充分尊重同行智力成果的原则，尽可能对所引用内容逐一标注出处，本书其余文字均为自己的研究所得。

本书即将出版之际，我要感谢 Wortmann 教授，他给予我非常耐心细致的指导；感谢 Chee-Wee Tan 教授，他多次分享了在管理研究方法、风险管理框架以及论文撰写方面的知识；感谢南京理工大学的薛恒新教授，他是我博士阶段的恩师，我的企业管理信息化知识主要得自薛老师所传；感谢东南大学的达庆利教授，本书在研究方法上受益于达老师的教导。

本研究得到了教育部人文社会科学青年基金《SaaS 模式下的风险管理——基于服务采纳企业和服务提供商的研究视角》（11YJC630225）的资助，在此表示感谢。

作　者
2017 年 5 月